工业和信息化精品系列教材

第3版
3rd Edition

# 响应式 Web 开发

## 项目教程

### （HTML5+CSS3+Bootstrap）

黑马程序员 ◎ 编著

人民邮电出版社

北京

**图书在版编目（CIP）数据**

响应式 Web 开发项目教程：HTML5+CSS3+Bootstrap /
黑马程序员编著. -- 3 版. -- 北京 : 人民邮电出版社，
2025. -- （工业和信息化精品系列教材）. -- ISBN 978
-7-115-65706-0

Ⅰ. TP312.8；TP393.092.2

中国国家版本馆 CIP 数据核字第 2024L4U789 号

# 内 容 提 要

本书是一本面向 Web 前端开发学习者的入门图书，以项目驱动式的体例、通俗易懂的语言，详细讲解 HTML5 + CSS3 + Bootstrap 响应式 Web 开发技术。

本书共 10 章。第 1～2 章讲解 HTML 和 CSS 的基础知识；第 3 章讲解表格和表单；第 4 章讲解 JavaScript 与视频、音频；第 5 章讲解阶段项目—在线学习平台；第 6 章讲解 Canvas 绘图与 CSS 动画；第 7 章讲解移动 Web 屏幕适配；第 8～9 章讲解 Bootstrap 基础入门和组件应用；第 10 章讲解综合项目—在线鲜花商城。

本书配套丰富的教学资源，包括教学 PPT、教学大纲、教学设计、源代码、课后习题及答案等。为了帮助读者更好地学习本书，编者还提供了在线答疑服务。

本书可作为高等教育本、专科院校计算机相关专业的教材，也可作为响应式 Web 开发爱好者的自学参考书。

- ◆ 编　著　黑马程序员
　　责任编辑　范博涛
　　责任印制　焦志炜
- ◆ 人民邮电出版社出版发行　　北京市丰台区成寿寺路 11 号
　　邮编　100164　电子邮件　315@ptpress.com.cn
　　网址　https://www.ptpress.com.cn
　　大厂回族自治县聚鑫印刷有限责任公司印刷
- ◆ 开本：787×1092　1/16
　　印张：16　　　　　　　　　　　　2025 年 4 月第 3 版
　　字数：405 千字　　　　　　　　　2025 年 4 月河北第 1 次印刷

定价：59.80 元

读者服务热线：(010)81055256　印装质量热线：(010)81055316
反盗版热线：(010)81055315

# 专 家 委 员 会

**专委会主任：** 黎活明

**专委会成员**（按姓氏笔画为序排列）：

丽梅（青岛滨海学院）

王建宏（山西能源学院）

王　敏（潍坊理工学院）

石春菊（山东外事职业大学）

孙丽霞（山东外事职业大学）

孙　菁（潍坊理工学院）

李红军（青岛滨海学院）

李利峰（山西农业大学）

侯　震（山西农业大学）

秦瑞峰（吕梁高等师范专科学校）

高瑞波（山西农业大学）

雷凯栋（山西农业大学）

翟　凯（山西农业大学）

薛峰会（青岛黄海学院）

# 前　言

　　本书在编写过程中，根据党的二十大精神进教材、进课堂、进头脑的要求，将知识教育与素质教育相结合，通过案例加深学生对知识的认识与理解，注重培养学生的创新精神、实践能力和社会责任感。项目设计从现实需求出发，激发学生的学习兴趣和动手能力，充分发挥学生的主动性和积极性，增强学生的学习信心和学习欲望。本书在知识和项目中融入素质教育的相关内容，引导学生树立正确的世界观、人生观和价值观，提升学生的职业素养，落实德才兼备、高素质、高技能的人才培养要求。此外，编者依据书中内容提供线上学习资源，体现现代信息技术与教育教学的深度融合，助力推动教育数字化的发展。

　　随着移动互联网行业的高速发展，移动端页面的表现力和性能越来越受到企业的重视，页面的美观和操作的便捷是技术开发的重要方向。Bootstrap 作为一款优秀的 Web 前端框架，遵循移动端优先的原则，突出对移动端的支持，其灵活性和可扩展性加速了移动端页面开发的进程，推动了相关技术的发展。

## ◆　为什么要学习本书

　　一位优秀的 Web 开发工程师需要掌握多种技术才能胜任复杂多变的工作要求。这些技术包括 HTML5 页面布局、CSS3 页面样式美化、JavaScript 页面交互以及 Bootstrap 响应式设计等，并能够使用 HTML5+CSS3 实现绚丽的移动端交互效果。

　　本书在第 2 版内容的基础上进行优化和调整。在技术上，本书将 Bootstrap 版本从 4.x 升级到 5.x；在章节划分上，本书提高 Bootstrap 内容在全书内容上的比例，同时增加对 HTML5 和 CSS3 基础内容的讲解；在编写体例上，本书（除了第 5 章和第 10 章）采用项目驱动的方式将知识串联起来，通过"项目需求"→"知识储备"→"项目实现"的编写顺序，让读者先清楚地知道每个知识点的应用场景，然后学习相关知识，最后完成实操训练。考虑到企业应用的需求，本书增加"在线学习平台"和"在线鲜花商城"两个实战项目，帮助读者掌握实际开发的能力。

## ◆　本书各章简介

　　本书共 10 章，下面分别对各章进行简要介绍。

　　● 第 1~2 章主要讲解 HTML 和 CSS 的基础知识，包括它们的相关概念、基本用法以及如何使用常用标签和样式来实现丰富多彩的页面效果。通过学习这些内容，读者能够对 HTML 和 CSS 的基础知识有一定的了解，为后续章节的学习奠定基础。

　　● 第 3 章主要讲解表格和表单。表单和表格的应用场景非常广泛，例如用户登录/注册页面、信息采集页面、报表页面等。通过学习本章内容，读者能够掌握表单和表格的相关应用。

　　● 第 4 章主要讲解 JavaScript 与视频、音频。由于视频和音频的操作通常依赖于 JavaScript，因此在学习视频和音频之前，需要掌握 JavaScript 的相关知识，包括 JavaScript 的引入方式、变量、数据类型、函数和 DOM 等。通过学习本章内容，读者能够进一步掌握 Web 开发的相关知识。

● 第 5 章讲解阶段项目——在线学习平台。通过学习本章内容，读者能够综合应用前四章学到的知识，并能够掌握该项目的开发思路和关键代码，积累项目开发的相关经验。

● 第 6 章主要讲解 Canvas 绘图与 CSS 动画，内容包括如何使用 Canvas 进行绘图，以及通过 CSS3 的过渡、变形和动画功能，实现更加直接、美观的网页浏览和交互效果。通过学习本章内容，读者能够掌握绘图和动画的制作方法。

● 第 7 章主要讲解移动 Web 屏幕适配，内容包括屏幕分辨率、设备像素比、视口、媒体查询、rem、Less、流式布局、vw 单位和 vh 单位等。通过学习本章内容，读者能够掌握移动 Web 开发的基本技能。

● 第 8~9 章主要讲解 Bootstrap 基础入门和组件应用，内容包括 Bootstrap 的下载和引入、布局容器、栅格系统、工具类、组件、组件的基本使用方法和图标库等。通过学习这些内容，读者能够掌握 Bootstrap 开发的基础知识。

● 第 10 章讲解综合项目——在线鲜花商城。通过学习本章内容，读者能够将 Bootstrap 应用到项目开发中，掌握响应式网页的开发技巧。

在学习过程中，读者一定要动手实践本书中的项目。读者学习完一个知识点后，要及时练习，以巩固学习内容。如果在实践过程中遇到问题，建议多思考，理清思路，认真分析问题发生的原因，并在问题解决后总结经验。

### ◆ 致谢

本书的编写和整理工作由江苏传智播客教育科技股份有限公司完成，全体编写人员在本书的编写过程中付出了辛勤的汗水。除此之外，还有很多试读人员参与了本书的试读工作并给出宝贵的建议，在此向大家表示由衷的感谢。

### ◆ 意见反馈

尽管编者付出了最大的努力，但书中难免有不妥之处，欢迎读者来信给予宝贵意见，编者将不胜感激。电子邮箱：itcast_book@vip.sina.com。

黑马程序员

2025 年 4 月　于北京

# 目 录

# 第1章

# HTML页面结构构建

## 学习目标

| | |
|---|---|
| 知识目标 | • 熟悉 HTML 的概念，能够说明 HTML 的作用和 HTML5 的优势<br>• 熟悉浏览器的概念，能够说明浏览器的作用和 Chrome 浏览器的主要优势<br>• 掌握 Visual Studio Code 编辑器的使用方法，能够使用 Visual Studio Code 编辑器进行代码开发<br>• 了解标签的概念，能够说出标签的分类、标签的属性和标签之间的关系<br>• 掌握页面格式化标签的使用方法，能够灵活运用页面格式化标签将文本呈现在网页中<br>• 掌握文本格式化标签的使用方法，能够灵活运用文本格式化标签将文本以加粗、斜体、添加下划线、添加删除线等方式显示<br>• 掌握图像标签的使用方法，能够灵活运用<img>标签定义图像<br>• 熟悉 HTML 实体的概念，能够归纳常用的 HTML 实体<br>• 掌握列表的使用方法，能够定义无序列表、有序列表和定义列表<br>• 了解列表嵌套，能够说出列表嵌套的方法<br>• 掌握超链接的使用方法，能够灵活运用<a>标签定义超链接<br>• 掌握容器标签的使用方法，能够使用<div>标签划分网页的区域，使用<span>标签定义网页中某些需要显示为特殊样式的文本<br>• 了解元素的概念，能够说出 HTML 中常见的元素分类 |
| 技能目标 | • 掌握个人简介页面的制作方法，能够完成个人简介页面的开发<br>• 掌握新闻页面的制作方法，能够完成新闻页面的开发 |

随着移动互联网的发展，人们可以通过手机、平板电脑等移动设备来浏览网页，在网页上阅读新闻、观看图像和视频等。网页是人们获取信息的重要媒介，它可以展示文本、图像和视频等可视化内容。构建网页的基础技术包括 HTML、CSS 和 JavaScript。HTML 用于定义网页的结构和内容，CSS 用于控制网页的样式，JavaScript 用于增强网页的交互性和动态性。它们共同创建出多样化且功能丰富的网页，以满足用户的需求。

本章将详细讲解如何使用 HTML 来构建页面结构。

# 项目 1-1　个人简介页面

## 项目需求

　　大学毕业后，很多学生都会面临求职的挑战。为了更好地展示自己，增加与招聘人员接触的机会，学生可以制作一个个人简介页面。该页面可以展示学生的头像、姓名、专业、学历、主修课程等相关信息。

　　本项目旨在开发一个用于展示学生个人信息的个人简介页面，其效果如图 1-1 所示。

图 1-1　个人简介页面

## 知识储备

### 1. HTML 概述

　　HTML（Hypertext Markup Language，超文本标记语言）是一种用于创建网页的标记语言，它通过一系列的标签来标记文本、图像和音频等，从而定义网页的结构和内容。这些标签告诉浏览器如何显示和渲染网页的内容。同时，HTML 还支持使用属性来进一步定义标签的特性和行为。

　　使用 HTML 编写的代码（简称 HTML 代码）通常被保存在扩展名为.html 的文件中，这样的文件通常被称为 HTML 文档。开发者可以使用 Visual Studio Code、HBuilder 和 EditPlus 等编辑器来编写 HTML 代码。完成 HTML 代码的编写后，开发者可以通过浏览器打开 HTML 文档，查看 HTML 代码的实际效果。通过浏览器打开的 HTML 文档将呈现为网页的形式。

　　截至本书成稿时，HTML 的最新版本为 5.0，即 HTML5。因此，本书基于 HTML5 进行讲解。相比于早期版本的 HTML，HTML5 的优势如下。

　　① 更好的兼容性：HTML5 提供了统一的标准，使不同的浏览器都支持 HTML5 并显示相似的效果。

　　② 增加了语义化标签：HTML5 增加了一些语义化标签，例如<header>标签用于定义 HTML 文档的头部区域、<footer>标签用于定义 HTML 文档的底部区域等。

　　③ 支持视频和音频：HTML5 新增了<video>标签和<audio>标签，用于在网页上嵌入视频和音频。

　　④ 支持 Web 存储：HTML5 提供了 Web 存储功能，例如 localStorage 用于本地存储、sessionStorage 用于区域存储。

　　⑤ 支持 Canvas 绘图：HTML5 新增了<canvas>标签来创建画布，通过 JavaScript API（Application Program Interface，应用程序接口）可以在画布上绘制图形。

　　⑥ 增强的表单控件：HTML5 引入了一些表单控件，例如 date（用于选取日、月、年）、week（用于选取周、年）、time（用于选取时间，包括小时和分钟）等。

### 2. 浏览器

　　浏览器（Browser）是一种用于检索、展示以及传递万维网信息的应用程序。它是互联网时代的产物，能够显示文本、图像、视频、音频及其他内容，方便用户与网页进行交互。

按照设备类型划分，浏览器主要分为 PC（Personal Computer，个人计算机）端浏览器和移动端浏览器两类。PC 端浏览器是指在 PC 中运行的浏览器，而移动端浏览器是指在移动设备中运行的浏览器。

在移动互联网时代，用户使用的设备多种多样，从 PC 到移动设备，每种设备都需要一款可靠的浏览器。Chrome 浏览器不仅适用于 PC 端，还提供了开发者工具。通过使用该工具模拟移动设备，开发者可以测试和调试网页在移动设备中的呈现效果。因此，本书推荐使用 Chrome 浏览器。Chrome 浏览器的主要优势如下。

① 不易崩溃：Chrome 浏览器采用多进程架构，不会因恶意网页而崩溃。每个标签、窗口和插件都在各自的环境中运行，因此一个站点出了问题不会影响打开其他站点。在 Chrome 浏览器中，"站点"指的是用户在浏览器中输入网址并访问的特定网站。

② 浏览速度快：由于 Chrome 浏览器采用多进程架构，一个站点的加载速度较慢不会影响对其他站点的访问。

③ 安全性高：Chrome 浏览器具有较高的安全性，提供了黑名单和恶意软件防护等功能。

④ 跨设备同步：Chrome 浏览器支持跨设备的同步功能，用户可以将书签、历史记录、密码等数据在不同设备之间同步。

### 3. Visual Studio Code 编辑器

在使用 HTML 开发项目之前，选择一个合适的编辑器是很重要的。本书选择使用 Visual Studio Code（简称 VS Code）编辑器来编写代码和管理项目文件。VS Code 编辑器是由微软公司推出的一款免费、开源的代码编辑器，一经推出便受到开发者的欢迎。对于开发者而言，一个强大的编辑器可以使开发变得简单、便捷、高效。

VS Code 编辑器具有如下特点。

① 轻巧极速。VS Code 编辑器占用系统资源较少、启动速度快，可提供高效的开发环境。

② 功能强大。VS Code 编辑器具备智能代码补全、语法高亮显示、自定义快捷键和代码匹配等功能，可帮助开发者提高编写代码的效率。

③ 支持跨平台。VS Code 编辑器可在 Windows、Linux 和 macOS 等操作系统上运行，满足不同开发者需求。

④ 界面设计人性化。VS Code 编辑器的人性化界面设计，使开发者可以快速查找文件并直接进行开发，可以分屏显示代码、自定义主题颜色，也可以快速查看打开的项目文件和项目文件结构，提升开发体验。

⑤ 扩展强大。VS Code 编辑器提供了丰富的第三方扩展，开发者可根据需要自行下载和安装第三方扩展，从而使 VS Code 编辑器适用于多种开发场景。

⑥ 多语言支持。VS Code 编辑器支持多种语言和文件格式的代码编写，例如 HTML、CSS、JavaScript、JSON、TypeScript 等。

下面从下载和安装 VS Code 编辑器、安装中文语言扩展、安装 Live Server 扩展、VS Code 编辑器的简单使用这 4 个方面进行详细讲解。

（1）下载和安装 VS Code 编辑器

下载和安装 VS Code 编辑器，具体实现步骤如下。

① 打开浏览器，登录 VS Code 编辑器的官方网站，如图 1-2 所示。

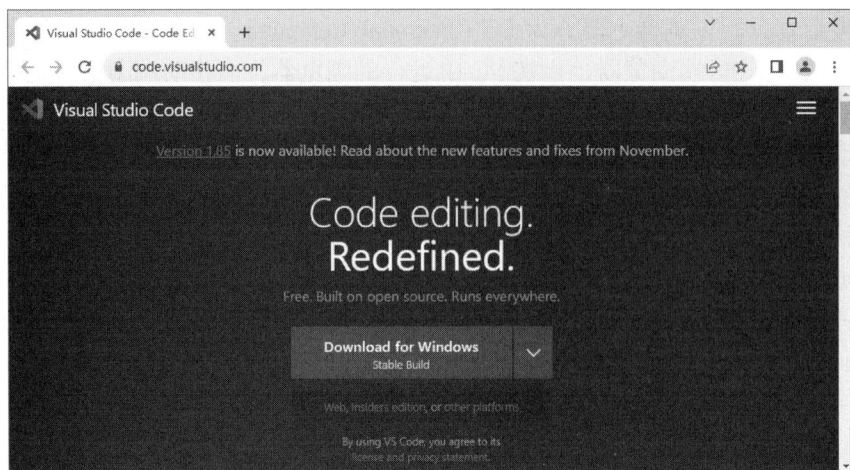

图1-2　VS Code编辑器的官方网站

② 在图 1-2 所示的页面中，单击"Download for Windows"按钮，会跳转到一个新页面，该页面会自动识别当前的操作系统并下载相应的安装包。本书使用 Windows x64 操作系统的 VS Code 编辑器的安装包。

如果需要下载其他操作系统的安装包，单击"Download for Windows"按钮右侧的下拉按钮"🔽"打开下拉菜单，即可看到其他操作系统下安装包的下载选项，如图 1-3 所示。

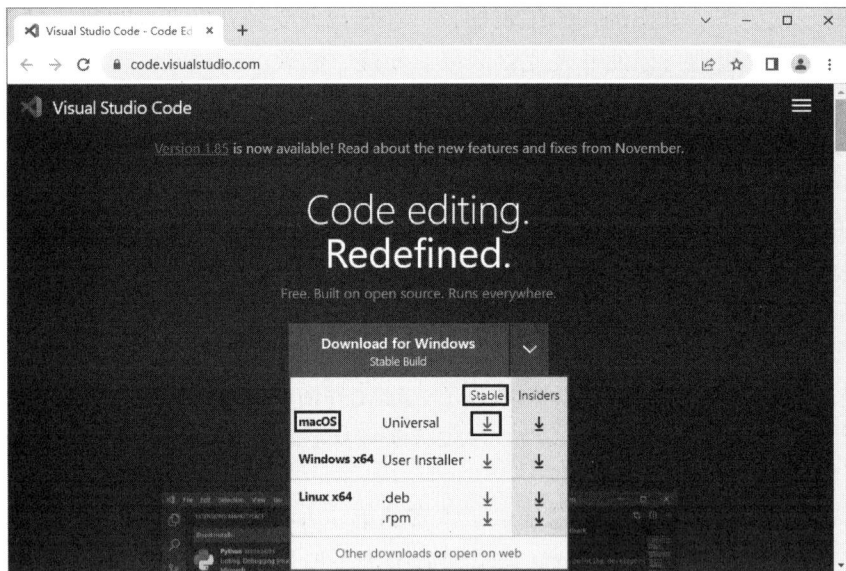

图1-3　其他操作系统下安装包的下载选项

例如，单击图 1-3 所示 macOS 对应的"Stable"列的"⬇"按钮，即可下载 macOS 的 VS Code 编辑器的安装包。

③ 下载 VS Code 编辑器的安装包后，在下载目录中找到该安装包，其图标如图 1-4 所示。

④ 双击图 1-4 所示的 VS Code 编辑器的安装包图标，启动安装程序，然后按照安装程序的安装向导提示进行操作，直到安装完成。

VSCodeUserSetup
-x64-1.85.1.exe

图1-4　VS Code
编辑器的安装包图标

至此，已经成功完成了 VS Code 编辑器的下载和安装。

VS Code 编辑器安装成功后，启动该编辑器，即可进入 VS Code 编辑器的初始界面，如图 1-5 所示。

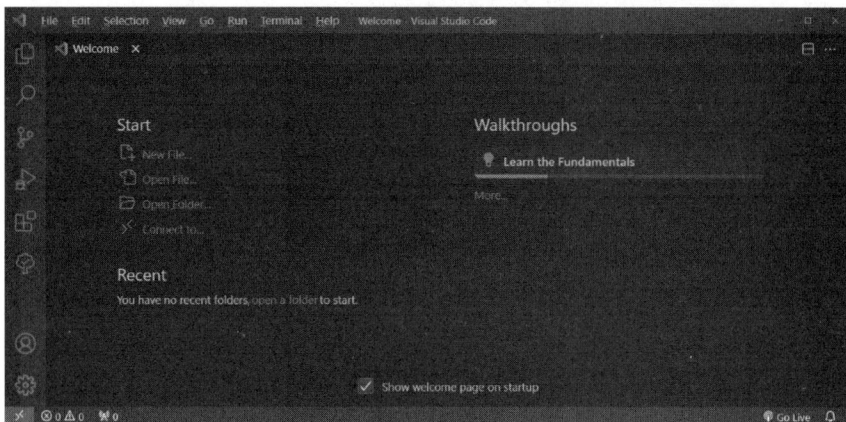

图1-5　VS Code编辑器的初始界面

（2）安装中文语言扩展

VS Code 编辑器安装完成后，该编辑器的默认语言是英文。如果想要切换为中文，首先单击图 1-5 所示左侧边栏中的"▦"按钮进入扩展界面，其次在搜索框中输入关键词"Chinese"，找到中文语言扩展，单击"Install"按钮进行安装，如图 1-6 所示。

图1-6　安装中文语言扩展

安装成功后，需要重新启动 VS Code 编辑器，中文语言扩展才可以生效。重新启动 VS Code 编辑器后，VS Code 编辑器的中文界面如图 1-7 所示。

从图 1-7 可以看出，当前 VS Code 编辑器已经显示为中文界面。

（3）安装 Live Server 扩展

Live Server 扩展用于搭建具有实时重新加载功能的本地服务器，可以实现保存代码后浏览器自动同步刷新，能即时查看网页效果。如果想要安装 Live Server 扩展，首先单击图 1-7 所示左侧边栏中的"▦"按钮进入扩展界面，然后在搜索框中输入关键词"Live Server"，找到 Live Server 扩展，单击"安装"按钮进行安装。安装 Live Server 扩展界面如图 1-8 所示。

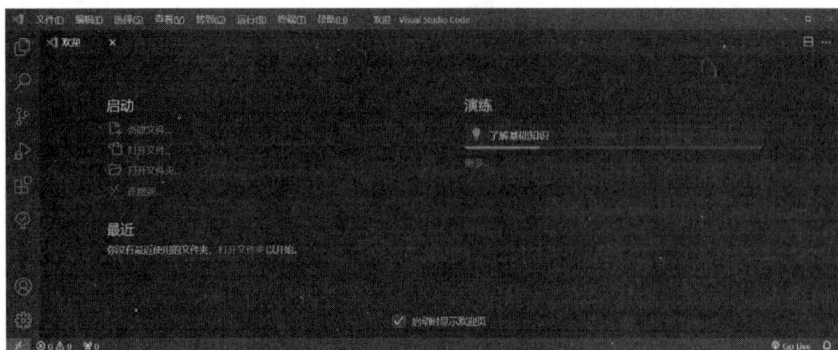

图1-7　VS Code编辑器的中文界面

图1-8　安装Live Server扩展界面

安装 Live Server 扩展后，可在 VS Code 编辑器中的已经编写好的 HTML 文档中单击鼠标右键（以下简称右击），在弹出的快捷菜单中选择"Open with Live Server"，调用浏览器打开 HTML 文档。

（4）VS Code 编辑器的简单使用

VS Code 编辑器安装完成后，就可以使用 VS Code 编辑器进行代码开发。

下面以使用 VS Code 编辑器进行 HTML 代码开发为例进行讲解，具体步骤如下。

① 创建项目文件夹。在 D:\code 目录下创建一个项目文件夹 chapter01，该文件夹用于保存本项目所有的文件。

② 打开项目文件夹。在 VS Code 编辑器的菜单栏中选择"文件"→"打开文件夹…"，然后选择 D:\code\chapter01 文件夹。打开文件夹后的界面如图 1-9 所示。

在图 1-9 中，资源管理器用于显示项目的目录结构，当前打开的 chapter01 文件夹的名称会被显示为 CHAPTER01。该名称的右侧有 4 个快捷操作按钮，"▣"按钮用于新建文件，"▣"按钮用于新建文件夹，"↻"按钮用于刷新资源管理器，"▤"按钮用于折叠文件夹。

③ 创建 HTML 文档。单击图 1-9 所示的"▣"按钮，输入要创建的文件名称，例如 index.html，即可创建 HTML 文档，此时创建的 index.html 文件是一个空白文档。

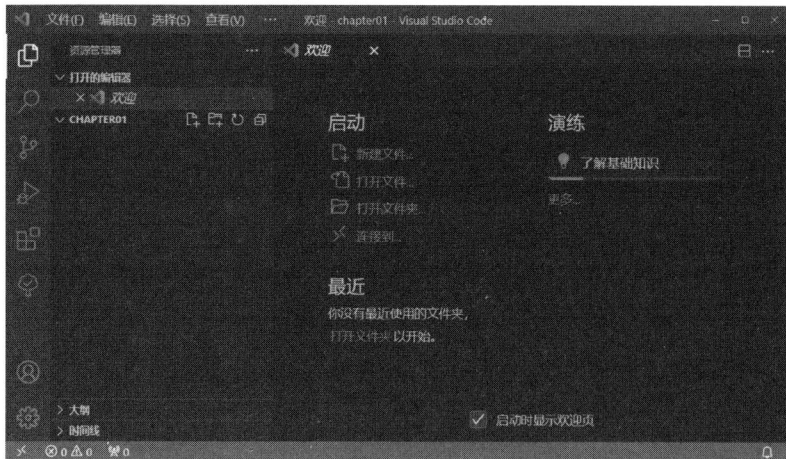

图1-9　打开文件夹后的界面

④ 编写 HTML 文档。在空白的 index.html 文件中输入"!"（英文状态下的叹号），VS Code 编辑器会给出智能提示，然后按"Enter"键会自动生成一个 HTML 文档结构，示例代码如下。

```
1  <!DOCTYPE html>
2  <html lang="en">
3  <head>
4    <meta charset="UTF-8">
5    <meta name="viewport" content="width=device-width, initial-scale=1.0">
6    <title>Document</title>
7  </head>
8  <body>
9
10 </body>
11 </html>
```

在上述示例代码中，第 1 行代码用于向浏览器说明当前文档使用的是哪种版本的 HTML。第 2 行代码和第 11 行代码用于表示 HTML 文档的开始和结束。其中，第 2 行代码中的<html>标签表示 HTML 文档的开始，lang 是一个属性，lang="en"表示该页面使用的语言为英语；第 11 行代码中的</html>标签表示 HTML 文档的结束。<html>标签和</html>标签之间为网页的头部内容和主体内容。

第 3~7 行代码用于定义网页的头部内容。其中，第 4 行代码用于描述网页的字符编码；第 5 行代码用于设置视口；第 6 行代码用于定义标题。

第 8~10 行代码用于定义网页的主体内容。在编写代码时，建议将所有的文本、图片等内容的代码放在<body>标签中。这样做可以确保 HTML 文档结构清晰，并且方便开发者理解和维护代码。

⑤ 编写页面结构。在<body>标签中编写页面结构，具体代码如下。

```
1  <body>
2    Hello World!
3  </body>
```

保存上述代码，并在 index.html 文件中右击，在弹出的快捷菜单中选择"Open with Live Server"，在浏览器中打开 index.html 文件，该文件的页面效果如图 1-10 所示。

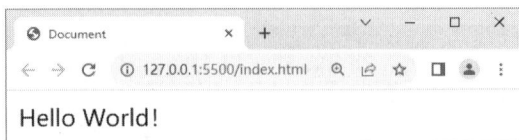

图1-10　index.html文件的页面效果

**小提示：**

由于篇幅限制，本书后续"知识储备"的示例代码中省略了<!DOCTYPE html>、<html>、<head>、<meta>、<title>等标签。请读者在练习时自行补充完整，以确保代码能正确运行。

**4．标签概述**

在 HTML 文档中，带有"<>"符号的字母或单词统一被称为标签，使用标签可以使代码格式更加清晰、规范。所谓标签，是放在"<>"符号中表示某个功能的编码命令。例如，<html>、<head>和<body>等都是标签。下面从标签的分类、标签的属性、标签之间的关系这 3 个方面进行详细讲解。

（1）标签的分类

HTML 中的标签分为 3 类，分别是单标签、双标签、注释标签，下面分别进行讲解。

① 单标签。

单标签是指用一个标签即可完整地描述某个功能的标签。

单标签有 2 种语法格式，其中第 1 种语法格式如下。

```
<标签名>
```

第 2 种语法格式如下。

```
<标签名 />
```

在上述语法格式中，"标签名"和"/"之间有一个空格。

常见的单标签有水平线标签<hr>、换行标签<br>、图像标签<img>等。

② 双标签。

双标签是指由开始标签和结束标签组成的标签。双标签的语法格式如下。

```
<标签名>内容</标签名>
```

在上述语法格式中，<标签名>为开始标签，</标签名>为结束标签。

常见的双标签有标题标签<h1>~<h6>、段落标签<p>等。

③ 注释标签。

在编写 HTML 代码时，我们通常需要添加注释以说明关键代码块的功能。这样做有许多好处，例如，提高代码的可读性、方便其他开发者理解代码意图、便于查找和修改代码等。HTML 提供了注释标签，用于在 HTML 文档中添加注释。注释标签的语法格式如下。

```
<!-- 注释内容 -->
```

在上述语法格式中，<!--和-->之间的内容为注释内容。注释是给开发者看的，不会显示在网页中。在 VS Code 编辑器中，添加或取消注释的快捷键均为"Ctrl+/"。

（2）标签的属性

为了给标签赋予更多功能，可以为标签添加属性。这些属性可以进一步定义和定制标签的特性和行为。为标签设置属性的语法格式如下。

```
<!-- 单标签-->
<标签名 属性1="属性值1" 属性2="属性值2" ……>
<!-- 双标签-->
<标签名 属性1="属性值1" 属性2="属性值2" ……>内容</标签名>
```

在上述语法格式中，属性写在角括号里面、标签名的后面，标签名和属性之间用空格隔开，且不区分先后顺序。

（3）标签之间的关系

HTML 中标签之间的关系分为以下两种。

- 父子关系（嵌套关系）。例如，<head>标签内嵌套了<title>标签，两者为父子关系。
- 兄弟关系（并列关系）。例如，<head>标签与<body>标签并列，两者为兄弟关系。

### 5. 页面格式化标签

在网页设计中，清晰的文本结构可以使用户获得更佳的阅读体验，也可以使网页更加整洁、美观。为了使文本有条理地呈现在网页中，HTML 提供了一系列的页面格式化标签，比如标题标签、段落标签、水平线标签和换行标签等，下面分别进行讲解。

（1）标题标签

在网页中或者在一篇文章中，通常都会有一个标题来告诉用户或者浏览者这个网页的名称或者该文章的主题。HTML 提供了标题标签<h1>～<h6>来定义标题。

<h1>～<h6>标签依次表示 HTML 提供的 6 个不同级别的标题标签。其中，<h1>标签用于设置一级标题，<h2>标签用于设置二级标题，以此类推。每个级别的标题文本加粗且字号有所不同，一级标题的字号最大，从一级标题到六级标题，其字号依次递减。此外，标题标签具有换行作用，因此每个标题都会从新的一行开始。

在使用标题标签时，<h1>标签通常用于设置文章或者网页的主要标题，而<h2>标签则通常用于设置某个区域的副标题。通过合理使用标题标签，可以构建清晰的文档结构，提高页面的可读性。

下面通过代码演示如何使用标题标签，示例代码如下。

```
1  <body>
2      <h1>一级标题</h1>
3      <h2>二级标题</h2>
4      <h3>三级标题</h3>
5      <h4>四级标题</h4>
6      <h5>五级标题</h5>
7      <h6>六级标题</h6>
8  </body>
```

在上述示例代码中，第 2～7 行代码使用<h1>～<h6>标签定义一级标题到六级标题。

上述示例代码运行后，标题标签的页面效果如图 1-11 所示。

（2）段落标签

在一篇文章中，将大篇文本分隔成段落有助于提高该文章的可读性，让读者更容易理解文章中的不同观点和信息。同时，分段还有助于作者组织文章逻辑，使文章结构更清晰、易管理。每段可以围绕特定主题展开，使文章逻辑更加连贯。HTML 提供了段落标签<p>来定义段落。

开始标签<p>和结束标签</p>之间的文本被视为一个段落。段落标签会在段落之前和之后创建一定的间距，使段落之间在视觉上有明显的分隔。同时，段落标签具有换行的作用，每个段落都会从新的一行开始。

图1-11　标题标签的
页面效果

下面通过代码演示如何使用段落标签，示例代码如下。

```
1  <body>
2      <p>咬定青山不放松，立根原在破岩中。</p>
```

```
3    <p>千磨万击还坚劲，任尔东西南北风。</p>
4    </body>
```

在上述示例代码中，第 2~3 行代码使用<p>标签定义了段落。

上述示例代码运行后，段落标签的页面效果如图 1-12 所示。

（3）水平线标签

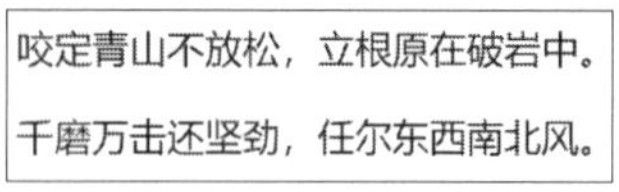

在网页中插入一条水平线来分割不同的内容区域是一种常见的设计手段，可以增加网站的视觉层次感。HTML 提供了水平线标签<hr>标签来定义水平线。

咬定青山不放松，立根原在破岩中。

千磨万击还坚劲，任尔东西南北风。

图1-12　段落标签的页面效果

在使用<hr>标签时，只需将其插入合适的位置即可。默认情况下，水平线具有一定的样式，例如水平线的边框样式和宽度等。但是，具体的样式属性和外观可以通过 CSS 自定义。

下面通过代码演示如何使用水平线标签，示例代码如下。

```
1    <body>
2    <p>作者介绍</p>
3    <hr>
4    <p>李白，字太白，号青莲居士，唐代诗人，著有《李太白集》，代表作有《望庐山瀑布》《行路难》
《蜀道难》《将进酒》《早发白帝城》等。</p>
5    </body>
```

在上述示例代码中，第 3 行代码使用<hr>标签定义了水平线。

上述示例代码运行后，水平线标签的页面效果如图 1-13 所示。

（4）换行标签

在 HTML 中，使用<p>标签定义的段落和段落之间有一定的间距。如果不希望段落之间有间距，只想简单地进行换行，可以使用换行标签<br>来实现。<br>标签用于将某段文本强制换行显示。与<p>标签不同的是，<br>标签不会创建新的段落，只是进行简单的换行。

需要注意的是，在 HTML 中，如果按"Enter"键进行换行，不会在浏览器中产生换行效果，这个操作会被解释为一个空格字符。

下面通过代码演示如何使用换行标签，示例代码如下。

```
1    <body>
2    <p>杜甫，字子美，自号少陵野老，唐代诗人。<br>杜甫创作了《登高》《春望》《北征》等名作。</p>
3    </body>
```

在上述示例代码中，第 2 行代码使用<br>标签对段落中的文本进行换行。

上述示例代码运行后，换行标签的页面效果如图 1-14 所示。

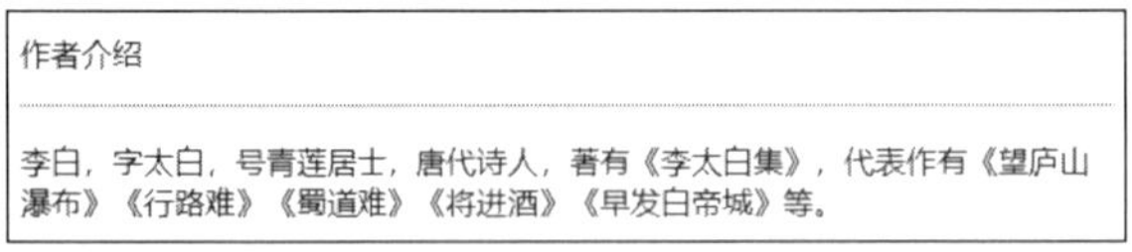

作者介绍

李白，字太白，号青莲居士，唐代诗人，著有《李太白集》，代表作有《望庐山瀑布》《行路难》《蜀道难》《将进酒》《早发白帝城》等。

图1-13　水平线标签的页面效果

杜甫，字子美，自号少陵野老，唐代诗人。
杜甫创作了《登高》《春望》《北征》等名作。

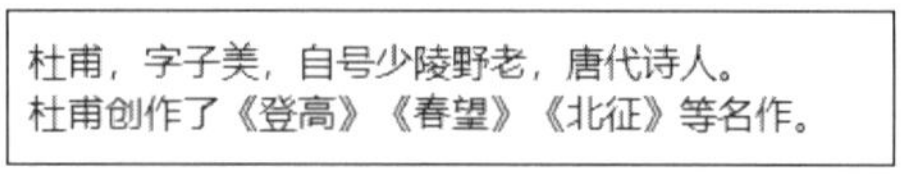

图1-14　换行标签的页面效果

### 6. 文本格式化标签

文本是网页中最基础的信息载体之一，用户主要通过文本来了解网页的内容。HTML 提供了文本格式化标签，用于修饰文本和突出重点。常见的文本格式化标签如表 1-1 所示。

使用文本格式化标签来修饰文本，可以显示不同的文本样式。其中，<strong>标签、<em>标签、<ins>标签和<del>标签更符合 HTML 的语义，可以用于强调文本的含义。因此，推荐使用这 4 个标签来设置文本格式。

表 1-1　常见的文本格式化标签

| 标签 | 说明 |
|---|---|
| \<strong>标签和\<b>标签 | 文本以加粗方式显示 |
| \<em>标签和\<i>标签 | 文本以斜体的方式显示 |
| \<ins>标签和\<u>标签 | 文本以添加下划线的方式显示 |
| \<del>标签和\<s>标签 | 文本以添加删除线的方式显示 |

例如，\<strong>标签和\<b>标签都可以用来呈现粗体文本，但\<strong>标签具有强调的语义，它传达了文本的重要性或紧急性，搜索引擎和屏幕阅读器等软件会将这些内容视为页面上的关键点或重要信息。而\<b>标签仅用于在视觉上呈现粗体文本，没有提供任何语义上的信息。

下面通过代码演示如何使用文本格式化标签，示例代码如下。

```
1  <body>
2    <p><strong>登鹳雀楼</strong></p>
3    <p>【作者】<em>王之涣</em></p>
4    <p><ins>白日依山尽，黄河入海流。<br> 欲穷千里目，更上一层楼。</ins></p>
5  </body>
```

在上述示例代码中，第 2 行代码使用\<strong>标签将文本以加粗方式显示。第 3 行代码使用\<em>标签将"王之涣"以斜体的方式显示。第 4 行代码使用\<ins>标签将文本以下划线的方式显示。

上述示例代码运行后，文本格式化标签的页面效果如图 1-15 所示。

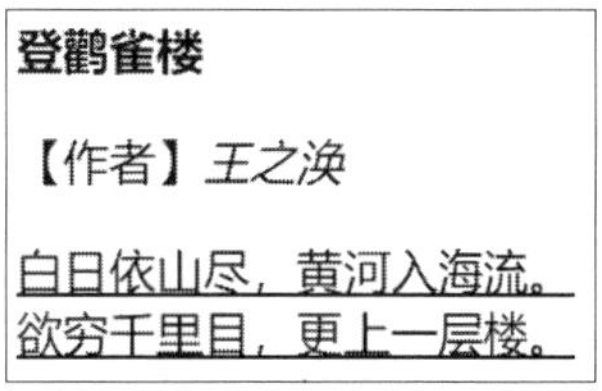

**7. 图像标签**

在网页设计中，合理运用图像可以提升网页的吸引力。图像不仅能够丰富页面的视觉效果，还能帮助用户更好地理解和记忆页面所呈现的信息。在使用和传播图像时，我们必须时刻具备版权意识，不要侵犯他人的著作权和肖像权，不随意在网络上传播未经授权的图像。

图1-15　文本格式化标签的页面效果

HTML 提供了图像标签——\<img>标签来定义图像。\<img>标签的常用属性如表 1-2 所示。

表 1-2　\<img>标签的常用属性

| 属性 | 说明 |
|---|---|
| src | 用于设置指定图像的路径 |
| alt | 用于设置图像不能显示时的替换文本 |
| title | 用于设置鼠标指针悬停在图像上方时显示的内容 |
| width | 用于设置图像的宽度 |
| height | 用于设置图像的高度 |

表 1-2 中的 src 属性为必选属性，其余属性均为可选属性。

图像的路径可以使用相对路径或绝对路径，下面分别进行讲解。

① 相对路径是指图像相对于当前 HTML 文档的位置。相对路径通常以 HTML 文档的位置为参照位置，通过层级关系描述图像的路径。例如，如果当前 HTML 文档的路径是"D:\chapter01\index.html"，相对路径的设置分为以下 3 种情况。

● 图像和 HTML 文档位于同目录，即图像路径为"D:\chapter01\1.jpg"。设置相对路径时，可以用 1.jpg 或./1.jpg 来表示。其中，"./"表示当前目录，可以省略。

● 图像位于 HTML 文档的子目录，即图像路径为"D:\chapter01\img\1.jpg"。设置相对路径时，可以用 img/1.jpg 或./img/1.jpg 来表示。

● 图像位于 HTML 文档的上一级目录，即图像路径为"D:\1.jpg"。设置相对路径时，图像名称之前添加"../"。例如，<img src="../1.jpg">。如果图像位于 HTML 文档的上两级目录，则设置相对路径时需要在图像名称之前添加"../../"，以此类推。

② 绝对路径是指完整描述图像位置的路径，以下是 3 种常见的绝对路径设置情况。

● 图像位于网站根目录或网站根目录下的子目录，路径以"/"开头，表示从网站的根目录开始定位图像。例如"/images/image.jpg"。

● 图像位于本地计算机。例如"file:///D:/chapter01/1.jpg"。需要注意的是，如果网页仅在本地计算机上使用，可以使用这种方式指定图像路径。但如果网页要发布到服务器上，则不能使用这种方式。

● 图像位于其他网络地址。如果图像位于其他网络地址，那么它的绝对路径就是该图像的 URL（Uniform Resource Locator，统一资源定位符）。例如，"http://www.ityxb.com/public/img/logo.png"。

下面通过代码演示如何使用图像标签，示例代码如下。

```
1  <body>
2    <img src="images/landscape.png" title="风景" width="500" height="200">
3  </body>
```

在上述示例代码中，第 2 行代码使用<img>标签来定义图像。读者可以从配套源码中获取 landscape.png 文件，也可以自行找图像进行练习。

上述示例代码运行后，鼠标指针悬停在图像上方的页面效果如图 1-16 所示。

图1-16　鼠标指针悬停在图像上方的页面效果

### 8. HTML 实体

在 HTML 中，有些字符可能会被浏览器误解并错误地解析为代码。例如，"<"可能会被解析为标签的开头、">"可能会被解析为标签的结尾、"&"可能会被解析为 HTML 实体的开头等。

为了避免这种情况，开发者需要使用 HTML 实体来替代它们。这些 HTML 实体以"&"开头，以";"结尾。常用的 HTML 实体如表 1-3 所示。

表 1-3　常用的 HTML 实体

| 字符 | 说明 | HTML 实体 |
|---|---|---|
|  | 空格符 |   |
| < | 小于号 | &lt; |
| > | 大于号 | &gt; |
| & | 和号 | &amp; |
| ¥ | 人民币符号 | &yen; |
| © | 版权符号 | &copy; |
| ® | 注册商标符号 | &reg; |
| ° | 度数符号 | &deg; |
| ± | 正负号 | &plusmn; |
| × | 乘号 | &times; |
| ÷ | 除号 | &divide; |

续表

| 字符 | 说明 | HTML 实体 |
|---|---|---|
| 2 | 平方（上标 2） | &sup2; |
| 3 | 立方（上标 3） | &sup3; |

下面通过代码演示如何使用 HTML 实体，示例代码如下。

```
1  <body>
2    &copy; 2024 版权所有
3  </body>
```

在上述示例代码中，第 2 行代码使用&copy;和 分别设置版权符号和空格符。

上述示例代码运行后，HTML 实体的页面效果如图 1-17 所示。

© 2024 版权所有

图1-17　HTML实体的页面效果

## 项目实现

根据项目需求实现个人简介页面的开发，具体实现步骤如下。

① 创建 D:\code\chapter01 目录，将本章配套源码中的 images 文件夹复制到该目录，并使用 VS Code 编辑器打开该目录。

② 创建 chapter01\personalProfile.html 文件，编写个人简介页面的结构，具体代码如下。

```
1   <!DOCTYPE html>
2   <html>
3   <head>
4     <meta charset="UTF-8">
5     <title>个人简介</title>
6   </head>
7   <body>
8     <h1>个人简介</h1>
9     <hr>
10    <p><strong>头像: </strong><img src="images/user.png" width="50" height= "50"></p>
11    <p><strong>姓名: </strong>小  李</p>
12    <p><strong>专业: </strong><ins>计算机科学与技术</ins></p>
13    <p><strong>学历: </strong>本科</p>
14    <p><strong>主修课程: </strong>Java、数据结构、计算机组成原理、操作系统、计算机网络等</p>
15  </body>
16  </html>
```

在上述代码中，第 8 行代码使用<h1>标签来定义一级标题，标题名称为"个人简介"。第 9 行代码使用<hr>标签来定义水平线。

第 10~14 行代码使用<p>标签来定义段落。其中，第 10 行代码首先使用<strong>标签将"头像:"加粗显示，然后使用<img>标签定义图像，图像路径为"images/user.png"，宽度、高度均为 50px；第 11 行代码使用<strong>标签将"姓名:"加粗显示；第 12 行代码首先使用<strong>标签将"专业:"加粗显示，然后使用<ins>标签将"计算机科学与技术"加下划线显示；第 13 行代码使用<strong>标签将"学历:"加粗显示；第 14 行代码使用<strong>标签将"主修课程:"加粗显示。

保存上述代码，在浏览器中打开 personalProfile.html 文件，个人简介页面的效果如图 1-18 所示。

图1-18　个人简介页面的效果

# 项目 1-2　新闻页面

## 项目需求

随着网络信息技术的快速发展，新闻网站已成为人们获取信息的重要渠道之一。每个新闻网站都由众多新闻页面组成。本项目旨在开发一个新闻页面，该页面包括新闻列表页面和新闻详情页面。

新闻列表页面中只显示新闻标题，当单击某个新闻标题后，就会跳转到对应的新闻详情页面，展示新闻标题和新闻详情。新闻列表页面和新闻详情页面如图 1-19 所示。

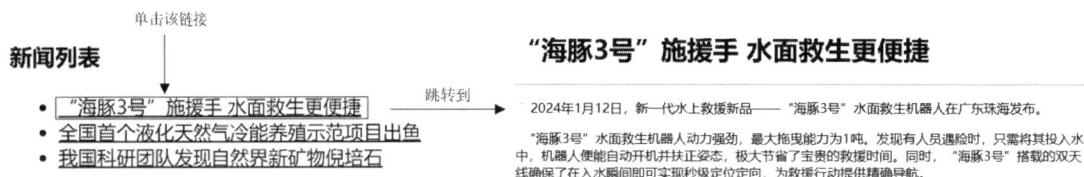

图1-19　新闻列表页面和新闻详情页面

## 知识储备

### 1. 列表

在网页中，使用列表能够将大量信息以结构化的方式进行排列，这样不仅提高了网页内容的可读性，还有助于读者快速浏览和理解网页中的内容。

HTML 提供了 3 种列表，分别是无序列表、有序列表和定义列表。下面分别进行讲解。

（1）无序列表

无序列表中的每个列表项属于并列关系，没有特定的先后顺序。它常被用于展示布局排列整齐且不需要规定顺序的内容区域，例如网站导航菜单、特点列表或产品功能清单等。

无序列表使用<ul>标签定义，每个具体的列表项使用<li>标签定义。在无序列表中，默认使用实心圆作为列表项目符号。列表项目符号是每个列表项前所显示的标识，用于区分不同的列表项。通过 CSS 中的列表样式属性可以更改列表项目符号。例如，将实心圆替换为实心方块、空心圆等。无序列表的语法格式如下。

```
<ul>
  <li>列表项 1</li>
  <li>列表项 2</li>
  ……
</ul>
```

在上述语法格式中，<ul>标签中至少应嵌套一个<li>标签，且<ul>标签中只能嵌套<li>标签。下面通过代码演示如何使用无序列表，示例代码如下。

```
1   <body>
2     <h3>北京景点推荐</h3>
3     <ul>
4       <li>故宫</li>
5       <li>颐和园</li>
6       <li>长城</li>
7       <li>圆明园</li>
8       <li>天安门</li>
9     </ul>
10  </body>
```

在上述示例代码中，第 3～9 行代码定义了无序列表，其中第 4～8 行代码定义了列表项。

上述示例代码运行后，无序列表的页面效果如图 1-20 所示。

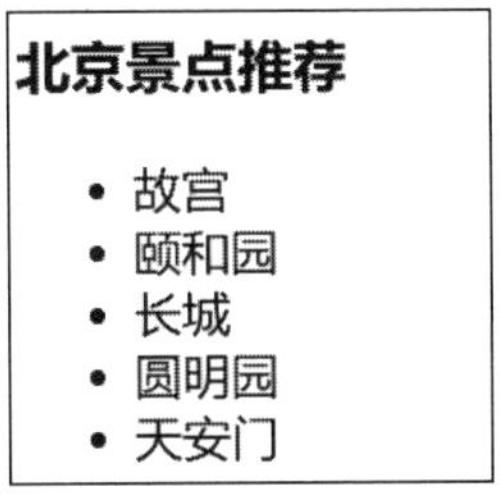

（2）有序列表

有序列表是一种按照特定顺序排列的列表，列表中的列表项按照固定顺序排列，并且顺序不可改变。每个列表项都有一个编号，以表示其在有序列表中的位置。有序列表常用于展示具有规则布局和特定排列顺序的内容区域，例如歌曲排行榜等。

有序列表使用<ol>标签定义，列表项使用<li>标签定义。有序列表的语法格式如下。

图1-20　无序列表的
页面效果

```
<ol>
  <li>列表项 1</li>
  <li>列表项 2</li>
  ……
</ol>
```

在上述语法格式中，<ol>标签中至少应嵌套一个<li>标签，且<ol>标签中只能嵌套<li>标签。<ol>标签的常用属性如表 1-4 所示。

表1-4　<ol>标签的常用属性

| 属性 | 说明 |
| --- | --- |
| type | 用于设置有序列表的编号类型 |
| start | 用于设置有序列表的初始值，可选值为数字 |
| reversed | 用于设置有序列表顺序为降序，可选值为 reversed |

type 属性的可选值如下。

- 1（默认值）：数字编号，例如 1、2、3…
- a：小写英文字母编号，例如 a、b、c…
- A：大写英文字母编号，例如 A、B、C…
- i：小写罗马数字编号，例如 i、ii、iii…
- I：大写罗马数字编号，例如 I、II、III…

&lt;li&gt;标签的常用属性为 value，用于设置当前列表项的初始值，可选值为数字。

下面通过代码演示如何使用有序列表，示例代码如下。

```
1  <body>
2    <h3>写作文的基本步骤</h3>
3    <ol>
4      <li>理解题目或主题。</li>
5      <li>确定观点或立场。</li>
6      <li>列提纲进行写作。</li>
7      <li>仔细检查和修改。</li>
8    </ol>
9  </body>
```

在上述示例代码中，第 3~8 行代码定义了有序列表，其中第 4~7 行代码定义了列表项。

上述示例代码运行后，有序列表的页面效果如图 1-21 所示。

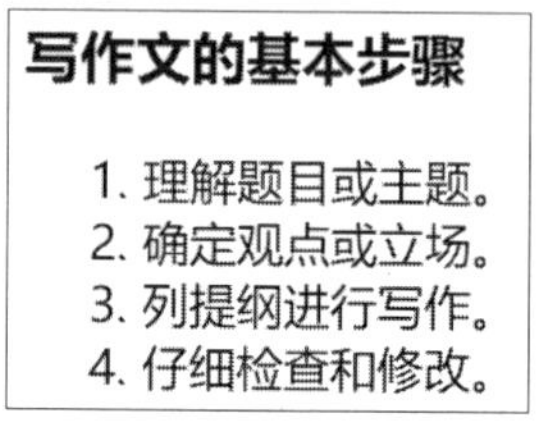

（3）定义列表

定义列表常用于对名词进行解释和描述。定义列表通过&lt;dl&gt;标签来定义，列表的指定名词使用&lt;dt&gt;标签来定义，对指定名词的解释通过&lt;dd&gt;标签来定义。定义列表的语法格式如下。

**写作文的基本步骤**

1. 理解题目或主题。
2. 确定观点或立场。
3. 列提纲进行写作。
4. 仔细检查和修改。

图1-21　有序列表的页面效果

```
<dl>
  <dt>名词 1</dt>
  <dd>解释 1</dd>
  <dd>解释 2</dd>
  ......
  <dt>名词 2</dt>
  <dd>解释 1</dd>
  <dd>解释 2</dd>
  ......
</dl>
```

在上述语法格式中，&lt;dl&gt;标签中嵌套了&lt;dt&gt;标签和&lt;dd&gt;标签。一个&lt;dt&gt;标签可以嵌套一个或多个&lt;dd&gt;标签，即可以对一个名词进行多项解释。

下面通过代码演示如何使用定义列表，示例代码如下。

```
1  <body>
2    <dl>
3      <dt>风</dt>
4      <dd>风，是一种因气压分布不均匀而产生的空气流动的现象。</dd>
5      <dt>雨</dt>
6      <dd>雨，是一种自然降水现象，是由大气循环扰动产生的，是地球水循环不可缺少的一部分。</dd>
7      <dd>雨的成因多种多样，它的表现形态也各具特色，有毛毛细雨，有连绵不断的阴雨，还有倾盆而下的阵雨。</dd>
8    </dl>
9  </body>
```

在上述示例代码中，第 2~8 行代码定义了定义列表，其中第 3、5 行代码定义了名词，第 4、6、7 行代码定义了名词的解释。

上述示例代码运行后，定义列表的页面效果如图 1-22 所示。

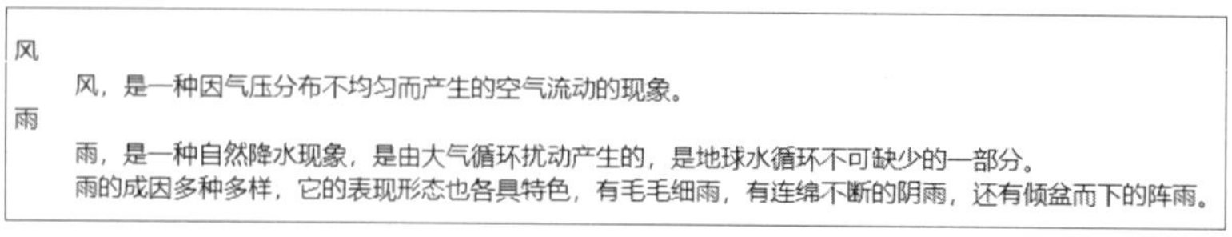

图1-22　定义列表的页面效果

## 2. 列表嵌套

列表嵌套在网页设计中应用广泛，例如创建多级菜单、展示组织机构的层级结构等。通过使用列表嵌套，可以为用户提供清晰的页面导航和信息展示，从而提升用户体验，使页面的整体结构更合理。在 HTML 中使用列表嵌套时，只需要将子列表嵌套在上一级列表的列表项中即可。

下面通过代码演示如何实现列表嵌套，示例代码如下。

```
1  <body>
2    <ul>
3      <li>休闲零食
4        <ol>
5          <li>鲜花饼</li>
6          <li>牛肉干</li>
7        </ol>
8      </li>
9      <li>名茶
10       <ul>
11         <li>铁观音</li>
12         <li>龙井</li>
13       </ul>
14     </li>
15   </ul>
16 </body>
```

在上述示例代码中，第 2~15 行代码定义了无序列表，并在该列表中嵌套了有序列表和无序列表。当无序列表嵌套无序列表时，内层无序列表的项目符号为空心圆。

上述示例代码运行后，列表嵌套的页面效果如图 1-23 所示。

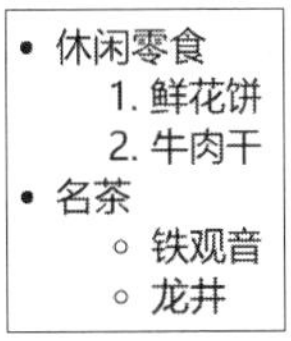

## 3. 超链接

在网站中，超链接用于用户在各个网页之间快速导航。通过在网站的导航菜单中创建"首页""服务"和"产品"等超链接，用户可以轻松地浏览网站并找到所需的信息。

图1-23 列表嵌套的页面效果

HTML 提供了<a>标签来定义超链接。<a>标签的常用属性为 href 属性和 target 属性，下面分别进行讲解。

① href 属性：用于指定超链接所指向的跳转地址。该跳转地址可以是相对路径或绝对路径。如果不知道跳转地址，可以将 href 属性设置为"#"，表示空链接，单击该超链接后不会发生跳转。

② target 属性：用于指定链接页面的打开方式。其常用取值为_self（默认值）和_blank。其中，_self 表示在原标签页中打开链接页面，_blank 表示在新标签页中打开链接页面。

下面通过代码演示如何使用<a>标签，示例代码如下。

```
1  <body>
2    <a href="https://www.huawei.com" target="_blank">华为</a>在新标签页中打开华为官方网站
3  </body>
```

在上述示例代码中，第 2 行代码使用<a>标签来定义超链接。

上述示例代码运行后，超链接的页面效果如图 1-24 所示。

当鼠标指针移入"华为"超链接时，页面效果如图 1-25 所示。

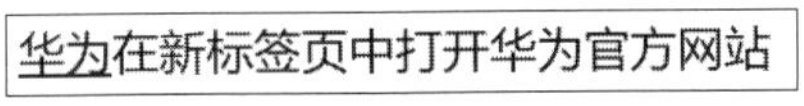

图1-24 超链接的页面效果

图1-25 鼠标指针移入"华为"超链接时的页面效果

从图 1-25 可以看出，当鼠标指针移入"华为"超链接时，鼠标指针变成"👆"形状，同时该超链接下方会显示链接页面的地址。

当单击"华为"超链接时，浏览器会在新标签页中打开链接页面，如图 1-26 所示。

图1-26　在新标签页中打开链接页面

#### 4. 容器标签

在 HTML 中，常见的容器标签包括\<div>标签和\<span>标签，下面分别进行讲解。

（1）\<div>标签

\<div>标签通常用于划分网页的区域，div 的英文全称为 division。\<div>标签内部可以嵌套多种 HTML 标签，如段落标签\<p>、图像标签\<img>、标题标签\<h1>～\<h6>等。同时，\<div>标签中可以嵌套多层\<div>标签，用来为复杂的网页结构划分区域，以满足各种布局需求。

在网页中，每一块区域表示不同的内容，这使得网页中的内容零碎，但在排版上能更清晰、有条理，如图 1-27 所示的教育类网页。

图1-27　教育类网页

下面通过代码演示如何使用\<div>标签，示例代码如下。

```
1  <body>
2    <div>顶部区域</div>
3    <div>底部区域</div>
4  </body>
```

（2）\<span>标签

\<span>标签常用于定义网页中某些需要显示为特殊样式的文本。它本身没有固定的格式表现，只有应用 CSS 样式时才会产生视觉上的变化。例如，使用\<span>标签设置文本样式如图 1-28 所示。

图1-28　使用\<span>标签设置文本样式

下面通过代码演示如何使用\<span>标签，示例代码如下。

```
1  <body>
2    <span>星垂平野阔，月涌大江流。——《旅夜书怀》</span>
3  </body>
```

#### 5. 元素

在 HTML 中，元素是指由开始标签和结束标签标识的代码块。元素的内容是开始标签与结束标签之间的内容。在 HTML 中，常见的元素有块元素、行内元素、行内块元素等，具体解释如下。

（1）块元素

块元素在页面中以块的形式呈现，它会独占一行的空间，可以对其设置宽度、高度等属性。常见的块元素包括 h1～h6、p、div、ul、ol 等。

（2）行内元素

行内元素，也称为内联元素或内嵌元素，会并排显示在同一行。这些元素的高度和宽度无法单独进行设置，其宽度和高度取决于其内容的大小。同时，行内元素只能包含行内元素或文本。常见的行内元素包括 a、strong、span 等。

（3）行内块元素

行内块元素可以在同一行中并排显示，可以对其设置宽度和高度。常见的行内块元素包括 img 等。

### 项目实现

根据项目需求实现新闻列表页面和新闻详情页面的开发，具体实现步骤如下。

① 创建 chapter01\newList.html 文件，编写新闻列表页面的结构，具体代码如下。

```
1  <!DOCTYPE html>
2  <html>
3  <head>
4    <meta charset="UTF-8">
5    <title>新闻列表</title>
6  </head>
7  <body>
8    <h3>新闻列表</h3>
9    <ul>
10     <li><a href="newDetail.html" target="_blank">"海豚 3 号"施援手 水面救生更便捷
</a></li>
11     <li><a href="#">全国首个液化天然气冷能养殖示范项目出鱼</a></li>
12     <li><a href="#">我国科研团队发现自然界新矿物倪培石</a></li>
13   </ul>
14  </body>
15  </html>
```

在上述代码中，第 9～13 行代码定义了无序列表，其中，第 10～12 行代码为每个列表项定义了超链接。第 10 行代码通过设置 href 属性指定跳转地址为 newDetail.html 文件，通过 target 属性设置在新标签页中打开链接页面。

② 创建 chapter01\newDetail.html 文件，编写新闻列表页面中第 1 个列表项的新闻详情页面的结构，具体代码如下。

```
1  <!DOCTYPE html>
2  <html>
3  <head>
4    <meta charset="UTF-8">
5    <title>新闻详情</title>
6  </head>
7  <body>
8    <h1>"海豚 3 号"施援手 水面救生更便捷</h1>
9    <hr>
10   <p>    2024 年 1 月 12 日，新一代水上救援新品——"海豚 3 号"水面救
生机器人在广东珠海发布。</p>
11   <p>  "海豚 3 号"水面救生机器人动力强劲，最大拖曳能力为 1 吨。发现有人员遇险时，
只需将其投入水中，机器人便能自动开机并扶正姿态，极大节省了宝贵的救援时间。同时，"海豚 3 号"搭载
```

```
的双天线确保了在入水瞬间即可实现秒级定位定向，为救援行动提供精确导航。</p>
12 </body>
13 </html>
```

　　保存上述代码，在浏览器中打开 newList.html 文件，新闻列表页面效果如图 1-29 所示。

　　单击"'海豚 3 号'施援手 水面救生更便捷"超链接后，会跳转到新闻详情页面，效果如图 1-30 所示。

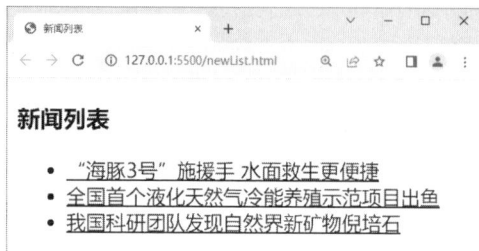

图1-29　新闻列表页面效果　　　　　　　　图1-30　新闻详情页面效果

# 本章小结

　　本章主要讲解了如何使用 HTML 构建页面结构。首先讲解了 HTML 概述、浏览器、Visual Studio Code 编辑器、标签概述、页面格式化标签、文本格式化标签、图像标签、HTML 实体，然后讲解了列表、列表嵌套、超链接、容器标签、元素。通过学习本章内容，读者应掌握"个人简介页面"和"新闻页面"的制作方法，并能够灵活运用各种标签构建 HTML 页面。

# 课后习题

### 一、填空题

1. HTML 提供了＿＿＿＿标签来定义水平线。
2. HTML 提供了＿＿＿＿标签来将文本以加粗方式显示。
3. <img>标签中的＿＿＿＿属性用于设置图像不能显示时的替换文本。
4. 在网页中添加版权符号对应的 HTML 实体为＿＿＿＿。
5. 在网页中添加大于号对应的 HTML 实体为＿＿＿＿。

### 二、判断题

1. <br>标签和<p>标签一样，都会创建新的段落并换行。（　　　）
2. <img>标签中的 src 属性只能使用绝对路径来指定图像的路径。（　　　）
3. 在 HTML 文档中，添加 即可添加一个空格符。（　　　）
4. 在 HTML 中，标签之间的关系分为父子关系和兄弟关系。（　　　）
5. <ins>标签用于设置文本以添加下划线的方式显示。（　　　）

### 三、选择题

1. 下列关于 HTML 文档结构标签的说法中，错误的是（　　　）。
A. <!DOCTYPE html>用于向浏览器说明当前文档使用哪种 HTML 版本

B. <html>标签用于定义网页的主体内容

C. <title>标签用于定义标题

D. <head>标签用于定义网页的头部内容

2. 下列关于标题标签的说法中，错误的是（　　　）。

A. 使用<h1>～<h6>标签定义的不同级别的标题的字号有所不同

B. <h6>标签定义的标题的字号最大

C. <h1>标签具有换行作用，因此每个标题都会从新的一行开始

D. <h1>标签通常用于设置文章或者网页的主要标题

3. 下列标签中，表示段落的是（　　　）。

A. <p>标签　　　　　　B. <hr>标签　　　C. <h1>标签　　　　　　D. <html>标签

4. 下列标签中，用于将文本以斜体方式显示的是（　　　）。

A. <strong>标签　　　　B. <ins>标签　　　C. <em>标签　　　　　D. <del>标签

5. 下列关于列表的说法中，错误的是（　　　）。

A. HTML 提供了无序列表、有序列表和定义列表

B. 无序列表使用<ul>标签来定义

C. 无序列表中的每个列表项属于并列关系，没有特定的先后顺序

D. 定义列表使用<ol>标签来定义

**四、简答题**

请简述 HTML5 的优势。

**五、操作题**

运用本章所学的知识，结合素材，实现图 1-31 所示的图文混排效果。

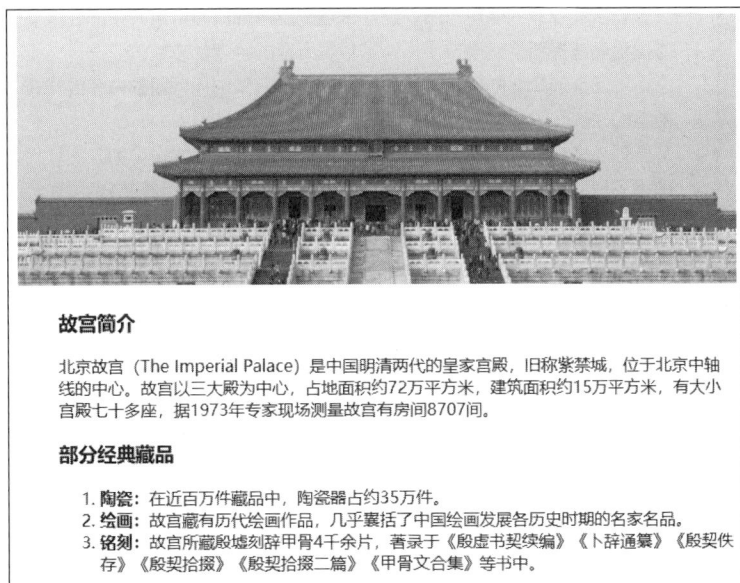

图1-31　图文混排效果

# 第2章

# CSS页面样式美化

| 知识目标 | • 熟悉 CSS 的概念，能够归纳 CSS 的概念和优势 |
| --- | --- |
| | • 了解 CSS 样式规则，能够说出其组成部分 |
| | • 掌握 CSS 的引入方式，能够将 CSS 应用于 HTML 文档 |
| | • 掌握基础选择器的使用方法，能够通过基础选择器选择要改变样式的元素 |
| | • 掌握字体属性的使用方法，能够灵活运用字体属性设置网页中字体的样式 |
| | • 掌握字体图标的使用方法，能够在网页中使用各种字体图标 |
| | • 掌握文本外观属性的使用方法，能够灵活运用文本外观属性设置网页中文本的样式 |
| | • 掌握 CSS 注释的使用方法，能够在 CSS 代码中添加注释 |
| | • 掌握复合选择器的使用方法，能够根据需要选择具有特定关系的元素 |
| | • 掌握伪类选择器的使用方法，能够根据元素的特定状态或位置选择元素 |
| | • 掌握伪元素选择器的使用方法，能够在特定元素中插入新的内容或样式 |
| | • 熟悉 CSS 的三大特性，能够归纳 CSS 的三大特性 |
| | • 掌握列表样式属性的使用方法，能够通过列表样式属性设置列表的项目符号 |
| | • 熟悉 CSS 标准盒模型，能够归纳 CSS 标准盒模型的组成部分 |
| | • 掌握边框属性的使用方法，能够为图像、文本等添加边框 |
| | • 掌握内边距属性的使用方法，能够为元素设置内边距 |
| | • 掌握外边距属性的使用方法，能够为元素设置外边距 |
| | • 掌握盒子的宽度和高度的计算方法，能够计算盒子的宽度和高度 |
| | • 掌握 box-sizing 属性的使用方法，能够计算元素的总宽度和总高度 |
| | • 掌握 display 属性的使用方法，能够更改元素的默认显示方式 |
| | • 掌握背景属性的使用方法，能够设置背景颜色、背景图像等 |
| | • 掌握渐变的使用方法，能够为元素设置渐变效果 |
| | • 掌握 object-fit 属性的使用方法，能够设置元素的显示方式 |
| | • 掌握浮动布局的使用方法，能够使用 float 属性实现浮动布局 |
| | • 掌握清除浮动的方法，能够使用 clear 属性、额外标签法、伪元素法、overflow 属性等清除浮动 |
| | • 熟悉语义化标签，能够归纳常用的语义化标签 |
| | • 掌握弹性盒布局的使用方法，能够使用弹性盒布局的相关属性创建响应式页面 |
| | • 掌握元素的定位的使用方法，能够为元素设置相对定位、固定定位、绝对定位等 |
| | • 掌握层叠等级属性的使用方法，能够调整堆叠元素的显示层级 |

续表

| 技能目标 | • 掌握阴影属性的使用方法，能够为元素设置阴影效果<br>• 掌握文章详情页面的制作方法，能够完成文章详情页面的开发<br>• 掌握下拉菜单页面的制作方法，能够完成下拉菜单页面的开发<br>• 掌握商城首页的制作方法，能够完成商城首页的开发 |
| --- | --- |

一个好的网页应该具有良好的视觉效果，让用户在浏览网页时感到舒适。因此，学习如何使用 CSS 来美化页面样式是至关重要的。通过 CSS 可以轻松地定义各种样式，如字体、颜色、背景、边框等。本章将详细讲解如何使用 CSS 来美化页面样式。

# 项目 2-1　文章详情页面

## 项目需求

古诗作为传统文化的重要组成部分，具有极高的艺术价值和文化内涵。阅读古诗可以让我们深入地了解不同历史时期和文化背景下的文学特色和审美追求，丰富我们的文学知识，提高我们的文学素养。

本项目旨在开发一个包含古诗和古诗赏析两部分内容的文章详情页面，其效果如图 2-1 所示。

图2-1　文章详情页面的效果

## 知识储备

### 1. CSS 概述

CSS（Cascading Style Sheets，串联样式表）是一种用于为 HTML 中的各种元素设置样式的语言，它可以定义字体、边距、背景等样式。CSS 与 HTML 相结合可以实现样式与结构分离，有利于样式的重用以及网页的修改与维护。此外，CSS 可以让多个页面共用一份样式代码，实现多个网页的样式同时更新。

截至本书成稿时，CSS 的最新版本为 3.0，即 CSS3。因此，本书基于 CSS3 进行讲解。CSS3 的优势如下。

① 样式属性：CSS3 引入了大量的样式属性，使开发者能够轻松实现各种复杂的效果，例如圆角、渐变、阴影等。

② 响应式设计：CSS3 提供了媒体查询和弹性盒布局，使开发者能够更轻松地构建适用于各种移动设备的网页，以提供更好的用户体验。

③ 字体和颜色控制：CSS3 引入了@font-face 规则，允许开发者使用自定义字体，以提

升页面的视觉效果。此外，CSS3 还提供了更多的颜色表示方式，例如 RGBA、HSL 等，增加了对颜色的灵活控制。

④ 动态交互效果：CSS3 支持对元素进行二维和三维的转换以及设置动画效果，提高了用户体验。

⑤ 代码简洁：CSS3 引入了许多便捷的选择器，使代码变得更简洁、可读性更高，减少了重复劳动和代码冗余。

### 2. CSS 样式规则

为了能够准确地将样式应用到元素中，首先应该学习 CSS 样式规则。CSS 样式规则主要包括 3 个部分，即选择器、属性、属性值，具体如下。

```
选择器 {
  属性 1: 属性值 1;
  属性 2: 属性值 2;
  ......
}
```

在上述样式规则中，选择器用于指定要改变样式的元素。大括号内部是规则块，它包含一条或多条声明。每条声明由属性和属性值组成，属性和属性值以键值对的形式出现。属性和属性值之间用英文冒号 "："连接，多个声明之间用英文分号 "；"进行分隔。其中，属性是指为元素设置的样式属性，例如字体属性、文本外观属性等。

### 3. CSS 的引入方式

为了将 CSS 应用于 HTML 文档，需要将 CSS 书写到 HTML 中。常见的 CSS 引入方式有 3 种，分别是行内式、内部式和外部式，下面分别进行讲解。

（1）行内式

行内式是通过给 HTML 标签的 style 属性设置 CSS 样式来实现的。行内式不需要选择器，它仅对样式所在的标签生效。以双标签为例，行内式的语法格式如下。

```
<标签名 style="属性 1: 属性值 1; 属性 2: 属性值 2; ......">内容</标签名>
```

在上述语法格式中，style 属性值中属性和属性值的书写规则与 CSS 样式规则一致。

（2）内部式

内部式是将 CSS 代码集中写在<style>标签中，并将<style>标签写在 HTML 文档的<head>标签中。内部式的语法格式如下。

```
<head>
  <style>
    选择器 {
      属性 1: 属性值 1;
      属性 2: 属性值 2;
      ......
    }
  </style>
</head>
```

<style>标签一般位于<head>标签中的<title>标签之后，由于浏览器是从上到下解析代码的，把 CSS 代码放在头部便于其提前被下载和解析。

（3）外部式

外部式是将 CSS 代码放在一个或多个以.css 为扩展名的 CSS 文件中，通过<link>标签将 CSS 文件链入 HTML 文档。<link>标签的语法格式如下。

```
<link href="CSS 文件的路径" rel="stylesheet">
```

在上述语法格式中，<link>标签需要放在<head>标签中，并且需要指定<link>标签的 2 个属性，具体如下。

① href 属性：链接的 CSS 文件的路径，可以是相对路径，也可以是绝对路径。

② rel 属性：定义当前文档与链接文件之间的关系，在这里需要指定为 stylesheet，表示链接的文件是一个样式文件。

CSS 文件中样式的书写规则和 CSS 样式规则一致。

**4．基础选择器**

要想将 CSS 样式应用于特定的元素，首先需要找到该元素。在 CSS 中，通过选择器可以指定要改变样式的元素。选择器包括基础选择器、复合选择器、伪类选择器、伪元素选择器等。下面先讲解基础选择器，其余选择器将在后续项目的"知识储备"中进行讲解。

基础选择器包括标签选择器、类选择器、id 选择器、通配符选择器，下面分别进行讲解。

（1）标签选择器

标签选择器是指使用标签名作为选择器。所有的标签名都可以作为标签选择器，例如<p>标签、<div>标签、<span>标签等。使用标签选择器定义的样式对页面中所有对应标签都生效。例如，使用 p 选择器可以定义 HTML 中所有段落的样式。标签选择器的语法格式如下。

```
标签名 { 属性：属性值；}
```

（2）类选择器

类选择器是指使用"."（英文点号）后紧跟标签的类名作为选择器。类名即标签的 class 属性值，一个 class 属性值可以包含多个类名，用空格分隔类名即可。大多数标签都可以定义 class 属性。

类选择器的语法格式如下。

```
.类名 { 属性：属性值；}
```

（3）id 选择器

id 选择器是指使用"#"后紧跟标签的 id 作为选择器。id 即标签的 id 属性值，大多数标签都可以定义 id 属性。标签的 id 是唯一的，只能对应 HTML 文档中某一个具体的标签。

id 选择器的语法格式如下。

```
#id { 属性：属性值；}
```

（4）通配符选择器

通配符选择器使用"*"来表示，它是所有选择器中作用范围最广的，能匹配页面中所有的标签。通配符选择器的语法格式如下。

```
* { 属性：属性值；}
```

在实际开发中，不建议使用通配符选择器设置标签的样式，因为通配符选择器设置的样式对所有的标签都有效，而不管标签是否需要该样式，这样会降低代码的执行速度。

**5．字体属性**

为了控制网页中字体的样式，CSS 提供了一系列字体属性。常用的字体属性如表 2-1 所示。

表 2-1　常用的字体属性

| 属性 | 说明 |
| --- | --- |
| font-size | 用于设置字体的字号，常用的属性值为像素值（如 24px） |
| font-family | 用于设置字体的名称，常用的属性值为宋体、微软雅黑、黑体、隶书、楷体等。当指定多种字体时，用逗号分隔，如果浏览器不支持第一种字体，则会尝试下一种字体，直到匹配到合适的字体；中文字体需要加引号，英文字体不需要加引号；当需要设置英文字体时，建议将英文字体名放在中文字体名之前 |

续表

| 属性 | 说明 |
|------|------|
| font-weight | 用于设置字体的粗细，常用的属性值为 normal（默认值）、bold、bolder、lighter，分别表示定义正常、粗体、更粗、更细的字体 |
| font-variant | 用于设置字体的变体，常用的属性值为 normal（默认值）、small-caps，前者表示正常；后者表示所有的小写字母均会被转换为大写字母，但是这些字母与其余文本相比字号更小 |
| font-style | 用于设置字体的风格，常用的属性值有 normal（默认值）、italic、oblique，分别表示正常、斜体、倾斜的字体样式 |

font-style 的属性值 italic、oblique 都可以实现字体的倾斜，二者的区别是：italic 表示应用字体的斜体样式，而 oblique 表示使文字向右倾斜。对于没有斜体样式的字体来说，italic 是没有效果的，此时就可以利用 oblique 代替 italic 来实现文字倾斜效果。

除表 2-1 中常用的字体属性之外，还可以使用 font 属性对字体样式进行综合设置，其语法格式如下。

```
font: font-style font-variant font-weight font-size/line-height font-family;
```

使用 font 属性时，必须按照上述语法格式中的顺序书写，各个属性之间以空格隔开。其中，line-height 表示行高，后面会进行详细讲解。像 font 这样能够使用一个属性定义多个样式的属性，在 CSS 中称为复合属性。常见的复合属性有 font、border、background 等。

下面通过代码演示如何使用字体属性，示例代码如下。

```
1  <head>
2    <style>
3      p {
4        font-size: 24px;
5        font-family: "隶书", "宋体", "微软雅黑";
6        font-weight: bold;
7        font-style: italic;
8      }
9    </style>
10 </head>
11 <body>
12   <p>一粥一饭，当思来处不易；半丝半缕，恒念物力维艰。</p>
13 </body>
```

在上述示例代码中，第 3~8 行代码定义了样式，使用标签选择器 p 设置字体的字号、名称、粗细和风格。

上述示例代码运行后，使用字体属性的页面效果如图 2-2 所示。

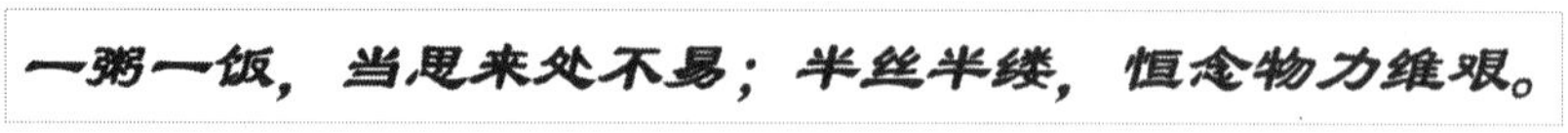

一粥一饭，当思来处不易；半丝半缕，恒念物力维艰。

图2-2　使用字体属性的页面效果

### 多学一招：@font-face 规则

在 CSS 中，通过 font-family 属性设置的字体名称，只有在操作系统中安装了相应字体的情况下才可以正确显示。然而，有时开发者可能需要在网页中使用用户操作系统中未安装的字体。为此，CSS 引入了 @font-face 规则，使开发者能够在网页中使用自定义字体。

使用 @font-face 规则，开发者可以提供自定义字体文件，然后通过 font-family 属性将该自定义字体应用到文本元素上。自定义字体文件可以使用 iconfont 字体库中提供的字体文件，也可以使用其他来源的自定义字体文件。@font-face 规则为开发者提供了更大的自由度和创造力，可以实现更个性化和独特的字体效果。

@font-face 规则的语法格式如下。

```
@font-face {
  font-family: <YourWebFontName>;
  src: <source>;
}
```

下面对@font-face 规则进行详细讲解。

① YourWebFontName：自定义的字体名称。

② source：自定义字体的存放路径，用来告诉浏览器从哪里加载该字体文件，可以是相对路径也可以是绝对路径。该路径需要用 url()函数封装起来。url()函数是 CSS 中的一个函数，用于指定一个 URL。

下面通过代码演示如何使用@font-face 规则，示例代码如下。

```
1  <head>
2    <style>
3      @font-face {
4        font-family: myFont;
5        src: url("fonts/AlimamaFangYuanTiVF-Thin.ttf");
6      }
7      p {
8        font-family: myFont;
9        font-size: 24px;
10     }
11   </style>
12  </head>
13  <body>
14    <p>由俭入奢易，由奢入俭难。</p>
15  </body>
```

在上述示例代码中，第 3~6 行代码定义了一个@font-face 规则，用于指定自定义字体的名称和字体文件的存放路径。第 7~10 行代码定义了一个标签选择器 p，用于将字体 myFont 和字号 24px 应用于 HTML 文档中的所有 p 元素中。

上述示例代码运行后，使用@font-face 规则的页面效果如图 2-3 所示。

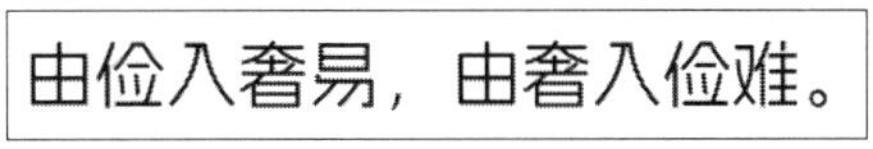

由俭入奢易，由奢入俭难。

图2-3　使用@font-face规则的页面效果

### 6. 字体图标

在网页制作中，经常需要在网页中添加许多图标，以增加页面的美观性。由于网页在移动端屏幕中会根据设备像素比进行缩放，如果使用 PNG、JPG 等格式的图标，在网页缩放时图标可能会变得模糊，此时可以使用字体图标，因为字体图标属于矢量图，在网页缩放时不会变得模糊。

字体图标是使用字体来呈现的图标，本质上是一种字体。字体图标的每个图标都有对应的字符，当把网页中的某个元素的字体设置为字体图标后，该元素中的字符就会显示成对应的图标。在网页开发中，如果需要添加简单的小图标，可以使用字体图标来实现。

在网页中使用字体图标的优点如下。

① 简单易用：使用字体图标时，只需提前下载好字体图标，并在网页中添加相应的标签和类即可将图标插入其中，无须使用额外的图像文件。

② 灵活性高：使用字体图标时，可以通过修改 CSS 字体属性来灵活地修改样式，例如

调整图标的大小。字体图标都是矢量图，因此可以随意进行缩放且不会失真。

③ 轻量级：使用字体图标时，只需要加载一种字体图标，而不用加载多个图像文件，从而减少了页面请求数量、提高了页面加载速度。

④ 兼容性：几乎所有主流的浏览器都支持字体图标，包括 Chrome、Firefox、Safari 等。下面讲解如何下载和使用字体图标。

（1）下载字体图标

由于自己开发字体图标比较复杂，为了降低开发成本，在项目中通常使用网络上的各种图标库提供的字体图标。本书以 iconfont 图标库为例进行讲解，该图标库提供了丰富的常用图标集合，用户只需下载相应的字体图标即可使用。

通过 iconfont 图标库下载字体图标的具体步骤如下。

① 在浏览器中访问 iconfont 图标库的官方网站。若读者是第一次访问该网站，则首先需要注册，若读者已经注册过该网站，直接登录即可。

② 选择顶部导航栏的"素材库"→"图标库"→"官方图标库"选项，进入官方图标库列表页面，如图 2-4 所示。

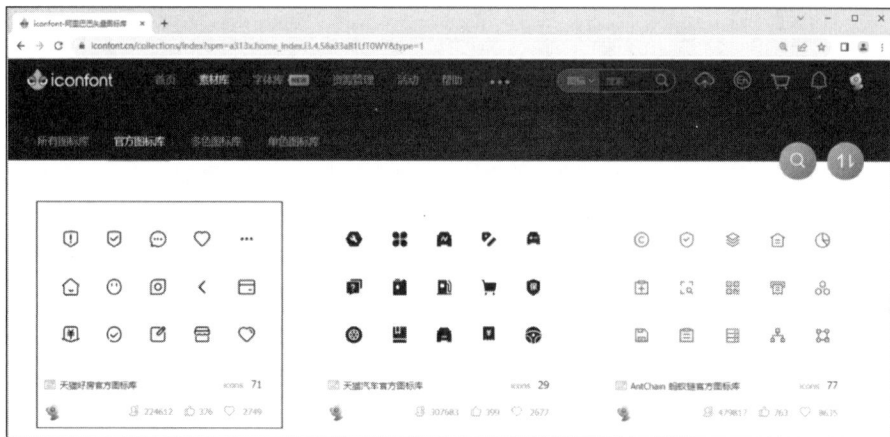

图2-4　官方图标库列表页面

③ 单击图 2-4 所示官方图标库列表中的第 1 个图标库，打开一个新页面，当鼠标指针移入第 1 行第 3 列的字体图标时，此时的图标库页面如图 2-5 所示。

图2-5　图标库页面

从图 2-5 可以看出，当鼠标指针移入字体图标时，该字体图标会被一个遮罩所覆盖，从上到下依次显示了"🛒""☆""⬇"3 个按钮，分别表示购物车、收藏和下载，用于对字体图标进行操作。

④ 单击图 2-5 所示"🛒"按钮，将字体图标添加到购物车中，添加到购物车页面如图 2-6 所示。

图2-6　添加到购物车页面

从图 2-6 可以看出，添加到购物车时页面发生了两处变化，具体如下。

● "🛒"按钮切换为"🛒"按钮，表示已将字体图标添加到购物车中。单击"🛒"按钮后，已添加的字体图标会从购物车中移除，并切换回"🛒"按钮。

● 当将字体图标添加到购物车后，顶部导航栏中的"🛒"按钮显示为"🛒"按钮，用于表示已经添加的字体图标数量。

⑤ 单击图 2-6 所示的"🛒"按钮，购物车页面如图 2-7 所示。

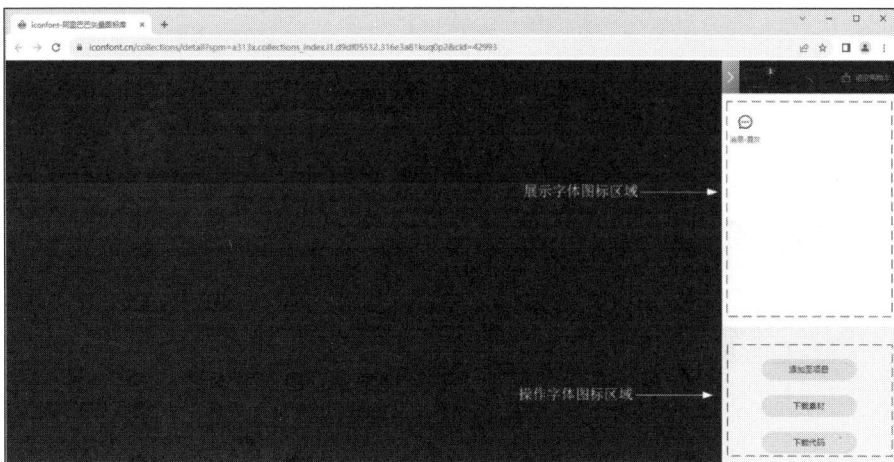

图2-7　购物车页面

从图 2-7 可以看出，购物车页面中包含 2 个区域，分别为展示字体图标区域和操作字体图标区域，具体解释如下。

● 展示字体图标区域用于字体图标的展示和删除。当鼠标指针移入展示字体图标区域中的某个字体图标时，该字体图标会被一个遮罩所覆盖，并出现"🗑"按钮，如图 2-8 所示。

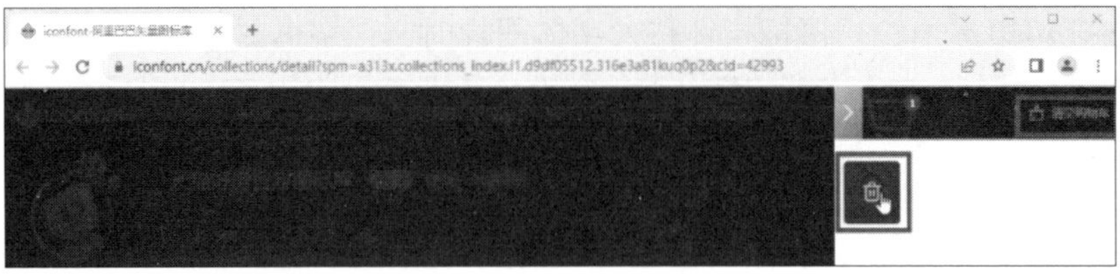

图2-8　删除字体图标页面

当单击图 2-8 所示的"🗑"按钮时，可以删除字体图标。单击图 2-8 所示右上角的"清空购物车"按钮时，会删除购物车中所有的字体图标。

● 操作字体图标区域包含"添加至项目""下载素材""下载代码"3 个按钮，分别用于将字体图标添加至项目、下载相关素材和获取相应的代码。这里推荐单击"添加至项目"按钮进行下载，因为这样可以获取较全的字体图标资源。

⑥ 单击图 2-7 所示的"添加至项目"按钮，此时的加入项目页面如图 2-9 所示。

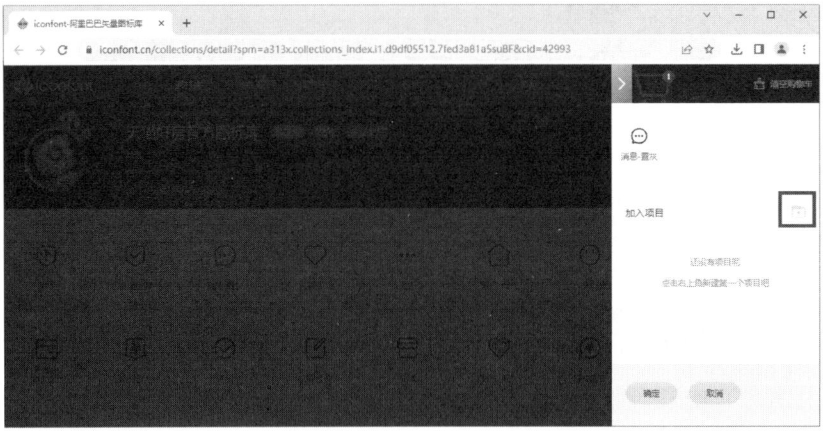

图2-9　加入项目页面

⑦ 单击图 2-9 所示的"🔲"按钮，创建一个新项目并将其命名为"IconFont"。单击"确定"按钮后，页面跳转到 IconFont 项目页面中，IconFont 项目页面如图 2-10 所示。

图2-10　IconFont项目页面

⑧ 单击图 2-10 所示的"下载至本地"按钮，将字体图标下载至本地。下载完成后，

会得到一个文件名为 download.zip 的压缩包文件，如图 2-11 所示。

图2-11　压缩包文件

　　该压缩包文件中包含所有字体图标的素材。读者可以通过解压缩这个文件来访问其中的字体图标文件。

　　将图 2-11 中的压缩包文件进行解压缩，解压缩后的文件目录如图 2-12 所示。

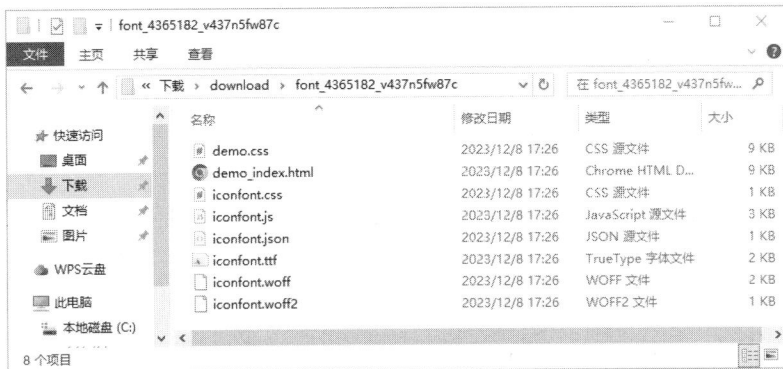

图2-12　解压缩后的文件目录

下面对图 2-12 中的文件进行简单介绍。

- demo.css：CSS 样式表文件，用于定义 demo_index.html 文件中元素的样式。
- demo_index.html：示例文件，用于演示如何使用字体图标。
- iconfont.css：字体图标的样式文件，包含用于展示字体图标的样式代码。
- iconfont.js：字体图标的 JavaScript 文件，包含一些处理字体图标的逻辑的代码。
- iconfont.json：字体图标的 JSON 文件，包含字体图标的相关配置信息。
- iconfont.ttf、iconfont.woff、iconfont.woff2：均为字体文件，用于存储字体图标的数据，它们分别对应不同的字体格式。

（2）使用字体图标

在下载完字体图标后，若要在网页中使用字体图标，需要在网页的<head>标签中使用<link>标签引入字体图标的样式文件 iconfont.css。引入后，在页面中定义一个用于显示图标的容器，通常使用<span>、<i>、<div>等标签作为图标的容器。

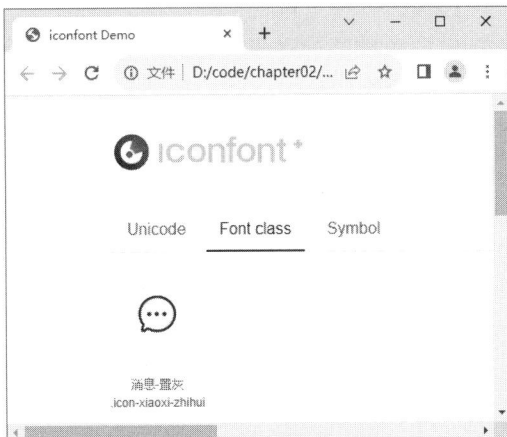

　　图标容器需要设置两个类，第一个类是.iconfont，它被预先定义在 iconfont.css 中，用于应用图标的基础样式；第二个类是.icon-*图标类，表示使用某个具体图标。为了查询当前图标库中有哪些图标，可以在浏览器中打开 demo_index.html 文件，选择"Font class"选项卡，查看已经下载完成的字体图标的类名，如图 2-13 所示。

图2-13　demo_index.html页面

　　从图 2-13 可以看出，"消息-置灰"字体图标类名为".icon-xiaoxi-zhihui"。

　　利用<span>标签显示"消息-置灰"字体图标的示例代码如下。

```
<span class="iconfont icon-xiaoxi-zhihui"></span>
```

**7. 文本外观属性**

CSS 提供了丰富的文本外观属性，可以帮助开发者轻松地为网页添加多种美观和个性化的文本效果。通过运用这些属性，不仅可以提升文本在网页中的表现力，还可以增加用户对内容的关注度和留存时间。常见的文本外观属性包括 color 属性、letter-spacing 属性、line-height 属性、text-transform 属性、text-decoration 属性、text-shadow 属性、text-align 属性、text-indent 属性、text-overflow 属性、white-space 属性、word-break 属性、word-spacing 属性等，下面分别进行讲解。

（1）color 属性

color 属性用于设置文本颜色，其可选值如下。

① 颜色名称：例如 red、green、blue，分别表示红色、绿色和蓝色。

② 十六进制颜色值：由以#开头的 6 位十六进制数值组成，每 2 位数值表示 1 个颜色分量，从左到右依次为红、绿、蓝 3 个颜色分量，每个颜色分量的取值范围为 00～FF。若 3 个颜色分量的 2 位十六进制数值都相等，则可以缩写。例如，#FF0000（缩写为#F00）表示红色、#FF6600（缩写为#F60）表示橙色、#29D794 表示青色等。需要注意的是，在书写十六进制颜色值时，英文字母不区分大小写。

③ RGB 值：RGB 值使用 rgb(r, g, b)格式表示，其中 r、g 和 b 分别表示红、绿、蓝 3 个颜色的分量。每个分量的取值范围为 0～255 的整数，或 0%～100%的百分比。例如，rgb(255, 0, 0)、rgb(100%, 0%, 0%)都表示红色。

④ RGBA 值：RGBA 值使用 rgb(r, g, b, a)格式表示，其中 r、g 和 b 的取值同 rgb()中的取值相同。a 表示透明度分量，取值范围为 0～1，0 表示完全透明，1 表示完全不透明。例如，rgba(255, 0, 0, 0.5)、rgba(100%, 0%, 0%, 0.5) 都表示红色并且透明度为 0.5。

（2）letter-spacing 属性

letter-spacing 属性用于设置字间距，其语法格式如下。

```
letter-spacing: normal | 长度;
```

在上述语法格式中，normal（默认值）表示字符之间的距离正常显示；长度可以是不同单位的数值，例如 30px、-20px、2em。这些数值可以是正值或负值。当数值为负值时，表示缩小间距，即字符之间的距离变小；当数值为正值时，表示增大间距，即字符之间的距离变大。

（3）line-height 属性

line-height 属性用于设置行高，即文本内容的行与行之间的距离，其语法格式如下。

```
line-height: normal | 数字 | 长度| 百分比;
```

在上述语法格式中，line-height 属性的常用属性值有 4 种，具体如下。

① normal（默认值）：行高取决于元素的字体。

② 数字：行高为给定的数字×元素的字号。例如 line-height: 1.5，对于 font-size 为 16px 的元素，其行高为 24px。

③ 长度：行高为不同单位的数值，例如 24px、36px、2em 等。

④ 百分比：行高为给定的百分比×元素的字号。例如 line-height: 150%，对于 font-size 为 16px 的元素，其行高为 24px。

（4）text-transform 属性

text-transform 属性用于设置英文字符的大小写转换，其语法格式如下。

```
text-transform: none | uppercase | lowercase | capitalize;
```

在上述语法格式中，none（默认值）表示不进行转换；uppercase 表示将所有英文字符转换为大写；lowercase 表示将所有英文字符转换为小写；capitalize 表示将每个单词的首字母转换为大写。

（5）text-decoration 属性

text-decoration 属性用于设置文本的装饰效果，其语法格式如下。

```
text-decoration: none | underline | overline | line-through;
```

在上述语法格式中，none（默认值）表示没有文本装饰（正常文本）；underline 表示设置文本下划线；overline 表示设置文本上划线；line-through 表示设置文本删除线。

text-decoration 属性可以添加多个属性值，用于给文本添加多种装饰效果。例如，text-decoration: underline overline;表示文本同时有下划线和上划线效果。

（6）text-shadow 属性

text-shadow 属性用于设置阴影效果，其语法格式如下。

```
text-shadow: h-shadow v-shadow blur color;
```

在上述语法格式中，h-shadow 用于设置水平阴影的距离，v-shadow 用于设置垂直阴影的距离，blur 用于设置模糊半径，color 用于设置阴影颜色。

text-shadow 属性可以为文本添加多个阴影，以产生阴影叠加效果。要设置阴影叠加效果，只需为文本设置多个阴影属性，并用逗号分隔它们。例如，text-shadow: 2px 2px 4px #000, −2px −2px 4px #fff;。

（7）text-align 属性

text-align 属性用于设置文本内容的水平对齐方式，其语法格式如下。

```
text-align: left | center | right | start | end | justify;
```

在上述语法格式中，left、center、right 等为常用属性值。left（默认值）表示文本左对齐；center 表示文本居中对齐；right 表示文本右对齐；start 表示如果文本内容方向为由左至右，则等价于 left，反之则等价于 right；end 表示如果文本内容方向为由左至右，则等价于 right，反之则等价于 left；justify 表示文本向两侧对齐，且对最后一行无效。

（8）text-indent 属性

text-indent 属性用于设置首行文本的缩进，其语法格式如下。

```
text-indent: 长度;
```

在上述语法格式中，长度为不同单位的数值，例如 50px、2em。

（9）text-overflow 属性

text-overflow 属性用于处理溢出的文本，其语法格式如下。

```
text-overflow: clip | ellipsis;
```

在上述语法格式中，clip 和 ellipsis 为常用的属性值。其中，clip 表示修剪溢出文本，不显示省略符号 "..."；ellipsis 表示用省略符号 "..." 替代被修剪的文本，省略符号插入的位置在最后一个字符处。

（10）white-space 属性

在 HTML 中，浏览器默认会将连续的空格合并为一个空白符。但在某些情况下，我们可能希望保留多个空格，这时可以使用 CSS 的 white-space 属性来设置空白符的处理方式。white-space 属性的语法格式如下。

```
white-space: normal | pre | nowrap;
```

在上述语法格式中，可选值包括 normal（默认值）、pre 和 nowrap。其中，normal 表示文本中的空格、空行无效，只显示一个空白符，文本超出容器的边界后自动换行；pre 表示保留空格、空行，例如多个空格会被保留和显示；nowrap 表示合并所有空白符为一个空白符，强制文本不能换行。如果文本内容超出容器的边界，则会出现滚动条。

（11）word-break 属性

word-break 属性用于设置是否允许在单词内部换行，其语法格式如下。

```
word-break: normal | break-all | keep-all;
```

在上述语法格式中，normal（默认值）表示不允许在单词内部换行，只能在单词之间换行；break-all 表示允许在单词内部换行；keep-all 表示只允许在半角空格或连字符处换行。

（12）word-spacing 属性

word-spacing 属性用于设置单词间距，即英文单词之间的间距，对中文字符无效，其语法格式如下。

```
word-spacing: normal | 长度;
```

在上述语法格式中，normal（默认值）表示英文单词之间的距离正常显示；长度可以是不同单位的正值或负值，例如 20px、-10px、2em。当长度为负值时，表示缩小间距，即单词之间的距离变小；当长度为正值时，表示增大间距，即单词之间的距离变大。

下面以 text-shadow 属性为例演示文本外观属性的使用，示例代码如下。

```
1  <head>
2    <style>
3      .content {
4        font-size: 30px;
5        text-shadow: 10px 10px 10px gray;
6      }
7    </style>
8  </head>
9  <body>
10   <p class="content">为中华之崛起而读书</p>
11 </body>
```

在上述示例代码中，第 3~6 行代码使用类选择器设置字号和阴影效果。

上述示例代码运行后，使用 text-shadow 属性后的页面效果如图 2-14 所示。

### 8. CSS 注释

开发者可以在 CSS 代码中添加注释来说明代码的含义。在 CSS 中添加注释有利于自己或他人在编辑和更改代码时理解代码的含义。浏览器在解析 CSS 代码时会忽略注释，因此注释不会影响页面的呈现效果。

图2-14　使用text-shadow属性后的页面效果

CSS 注释以"/*"开始，以"*/"结束，示例代码如下。

```
p {
  /* 定义段落样式 */
}
```

在上述示例代码中，"/*"和"*/"之间的内容为注释内容。在 VS Code 编辑器中，可以使用"Ctrl+/"快捷键为当前选中的行添加注释或取消注释。

### 项目实现

根据项目需求实现文章详情页面的开发，具体实现步骤如下。

① 创建 D:\code\chapter02 目录，将本章配套源码中的 iconfont 文件夹复制到该目录，并使用 VS Code 编辑器打开该目录。

② 创建 chapter02\article.html 文件，编写古诗区域的页面结构并引入 iconfont.css 文件，具体代码如下。

```
1   <!DOCTYPE html>
2   <html>
3   <head>
4     <meta charset="UTF-8">
5     <title>文章详情</title>
6     <link rel="stylesheet" href="iconfont/iconfont.css">
7   </head>
8   <body>
9     <h1>山亭夏日</h1>
10    <p class="author">【唐】高骈</p>
11    <p class="content">
12      绿树阴浓夏日长，楼台倒影入池塘。<br>
13      水晶帘动微风起，满架蔷薇一院香。
14    </p>
15  </body>
16  </html>
```

在上述代码中，第 9 行代码定义了古诗的标题；第 10 行代码定义了古诗作者的朝代及姓名；第 11～14 行代码定义了古诗的内容。

③ 在步骤②中的第 6 行代码的下方编写古诗区域的样式，具体代码如下。

```
1   <style>
2     h1 {
3       text-align: center;
4     }
5     .author {
6       text-align: center;
7     }
8     .content {
9       font-size: 20px;
10      text-align: center;
11      letter-spacing: 10px;
12    }
13  </style>
```

在上述代码中，第 2～4 行代码用于设置古诗的标题居中对齐显示；第 5～7 行代码用于设置古诗作者的朝代及姓名居中对齐显示；第 8～12 行代码用于设置古诗内容的字号为 20px、居中对齐显示、字间距为 10px。

④ 在步骤②中的第 14 行代码的下方编写古诗赏析区域的页面结构，具体代码如下。

```
1   <h3><span class="iconfont icon-kongzhonghuayuan"></span> 赏析</h3>
2   <p class="analysis">
3     此诗写山亭夏日风光，用近似绘画的手法，描绘了绿树阴浓、楼台倒影、池塘水波、满架蔷薇，构成了
    一幅色彩鲜丽、情调清和的图画。全诗以写景见长，笔法多变。诗人捕捉了微风之后的帘动、花香这些不易觉
    察的细节，传神地描绘了夏日山亭的悠闲与宁静，表达了作者对夏日乡村风景的热爱和赞美之情。
4   </p>
```

在上述代码中，第 1 行代码定义了古诗赏析区域的字体图标和标题；第 2～4 行代码定义了古诗赏析区域的赏析内容。

⑤ 在步骤③中的第 12 行代码的下方编写古诗赏析区域的样式，具体代码如下。

```
1   .analysis {
2     font-family: "楷体";
3     text-indent: 32px;
4     line-height: 1.5;
```

```
5    text-decoration: underline;
6  }
```

上述代码用于设置古诗赏析内容的字体为"楷体"、首行文本缩进 32px、行间距为 1.5 倍的字号，并且添加下划线装饰效果。

保存上述代码，在浏览器中打开 article.html 文件，文章详情页面如图 2-15 所示。

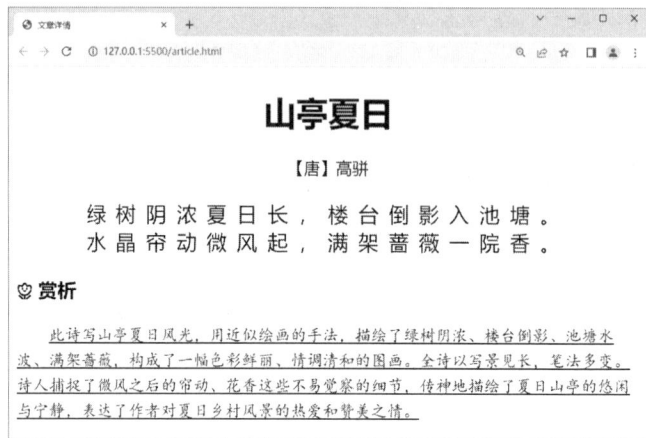

图2-15　文章详情页面

# 项目 2-2　下拉菜单页面

## 项目需求

为了方便用户快速找到所需内容，网站通常会提供下拉菜单。例如，当用户将鼠标指针悬停在某个分类的名称上时，会弹出一个下拉菜单，其中包含该分类下的子分类或相关产品列表。用户可以通过单击所需的子分类或产品来导航到相应的页面。

本项目旨在开发一个带有下拉菜单的页面，下拉菜单效果如图 2-16 所示。

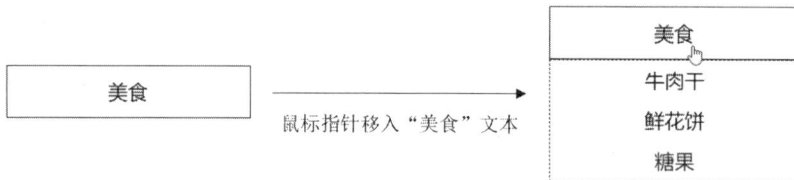

图2-16　下拉菜单效果

## 知识储备

### 1. 复合选择器

在编写 CSS 样式时，可以使用基础选择器来指定需要改变样式的元素。然而，在实际的网页开发中，一个页面通常会包含多个元素，仅使用基础选择器来设置样式显然是不够的。为了应对这种情况，CSS 提供了复合选择器，使得对元素的选择更加方便。

复合选择器由两个或多个基础选择器组合而成，用于选择具有特定关系的元素。常用的复合选择器包括后代选择器、子代选择器、并集选择器、交集选择器等。下面对常用的复合选择器进行详细讲解。

（1）后代选择器

后代选择器用于选中某元素的后代元素，其语法格式如下。

> 父选择器 子选择器 { 属性：属性值； }

在上述语法格式中，父选择器和子选择器之间用空格隔开。

（2）子代选择器

子代选择器用于选中某元素的子代元素（最近的子元素），其语法格式如下。

> 父选择器 > 子选择器 { 属性：属性值； }

在上述语法格式中，父选择器和子选择器之间用"＞"隔开。

（3）并集选择器

并集选择器用于选中多组元素以设置相同的样式，其语法格式如下。

> 选择器 1，选择器 2，…，选择器 N { 属性：属性值； }

在上述语法格式中，选择器之间用英文逗号隔开。

（4）交集选择器

交集选择器用于选择同时满足两个选择器的元素，其语法格式如下。

> 选择器 1 选择器 2 { 属性：属性值； }

在上述语法格式中，选择器 2 不能是标签选择器。交集选择器会选择同时满足选择器 1 和选择器 2 的元素。交集选择器的两个选择器之间不能有空格，如 h3.one 或 h3#one。

下面通过代码演示如何使用复合选择器，示例代码如下。

```
1   <head>
2     <style>
3       .container p {
4         text-decoration: underline;
5       }
6       .container > p {
7         font-family: "楷体";
8       }
9       .container p,
10      .container .active {
11        font-weight: bold;
12      }
13      .container p.active {
14        font-style: italic;
15      }
16    </style>
17  </head>
18  <body>
19    <div class="container">
20      <p>《西游记》</p>
21      <p class="active">《西游记》是中国古代章回体长篇虚构神魔小说。</p>
22      <h4>作品目录</h4>
23      <ul>
24        <li>第一回 灵根育孕源流出 心性修持大道生</li>
25        <li>第二回 悟彻菩提真妙理 断魔归本合元神</li>
26        <li class="active">第三回 四海千山皆拱伏 九幽十类尽除名</li>
27      </ul>
28    </div>
29  </body>
```

在上述示例代码中，第 2~16 行代码用于设置样式。其中，第 3~5 行代码用于设置文本下划线效果；第 6~8 行代码用于设置字体名称为"楷体"；第 9~12 行代码用于设置字体为粗体；第 13~15 行代码用于设置字体为斜体。第 19~28 行代码用于定义页面结构。

上述示例代码运行后，使用复合选择器后的页面效果如图 2-17 所示。

**2. 伪类选择器**

伪类选择器是一种特殊的 CSS 选择器，它可以根据元素的特定状态或位置来选择元素。例如，使用:hover 伪类选择器可以选择处于鼠标指针悬停状态下的元素，而使用:nth-child()伪类选择器可以选择特定位置的元素。

常用的伪类选择器如表 2-2 所示。

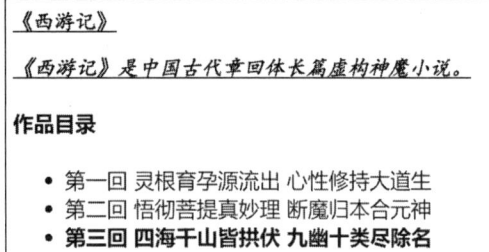

> **《西游记》**
>
> *《西游记》是中国古代章回体长篇虚构神魔小说。*
>
> **作品目录**
>
> - 第一回 灵根育孕源流出 心性修持大道生
> - 第二回 悟彻菩提真妙理 断魔归本合元神
> - **第三回 四海千山皆拱伏 九幽十类尽除名**

图2-17　使用复合选择器后的页面效果

表 2-2　常用的伪类选择器

| 伪类选择器 | 说明 |
| --- | --- |
| :root | 选择文档中的根元素，通常返回 html |
| :first-child | 选择父元素中的第一个子元素 |
| :last-child | 选择父元素中的最后一个子元素 |
| :only-child | 选择父元素中的唯一子元素 |
| :only-of-type | 选择父元素中有且仅有一个特定类型的子元素 |
| :nth-child(n) | 选择父元素中的第 n 个子元素 |
| :nth-last-child(n) | 选择父元素中的倒数第 n 个子元素 |
| :nth-of-type(n) | 选择父元素中特定类型的第 n 个子元素 |
| :nth-last-of-type(n) | 选择父元素中特定类型的倒数第 n 个子元素 |
| :link | 选择未访问的超链接元素 |
| :visited | 选择已访问的超链接元素 |
| :hover | 选择处于鼠标指针悬停状态下的元素 |
| :active | 选择处于激活状态下的元素，包括即将单击（按压） |

下面通过代码演示如何使用:link、:hover、:active 伪类选择器，示例代码如下。

```
1   <head>
2     <style>
3       a:link {
4         font-size: 20px;
5         text-decoration: underline;
6       }
7       a:hover {
8         font-size: 24px;
9         font-weight: bold;
10        text-decoration: none;
11      }
12      a:active {
13        font-family: "隶书";
14        font-weight: bold;
15      }
16    </style>
17  </head>
```

```
18  <body>
19   <p>请单击下面的超链接：</p>
20   <a href="#" target="_blank">山光悦鸟性，潭影空人心。</a>
21  </body>
```

在上述示例代码中，第 3~6 行代码用于设置未访问的超链接元素的样式，包括字号为 20px、给超链接添加下划线装饰效果；第 7~11 行代码用于设置鼠标指针悬停在超链接上时的样式，包括字号为 24px、字体加粗显示、取消文本的装饰效果；第 12~15 行代码用于设置单击超链接时的样式，包括字体的名称为隶书、字体加粗显示。

上述示例代码运行后，未访问超链接时的页面效果如图 2-18 所示。

鼠标指针悬停在超链接上时的页面效果如图 2-19 所示。

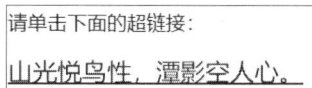

图2-18　未访问超链接时的页面效果

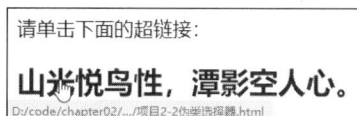

图2-19　鼠标指针悬停在超链接上时的页面效果

单击超链接且未释放鼠标时的页面效果如图 2-20 所示。

单击超链接后的页面效果如图 2-21 所示。

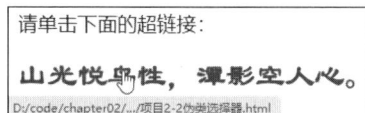

图2-20　单击超链接且未释放鼠标时的页面效果

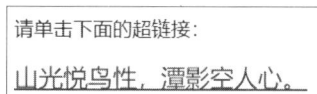

图2-21　单击超链接后的页面效果

### 3. 伪元素选择器

伪元素选择器是 CSS 中的一种特殊选择器，用于在特定元素中插入新的内容或样式。它使用双冒号（::）符号作为标识，例如"::before"和"::after"。使用伪元素选择器，可以在不修改 HTML 代码的情况下，在元素的特定位置轻松地添加新的内容或样式。

下面对常用的伪元素选择器::before 和::after 进行讲解。

（1）::before 选择器

::before 选择器用于在被选取元素内容的前面插入内容。在使用::before 选择器时必须配合 content 属性来指定要插入的具体内容，其语法格式如下。

```
element::before {
  content: 文本 | url();
}
```

在上述语法格式中，element 可以是任何有效的选择器，包括标签选择器、类选择器、id 选择器等；content 属性接收 2 种类型的值，可以插入文本内容或使用 url()函数来指定图像的 URL。

（2）::after 选择器

::after 选择器用于在被选取元素内容的后面插入内容。::after 选择器和::before 选择器的使用方法相同。

下面通过代码演示如何使用伪元素选择器，示例代码如下。

```
1  <head>
2   <style>
3    p::before {
4     content: "节令之美·";
5    }
```

```
6      p::after {
7        content: url("images/arrow-double-right.png");
8      }
9    </style>
10  </head>
11  <body>
12    <p>小雪：节气流转小雪至，围炉煮茶待雪来。</p>
13  </body>
```

在上述示例代码中，第 3~5 行代码用于设置在 p 元素的内容前面添加"节令之美·"；第 6~8 行代码用于设置在 p 元素的内容后面添加一张图像。

上述示例代码运行后，使用伪元素选择器后的页面效果如图 2-22 所示。

节令之美·小雪：节气流转小雪至，围炉煮茶待雪来。»

图2-22　使用伪元素选择器后的页面效果

#### 4. CSS 的三大特性

CSS 的三大特性——层叠性、继承性和 CSS 优先级，构成了 CSS 的核心理念和基础框架。合理利用这三大特性可以有效地简化代码结构，避免冗余，从而提高网页的加载速度和运行效率，为用户提供更优质的浏览体验。下面分别进行 CSS 的三大特性讲解。

（1）层叠性

层叠性表现为 CSS 样式的相互叠加。以装修为例，当我们在墙上先刷一层蓝色漆、再刷一层红色漆时，最终呈现的是红色，因为红色漆覆盖了蓝色漆。同样地，在编写 CSS 代码时，若对同一元素的同一属性进行多次设置，最后设置的属性值将覆盖掉先前的属性值。

在 CSS 中，如果选择器相同，那么会根据 CSS 样式规则的来源和顺序（谁先定义）来确定哪个规则的优先级更高，从而应用那个规则对应的样式。

下面通过代码来演示 CSS 的层叠性，示例代码如下。

```
1   <head>
2     <style>
3       .special {
4         font-family: "楷体";
5         font-weight: bold;
6         font-style: italic;
7       }
8       .special {
9         font-style: normal;
10      }
11    </style>
12  </head>
13  <body>
14    <p class="special">吃一堑长一智；经一事长一能；交一友结一缘。</p>
15  </body>
```

在上述示例代码中，第 3~7 行代码用于设置具有.special 类的元素的样式，包括字体为楷体、粗体、倾斜显示；第 8~10 行代码用于设置具有.special 类的元素字体正常显示。

上述示例代码运行后，CSS 层叠性效果如图 2-23 所示。

从图 2-23 可以看出，文本样式包括字体为楷体、粗体、正常显示，说明定义的样式产生了叠加效果。

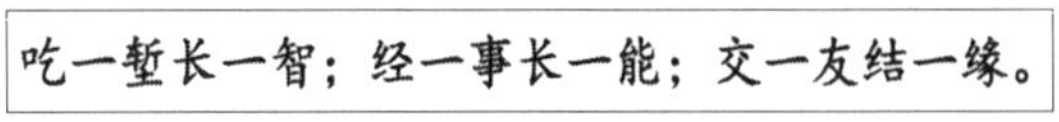

（2）继承性

继承性是指在使用 CSS 编写样式表时，

吃一堑长一智；经一事长一能；交一友结一缘。

图2-23　CSS层叠性效果

子元素会继承父元素的某些样式。这一点与装修时孩子房间可能会"继承"父母房间的一些装修风格相似，比如主题或家具风格。类似的在 CSS 中，子元素可以继承父元素的某些样式，如字体、颜色等。

值得一提的是，并不是所有的 CSS 属性都具有继承性。例如，边框属性、外边距属性、内边距属性、背景属性、定位属性、浮动属性、宽度属性和高度属性等就不具有继承性。

下面通过代码来演示 CSS 的继承性，示例代码如下。

```
1   <head>
2     <style>
3       div {
4         font-weight: bold;
5         font-style: italic;
6       }
7     </style>
8   </head>
9   <body>
10    <div>
11      <p>有意栽花花不发，无心插柳柳成荫。</p>
12    </div>
13  </body>
```

在上述示例代码中，第 3 ~ 6 行代码设置了 div 元素的样式，包括字体为粗体、倾斜显示；第 10 ~ 12 行代码中，定义了一个 <div> 标签，其中包含一个 <p> 标签。

上述示例代码运行后，CSS 继承性效果如图 2-24 所示。

**有意栽花花不发，无心插柳柳成荫。**

图2-24　CSS继承性效果

从图 2-24 可以看出，文本样式包括字体为粗体、倾斜显示，说明 p 元素中的文本继承了 div 元素的样式。

（3）CSS 优先级

CSS 优先级，也称为样式规范的权重，是指在定义 CSS 样式时，当多个样式规则应用于同一标签时，CSS 会根据样式规范的权重来优先显示权重最高的样式。

为了便于判断元素的优先级，CSS 为选择器分配了权重，通过虚拟数值表示选择器的权重。部分选择器的权重如表 2-3 所示。

需要注意的是，类选择器的权重永远大于标签选择器，id 选择器的权重永远大于类选择器。对于由多个选择器构成的复合选择器（并集选择器除外），权重可以理解为多个选择器权重的叠加。

表 2-3　部分选择器的权重

| 选择器 | 权重 |
| --- | --- |
| 通配符选择器 | 0 |
| 标签选择器、伪元素选择器 | 1 |
| 类选择器、伪类选择器 | 10 |
| id 选择器 | 100 |

此外，在考虑权重时，还需要注意以下 4 个特殊情况。

① 继承样式的权重为 0。在嵌套结构中，不管父元素的样式的权重多大，被子元素继承时，它的权重都为 0，也就是说子元素定义的样式会覆盖继承的父元素的样式。

② 行内样式优先。使用 style 属性的标签，其行内样式的权重非常高，拥有比表 2-3 中的选择器都高的优先级。

③ 权重相同时，CSS 的优先级遵循就近原则。按照代码排列顺序，当 CSS 样式写在头部时，排在最下边的样式优先级最高。

④ 使用!important 命令的样式会被赋予最高优先级。当使用 CSS 定义了!important 命令后，将不再考虑权重和位置关系，使用!important 的样式都具有最高优先级。

下面通过代码来演示 CSS 的优先级，示例代码如下。

```
1  <head>
2    <style>
3      ul li {
4        font-weight: lighter;
5      }
6      .content {
7        font-weight: bold;
8      }
9    </style>
10 </head>
11 <body>
12   <ul>
13     <li>HTML</li>
14     <li class="content">CSS</li>
15     <li>JavaScript</li>
16   </ul>
17 </body>
```

在上述示例代码中，第 3~5 行代码用于设置 ul 元素中 li 元素的字体粗细为更细；第 6~8 行代码用于设置具有.content 类的元素的字体粗细为粗体。

上述示例代码运行后，CSS 优先级效果如图 2-25 所示。

从图 2-25 可以看出，第 2 个列表项的字体为粗体，说明 CSS 的优先级起作用了。

- HTML
- **CSS**
- JavaScript

图2-25　CSS优先级效果

### 5. 列表样式属性

列表通常具有默认的外观，但在许多情况下，需要改变它们的外观，以确保列表更易读、更具吸引力。CSS 提供的列表样式属性使开发人员能够单独操控列表的项目符号，从而定制列表的外观。

常用的列表样式属性如表 2-4 所示。

表 2-4　常用的列表样式属性

| 属性 | 说明 |
|---|---|
| list-style-type | 用于设置列表项目符号的类型 |
| list-style-image | 用于为各个列表项设置图像符号，属性值为图像的 URL［即使用 url()指定 URL］ |
| list-style-position | 用于设置列表项目符号的位置，属性值为 outside（默认值）、inside，分别表示列表项目符号位于列表文本以外、列表项目符号位于列表文本以内 |

list-style-type 属性的常用属性值如表 2-5 所示。

表 2-5　list-style-type 属性的常用属性值

| 属性值 | 说明 | 属性值 | 说明 |
|---|---|---|---|
| none | 不使用项目符号（无序列表和有序列表通用） | upper-roman | 大写罗马数字（有序列表使用） |
| disc | 实心圆（无序列表使用） | lower-alpha | 小写英文字母（有序列表使用） |

| 属性值 | 说明 | 属性值 | 说明 |
|---|---|---|---|
| circle | 空心圆（无序列表使用） | upper-alpha | 大写英文字母（有序列表使用） |
| square | 实心方块（无序列表使用） | lower-latin | 小写拉丁字母（有序列表使用） |
| decimal | 阿拉伯数字（有序列表使用） | upper-latin | 大写拉丁字母（有序列表使用） |
| lower-roman | 小写罗马数字（有序列表使用） | decimal-leading-zero | 以 0 开头的阿拉伯数字（有序列表使用） |

下面通过代码演示如何使用列表样式属性，示例代码如下。

```
1   <head>
2     <style>
3       ul li {
4         list-style-type: circle;
5         list-style-position: inside;
6       }
7       .item {
8         list-style-image: url("images/item.png");
9         list-style-position: outside;
10      }
11    </style>
12  </head>
13  <body>
14    <ul>
15      <li class="item">传统体育、游艺与杂技</li>
16      <li>少林功夫</li>
17      <li>围棋</li>
18      <li>抖空竹</li>
19    </ul>
20  </body>
```

在上述示例代码中，第 3～6 行代码用于设置 ul 元素中的 li 元素的样式，包括列表项目符号为空心圆、列表项目符号位于列表文本以内；第 7～10 行代码用于设置具有.item 类的元素的样式，包括列表项目符号为图像、列表项目符号位于列表文本以外。

上述示例代码运行后，列表样式属性的页面效果如图 2-26 所示。

### 6. CSS 标准盒模型

CSS 标准盒模型是 CSS 的基础和核心概念之一，通过将页面中的元素视为方形盒子，我们可以更好地掌握元素的尺寸、空间关系。

CSS 标准盒模型如图 2-27 所示。

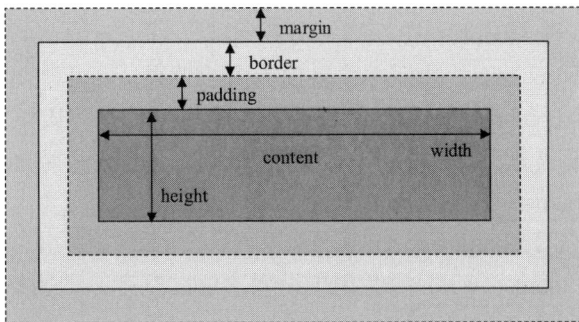

图2-26 列表样式属性的页面效果

图2-27 CSS标准盒模型

下面对 CSS 标准盒模型的各个组成部分进行介绍。

① content：表示元素的内容区域，用于展示文本、图像或其他内容。在 CSS 中，可以使用 width 属性、height 属性来设置内容区域的宽度、高度，属性值可以是不同单位的数值或相对于父元素的百分比。

② padding：表示元素的内边距，用于定义内容区域与边框之间的空白距离。

③ border：表示元素的边框，是包裹内容区域和内边距的线条。

④ margin：表示元素的外边距，用于定义元素与其他元素之间的距离。

**7. 边框属性**

在网页中，边框可以为元素提供个性化的外观，在视觉上突出重点。例如，给图像加边框使其在网页中更加突出。在 CSS 中，可以通过边框属性来为元素设置边框效果。常见的边框属性包括 border-style 属性、border-width 属性、border-color 属性、border 属性、border-radius 属性、border-image 属性等。下面对常见的边框属性进行讲解。

（1）border-style 属性

border-style 属性用于设置边框样式，其语法格式如下。

```
border-style: 上边 [右边 下边 左边];
```

在上述语法格式中，上边、右边、下边、左边分别表示上、右、下、左这 4 条边框的边框样式的属性值，属性值之间使用空格分隔。

使用 border-style 属性设置元素的边框样式时，需要按照顺时针的方向指定 4 个值的顺序，具体规则如下。

① 设置 1 个值：表示统一设置元素的上、下、左、右这 4 条边框的边框样式。

② 设置 2 个值：第 1 个值表示设置元素的上、下边框样式，第 2 个值表示设置元素的左、右边框样式。

③ 设置 3 个值：第 1 个值表示设置元素的上边框样式，第 2 个值表示设置元素的左、右边框样式，第 3 个值表示设置元素的下边框样式。

④ 设置 4 个值：第 1~4 个值表示分别设置元素的上边框样式、右边框样式、下边框样式、左边框样式。

常见的 border-style 属性值有 6 种，具体如下。

① none：默认值，无边框。

② dotted：边框样式为点线。

③ dashed：边框样式为虚线。

④ solid：边框样式为实线。

⑤ double：边框样式为双实线。

⑥ inset：边框样式呈现为内凹效果。

border-style 属性的每一条边的属性值都可以单独设置。例如，想要将一个元素的上边框设置为实线，右边框设置为虚线，下边框设置为点线，左边框设置为双实线，可以设置为 border-style: solid dashed dotted double;。

（2）border-width 属性

border-width 属性用于设置边框的宽度，即边框显示的粗细程度，其语法格式如下。

```
border-width: 上边 [右边 下边 左边];
```

在上述语法格式中，上边、右边、下边、左边分别表示上、右、下、左这 4 条边框的边框宽度的属性值。

使用 border-width 属性设置边框宽度时，需要按照顺时针的方向指定 4 个值的顺序，具体规则如下。

① 设置 1 个值：表示统一设置上、下、左、右这 4 条边框的边框宽度。

② 设置 2 个值：第 1 个值表示设置上、下边框宽度，第 2 个值表示设置左、右边框宽度。

③ 设置 3 个值：第 1 个值表示设置上边框宽度，第 2 个值表示设置左、右边框宽度，第 3 个值表示设置下边框宽度。

④ 设置 4 个值：第 1～4 个值表示分别设置上边框宽度、右边框宽度、下边框宽度、左边框宽度。

常见的 border-width 属性值有 4 种，具体如下。

① thin：定义较细的边框。

② medium：默认值，定义中等宽度的边框。

③ thick：定义较粗的边框。

④ 像素值：指定一个具体的像素值来自定义边框的宽度，例如 25px。

（3）border-color 属性

border-color 属性用于设置边框的颜色，其语法格式如下。

```
border-color: 上边 [右边 下边 左边];
```

在上述语法格式中，border-color 属性值可以是颜色名称、十六进制颜色值、RGB 值、RGBA 值。

使用 border-color 属性设置边框颜色时，需要按照顺时针的方向指定 4 个值的顺序，具体规则如下。

① 设置 1 个值：表示统一设置上、下、左、右这 4 条边框的边框颜色。

② 设置 2 个值：第 1 个值表示设置上、下边框颜色，第 2 个值表示设置左、右边框颜色。

③ 设置 3 个值：第 1 个值表示设置上边框颜色，第 2 个值表示设置左、右边框颜色，第 3 个值表示设置下边框颜色。

④ 设置 4 个值：第 1～4 个值表示分别设置上边框颜色、右边框颜色、下边框颜色、左边框颜色。

（4）border 属性

使用 border-style、border-width、border-color 属性虽然可以实现丰富的边框效果，但是需要逐条编写代码，编写较为烦琐。为此，CSS 提供了 border 属性来综合设置边框效果，其语法格式如下。

```
border: border-style border-width border-color;
```

在上述语法格式中，border-style、border-width、border-color 的顺序不分先后。其中，border-width 和 border-color 是可选的，省略它们时，将使用它们的默认值。border-style 属性是必需的。

使用 border 属性设置的 4 条边框都具有相同的边框样式、宽度和颜色，如果希望为不同的边框设置不同的边框样式、宽度和颜色，可以使用具体的属性，分别为每条边框指定边框宽度、样式和颜色。这些属性分别为 border-top（上边框）、border-right（右边框）、border-bottom（下边框）、border-left（左边框）。

（5）border-radius 属性

在网页中，为了美化页面，经常会将边框设置为圆角样式。在 CSS 中，border-radius 属性用于设置圆角边框。圆角边框实际上是在矩形的 4 个角分别做内切圆，然后通过设置内切圆的半径来控制圆角的弧度，如图 2-28 所示。

border-radius 属性的语法格式如下。

```
border-radius: 左上角 [右上角 右下角 左下角];
```

在上述语法格式中，左上角、右上角、右下角、左下角分别表示 4 个角的圆角半径。

使用 border-radius 属性设置元素的圆角边框样式时，是按照左上角、右上角、右下角和左下角的顺序来设置的，具体规则如下。

① 设置 1 个值：表示统一设置左上角、右上角、右下角、左下角的圆角半径。

② 设置 2 个值：第 1 个值表示设置左上角、右下角的圆角半径，第 2 个值表示设置右上角和左下角圆角半径。

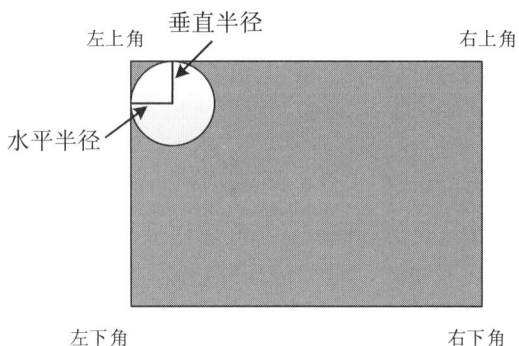

图2-28　矩形的内切圆半径

③ 设置 3 个值：第 1 个值表示左上角圆角半径，第 2 个值表示右上角、左下角圆角半径，第 3 个值表示右下角圆角半径。

④ 设置 4 个值：第 1 个值表示左上角圆角半径，第 2 个值表示右上角圆角半径，第 3 个值表示右下角圆角半径，第 4 个值表示左下角圆角半径。

下面通过代码演示如何使用 border-radius 属性，示例代码如下。

```
/* 设置 4 个角的圆角半径为 10px */
border-radius: 10px;
/* 设置左上角、右下角的圆角半径为 10px，右上角和左下角圆角半径为 20px */
border-radius: 10px 20px;
/* 设置左上角圆角半径为 50px，右上角、左下角圆角半径为 30px，右下角圆角半径为 10px */
border-radius: 50px 30px 10px;
/* 设置左上角圆角半径为 10px，右上角圆角半径为 20px，右下角圆角半径为 30px，左下角圆角半径为 40px */
border-radius: 10px 20px 30px 40px;
```

（6）border-image 属性

在设置边框样式时，还可以使用自定义的图像作为边框。运用 CSS 中的 border-image 属性可以实现图像边框。border-image 属性是一个复合属性，它包含 border-image-source 属性、border-image-slice 属性、border-image-width 属性、border-image-outset 属性、border-image-repeat 属性。border-image 属性的语法格式如下。

```
border-image: border-image-source border-image-slice/border-image-width/
border-image-outset border-image-repeat;
```

在上述语法格式中，border-image-slice 属性、border-image-width 属性、border-image-outset 属性间使用"/"分隔，其他属性使用空格分隔。

针对 border-image 属性中各个属性的介绍如表 2-6 所示。

表 2-6　border-image 属性中各个属性的介绍

| 属性 | 说明 | 常用取值 |
| --- | --- | --- |
| border-image-source | 用于设置边框图像的路径 | url() |
| border-image-slice | 用于设置边框图像顶部、右侧、底部、左侧向内偏移量（图像的裁剪位置） | 百分比 |
| border-image-width | 用于设置边框图像的宽度 | 像素值 |
| border-image-outset | 用于设置边框图像向盒子外部延伸的距离 | 阿拉伯数字 |
| border-image-repeat | 用于设置边框图像的填充方式 | repeat（平铺）、stretch（拉伸） |

下面通过代码演示如何使用边框属性，示例代码如下。

```
1  <head>
2    <style>
3      .ring {
4        width: 40px;
5        height: 40px;
6        border: 70px solid #93baff;
7        border-radius: 50%;
8      }
9      .square {
10       width: 0px;
11       height: 0px;
12       border-width: 90px;
13       border-style: solid;
14       border-color: #ff898e #93baff #c89386 #ffb151;
15     }
16   </style>
17 </head>
18 <body>
19   <div class="ring"></div>
20   <div class="square"></div>
21 </body>
```

在上述示例代码中，第 3~8 行代码用于设置具有.ring 类的元素的样式，包括宽度、高度、边框、圆角边框，实现一个圆环的效果。

第 9~15 行代码用于设置具有.square 类的元素的样式，包括宽度、高度、边框宽度、边框样式、边框颜色。.square 类并没有实际改变元素的大小，而是通过设置边框样式和颜色来创建一个多色彩边框的视觉效果。

上述示例代码运行后，使用边框属性的页面效果如图 2-29 所示。

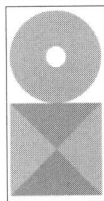

图2-29　使用边框属性的页面效果

### 8．内边距属性

为了控制元素内容区域和边框之间的空白距离，通常需要给元素设置内边距。在 CSS 中，padding 属性用于设置元素的内边距，其语法格式如下。

```
padding: 上内边距 [右内边距 下内边距 左内边距];
```

在上述语法格式中，上内边距、右内边距、下内边距、左内边距分别表示 4 个方向的内边距值。padding 属性值可以为 auto（默认值）、不同单位的数值、相对于父元素宽度的百分比，且 padding 属性值不能为负值。

使用 padding 属性设置元素的内边距时，需要按照顺时针的方向来指定 4 个值的顺序，具体规则如下。

① 设置 1 个值：表示统一设置上、下、左、右这 4 个方向的内边距。

② 设置 2 个值：第 1 个值表示设置上、下内边距，第 2 个值表示设置左、右内边距。

③ 设置 3 个值：第 1 个值表示设置上内边距，第 2 个值表示设置左、右内边距，第 3 个值表示设置下内边距。

④ 设置 4 个值：第 1~4 个值表示分别设置上内边距、右内边距、下内边距、左内边距。

此外，可以设置元素在某个方向的内边距，具体如下。

① padding-top：用于设置元素上内边距。

② padding-right：用于设置元素右内边距。

③ padding-bottom：用于设置元素下内边距。

④ padding-left：用于设置元素左内边距。

下面通过示例代码演示如何使用 padding 属性，示例代码如下。

```
/* 设置 4 个方向的内边距都为 25px */
padding: 25px;
/* 设置上、下内边距为 25px、左、右内边距为 50px */
padding: 25px 50px;
/* 设置上内边距为 25px，左、右内边距为 50px，下内边距为 75px */
padding: 25px 50px 75px;
/* 设置上内边距为 25px，右内边距为 50px，下内边距为 75px，左边内距为 100px */
padding: 25px 50px 75px 100px;
```

### 9. 外边距属性

在网页中，若想设置元素之间的距离，通常需要给元素设置外边距。在 CSS 中，margin 属性用于设置元素的外边距，其语法格式如下。

```
margin: 上外边距 [右外边距 下外边距 左外边距];
```

在上述语法格式中，margin 属性值可以为 auto（默认值）、不同单位的数值、相对于父元素宽度的百分比。margin 属性值可以为负值，当外边距设置为负值时，相邻元素的位置会发生变化，并且它们之间可能会出现重叠或减小间距的效果。

使用 margin 属性设置元素的外边距时，需要按照顺时针的方向指定 4 个值的顺序，具体规则如下。

① 设置 1 个值：表示统一设置上、下、左、右这 4 个方向的外边距。

② 设置 2 个值：第 1 个值表示设置上、下外边距，第 2 个值表示设置左、右外边距。

③ 设置 3 个值：第 1 个值表示设置上外边距，第 2 个值表示设置左、右外边距，第 3 个值表示设置下外边距。

④ 设置 4 个值：第 1~4 个值表示分别设置上外边距、右外边距、下外边距、左外边距。

此外，可以设置元素在某个方向的外边距，具体如下。

① margin-top：用于设置元素上外边距。

② margin-right：用于设置元素右外边距。

③ margin-bottom：用于设置元素下外边距。

④ margin-left：用于设置元素左外边距。

### 10. 盒子的宽度和高度

在使用 CSS 标准盒模型时，盒子（或元素）的宽度和高度按以下规则来计算。

① 盒子的宽度=width 值+左、右内边距值+左、右边框宽度值。

② 盒子的高度=height 值+上、下内边距值+上、下边框宽度值。

需要重点记忆的是，外边距并不计入元素的实际大小，它会影响元素在页面所占的空间大小，但不会影响元素内部空间大小。

下面通过代码演示如何设置盒子的宽度和高度，示例代码如下。

```
1  <head>
2    <style>
3      div {
4        width: 300px;
5        border: 25px solid gray;
6        padding: 25px;
7        margin: 20px;
8      }
9    </style>
```

```
10  </head>
11  <body>
12    <div>
13      独怜幽草涧边生，上有黄鹂深树鸣。
14    </div>
15  </body>
```

在上述代码中，第 3~8 行代码设置了 div 元素的样式，包括宽度、边框、内边距和外边距。

上述示例代码运行后，按 "F12" 键启动开发者工具，切换到 "Elements" 选项卡，选中 \<div\> 标签。在 "Styles" 面板中查看该 \<div\> 标签的宽度、高度、内边距等，页面效果如图 2-30 所示。

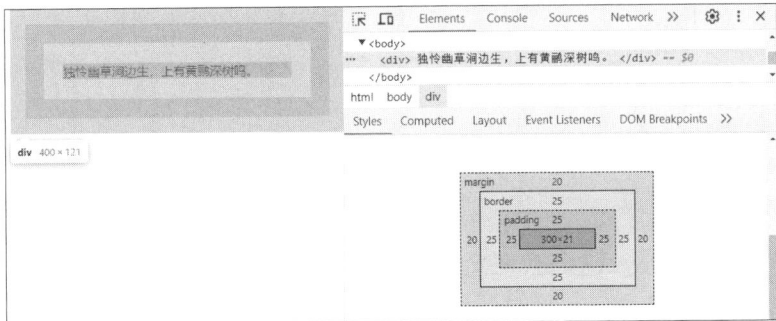

图2-30　查看设置盒子的宽度和高度后的页面效果

### 11. box-sizing 属性

box-sizing 属性的作用是告诉浏览器如何计算元素的总宽度和总高度，其取值有 content-box（默认值）、border-box 和 inherit。

box-sizing 属性常用的属性值及其含义如下。

● content-box：CSS2.1 中指定元素宽度和高度的方式。元素的宽度和高度不包括 padding 和 border。这就意味着我们在设置元素的 width 和 height 时，元素真实展示的高度与宽度会更大。

● border-box：用来指定元素的宽度和高度（包括 padding 和 border）。也就是说，从已设定的宽度和高度中分别减去边框和内边距才能得到内容区域的宽度和高度。

● inherit：表示从父元素继承宽度和高度。

### 12. display 属性

网页通常由各种块元素、行内元素等组成，这些元素以特定的方式排列和展示。如果希望行内元素具有块元素的某些特性（例如可以设置宽度和高度），或者需要块元素具有行内元素的某些特性（例如不独占一行排列），可以使用 display 属性更改元素的默认显示方式。display 属性常用的属性值及其含义如下。

● none：将元素隐藏，不显示且不占用页面空间，相当于该元素不存在。

● block：将元素显示为块元素（块元素默认的 display 属性值）。

● inline：将元素显示为行内元素（行内元素默认的 display 属性值）。

● inline-block：将元素显示为行内块元素，可以对其设置宽度、高度等属性。

### 项目实现

根据项目需求实现下拉菜单页面的开发，具体实现步骤如下。

① 创建 chapter02\dropDownMenu.html 文件，编写下拉菜单页面的结构，具体代码如下。

```
1  <!DOCTYPE html>
2  <html>
3  <head>
4    <meta charset="UTF-8">
5    <title>下拉菜单</title>
6  </head>
7  <body>
8    <ul>
9      <li>
10       <a href="#">美食</a>
11       <ul class="food">
12         <li>牛肉干</li>
13         <li>鲜花饼</li>
14         <li>糖果</li>
15       </ul>
16     </li>
17   </ul>
18 </body>
19 </html>
```

在上述代码中，第 8~17 行代码定义了无序列表，表示下拉菜单区域。

② 在步骤①中的第 5 行代码的下方编写下拉菜单的样式，具体代码如下。

```
1  <style>
2    * {
3      box-sizing: border-box;
4    }
5    ul {
6      list-style-type: none;
7      padding: 0;
8      margin: 0;
9      width: 200px;
10     text-align: center;
11   }
12   li a {
13     display: block;
14     padding: 10px;
15     color: black;
16     text-decoration: none;
17     border: 1px solid black;
18   }
19   .food {
20     display: none;
21     line-height: 2;
22     border: 1px dashed black;
23   }
24   li:hover > .food {
25     display: block;
26   }
27 </style>
```

在上述代码中，第 2~4 行代码使用通配符选择器匹配文档中的所有元素，设置所有元素的宽度和高度都包括 padding 和 border；第 5~11 行代码用于设置 ul 元素的样式，包括不使用项目符号，设置内边距为 0、外边距为 0、宽度为 200px、文本居中对齐；第 12~18 行代码用于设置 li 元素中 a 元素的样式，包括将超链接显示为块元素，设置内边距为 10px、文本颜色为黑色，文本没有装饰效果 1px 实线黑色边框；第 19～23 行代码用于设置具有.food 类的元素的样式，包括隐藏元素，设置行高为 2、1px 虚线黑色边框；第 24～.26 行代码用于设置当鼠标指针悬停在列表项 li 元素上时，具有.food 类的元素将显示出来。

保存上述代码，在浏览器中打开 dropDownMenu.html 文件，下拉菜单页面的初始效果如图 2-31 所示。

当鼠标指针悬停在"美食"文本处时的下拉菜单页面效果如图 2-32 所示。

图2-31　下拉菜单页面的初始效果

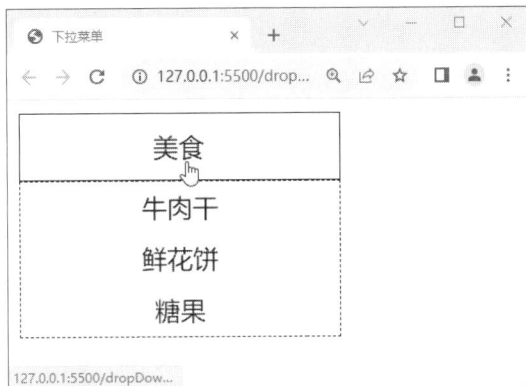

图2-32　鼠标指针悬停在"美食"文本处时的下拉菜单页面效果

# 项目 2-3　商城首页

## 项目需求

在网站设计中，一个优秀的首页能够为用户提供一个清晰、直观的入口，让用户轻松获取到网站的关键信息，从而做出下一步的行为决策，比如浏览产品详情或进行购物操作。

本项目旨在开发一个简易版的商城首页，其中包括头部区域、导航栏区域、主体内容区域、底部区域，其效果如图 2-33 所示。

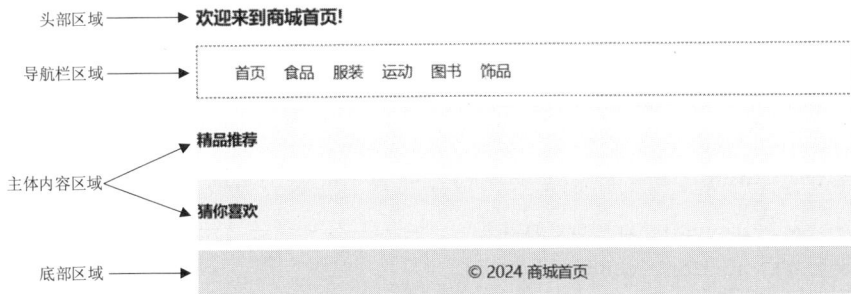

图2-33　商城首页效果

## 知识储备

### 1. 背景属性

在浏览网站时，合适的背景和文字颜色搭配对于提高用户体验至关重要。例如，柔和的蓝色背景与黑色文字的组合可以使文字内容更加清晰、易读，这种颜色对比有助于吸引用户的注意力，并使内容更易于理解。

在 CSS 中，通过使用背景属性，开发者可以轻松地为元素设置合适的背景。常见的背景属性有 background-color 属性、background-image 属性、background-repeat 属性、background-position 属性、background-size 属性和 background 属性，下面分别进行讲解。

（1）background-color 属性

background-color 属性用于设置元素的背景颜色。background-color 属性的取值与 color 属性相似，包括颜色名称、十六进制颜色值、RGB 值以及 RGBA 值。需要注意的是，background-color 属性的默认值是 transparent，这意味着如果没有为元素设置背景颜色，它的背景将是透明的。

（2）background-image 属性

background-image 属性用于设置元素的背景图像，其语法格式如下。

```
background-image: none | url();
```

在上述语法格式中，none（默认值）表示没有背景图像，url()表示图像的 URL。

（3）background-repeat 属性

在默认情况下，背景图像会自动向水平和垂直两个方向平铺。如果不希望背景图像平铺，或者希望背景图像只沿某个方向平铺，这时可以通过 background-repeat 属性来设置。background-repeat 属性的语法格式如下。

```
background-repeat: repeat | no-repeat | repeat-x | repeat-y;
```

在上述语法格式中，repeat（默认值）表示背景图像沿水平和垂直两个方向平铺；no-repeat 表示背景图像不平铺（背景图像位于元素的左上角，且仅显示一次）；repeat-x 表示背景图像在水平方向上平铺；repeat-y 表示背景图像在垂直方向上平铺。

（4）background-position 属性

如果将背景图像的 background-repeat 属性值设置为 no-repeat，背景图像将显示在元素的左上角位置。如果想自由控制背景图像的位置，可以使用 CSS 的 background-position 属性。background-position 属性的语法格式如下。

```
background-position: 属性值1 属性值2;
```

在上述语法格式中，background-position 属性值可以设置 1~2 个。当设置 1 个属性值时，表示水平位置和垂直位置一致。当设置 2 个属性值时，则第 1 个属性值表示背景图像的水平位置，第 2 个属性值表示背景图像的垂直位置，两个属性值之间使用空格隔开。

常见的 background-position 属性的取值如下。

① 像素值，例如 20px。

② 通过方位的英文单词指定背景图像在元素中的对齐方式，具体方位词如下。

- 水平方位值：left、center、right。
- 垂直方位值：top、center、bottom。

③ 百分比，例如 background-position: 0% 0%;表示背景图像的左上角和元素的左上角对齐；background-position: 100% 100%;表示背景图像的右下角和元素的右下角对齐。

（5）background-size 属性

background-size 属性用于设置背景图像大小，其语法格式如下。

```
background-size: 属性值1 属性值2;
```

在上述语法格式中，background-size 属性值可以设置 1~2 个，用来定义背景图像的宽度和高度。

常见的 background-size 属性的取值如下。

① 像素值：当设置 2 个属性值时，则第 1 个属性值表示背景图像的宽度，第 2 个属性值表示背景图像的高度。当设置 1 个属性值时，第 2 个属性值会被设置为 auto。

② 百分比：以父元素的百分比来设置背景图像的宽度和高度，用法同像素值。

③ cover：背景图像完全覆盖背景区域。

④ contain：按照某一方向把背景图像扩展至最大尺寸，背景图像会完全显示在背景区域中。

（6）background 属性

CSS 中的背景属性是一个复合属性，可以将与背景相关的属性定义在复合属性 background 属性中。background 属性的语法格式如下。

```
background: background-color background-image background-repeat background-position background-size;
```

在上述语法格式中，各个属性的顺序不固定，且不需要的样式可以省略。

下面通过代码演示如何使用背景属性，示例代码如下。

```
1  <head>
2    <style>
3      div {
4        width: 300px;
5        height: 201px;
6        color: aliceblue;
7        border: 1px solid black;
8        background-image: url("images/img.png");
9        background-repeat: no-repeat;
10       background-size: contain;
11     }
12   </style>
13 </head>
14 <body>
15   <div>忽如一夜春风来，千树万树梨花开。</div>
16 </body>
```

在上述示例代码中，第 8～10 行代码用于设置背景图像、背景图像的平铺方式以及背景图像的大小。

上述示例代码运行后，背景图像的效果如图 2-34 所示。

**2. 渐变**

渐变可以实现两种或多种颜色间的流畅过渡，常用于设置元素背景，从而提升视觉的层次感和吸引力。在 CSS3 之前，通常需要使用背景图像来实现这一效果。然而，在 CSS3 中，渐变让我们能够轻松实现流畅的色彩过渡，无须依赖背景图像，这为网页设计带来了更多的灵活性和便利性。

图2-34　背景图像的效果

渐变可以分为线性渐变、径向渐变和重复渐变，下面分别进行讲解。

（1）线性渐变

线性渐变是指沿着一条明确的轴线（水平线、垂直线或斜线）进行的颜色变化。它按照设定的顺序，从起点的颜色平稳过渡到终点的颜色。

在 CSS3 中，可以通过设置 background-image 属性为 linear-gradient()函数来实现线性渐变。linear-gradient()函数是用于创建线性渐变背景图像的 CSS 函数。

linear-gradient()函数的语法格式如下。

```
linear-gradient([<angle> | <side-or-corner>,] <color-stop-list>);
```

在上述语法格式中，[]中的参数表示可选参数。下面对 linear-gradient()函数中的各个参数进行详细讲解。

① <angle>：表示渐变的角度。如果指定了角度，则表示以该角度创建线性渐变。角度值可以使用 deg（度）单位，例如，0deg 表示从底部到顶部的渐度；45deg 表示从左下角到右上角的渐变。如果未设置角度，则默认为 180deg，表示从顶部到底部的渐度。

② <side-or-corner>：表示渐变的方向，用于指定渐变的起始和结束方向，可选值如下。

- to top：等同于 0deg，表示从底部到顶部进行线性渐变。
- to right：等同于 90deg，表示从左侧到右侧进行线性渐变。
- to bottom：等同于 180deg，表示从顶部到底部进行线性渐变。
- to left：等同于 270deg，表示从右侧到左侧进行线性渐变。
- to top left：表示从右下角到左上角进行线性渐变。
- to top right：表示从左下角到右上角进行线性渐变。
- to bottom left：表示从右上角到左下角进行线性渐变。
- to bottom right：表示从左上角到右下角进行线性渐变。

③ <color-stop-list>：一个由逗号分隔的色标列表。色标指的是定义的渐变中特定颜色的值和位置。<color-stop-list>的语法格式如下。

```
<color-stop-list>=<linear-color-stop>,[<linear-color-hint>,<linear-color-stop>]#
```

其中，#表示可以出现一次或多次，但是多次出现时必须以逗号分隔。

下面对<color-stop-list>进行讲解。

- <linear-color-stop>：定义一个颜色和它的位置。颜色可以是任何有效的 CSS 颜色值，例如#FF0000、rgb(255, 0, 0)等。位置是一个可选的百分比，表示颜色在轴线上的位置。如果省略位置，则默认使用前一个和后一个颜色的中点。

- <linear-color-hint>：一个可选的位置，用于提供关于如何分布色标的提示。这通常用于创建不均匀的渐变效果。其值可以是像素值或百分比，例如 10px 或 20%，表示颜色的位置。如果省略该值，颜色过渡的中点就是两个色标的中点。

linear-gradient()函数的示例代码如下。

```
1   /* 渐变线呈 45°，从蓝色渐变到红色 */
2   linear-gradient(45deg, blue, red);
3   /* 从右下角到左上角、从蓝色渐变到红色 */
4   linear-gradient(to top left, blue, red);
5   /* 从底部到顶部，从蓝色开始渐变，到高度 40%位置，绿色渐变开始，最后以红色结束 */
6   linear-gradient(0deg, blue, green 40%, red);
7   /* 45° 倾斜的渐变，左下半部分为红色，右上半部分为蓝色*/
8   linear-gradient(45deg, red 0 50%, blue 50% 100%);
```

（2）径向渐变

径向渐变指的是从起点到终点颜色从内到外进行圆形或椭圆渐变。在 CSS3 中，可以通过设置 background-image 属性为 radial-gradient()函数来实现径向渐变。radial-gradient()函数是用于创建径向渐变背景图像的 CSS 函数。

radial-gradient()函数的语法格式如下。

```
radial-gradient([<rg-ending-shape>|<rg-size>] [at <position>], <color-stop-list>)
```

在上述语法格式中，[]中的参数表示可选参数。下面对 radial-gradient()函数的各个参数进行详细讲解。

① <rg-ending-shape>：用于定义径向渐变的形状，可选值为 ellipse（默认值）、circle，分别表示指定椭圆的径向渐变、圆形的径向渐变。

② <rg-size>：用于定义径向渐变的半径，可选值如下。

- closest-side：定义径向渐变的半径为从圆心到与圆心最近的边的距离。
- closest-corner：定义径向渐变的半径为从圆心到与圆心最近的角的距离。
- farthest-side：定义径向渐变的半径为从圆心到与圆心最远的边的距离。
- farthest-corner（默认值）：定义径向渐变的半径为从圆心到与圆心最远的角的距离。

③ <position>：用于定义径向渐变的中心。它可以是任何有效的 CSS 位置值，如 center（默认值）、top、bottom、left、right，或者使用像素值、百分比等的具体位置。

④ <color-stop-list>：一个由逗号分隔的色标列表，其含义与 linear-gradient() 函数中的含义一致。

（3）重复渐变

在网页设计中，经常会遇到在一个背景上重复应用渐变模式的情况，这时可以使用重复渐变。重复渐变包括重复线性渐变和重复径向渐变。

① 在 CSS3 中，可以通过设置 background-image 属性为 repeating-linear-gradient() 函数来实现重复线性渐变。repeating-linear-gradient() 函数的参数与 linear-gradient() 函数的参数一致。

② 在 CSS3 中，可以通过设置 background-image 属性为 repeating-radial-gradient() 函数来实现重复径向渐变。repeating-radial-gradient() 函数的参数与 radial-gradient() 函数的参数一致。

### 3. object-fit 属性

object-fit 属性用于设置元素内容（如 <img>、<video> 等）如何适应其所处容器的尺寸，CSS3 提供了多种值用来控制元素内容的显示方式，以便元素更好地适应父容器（即父元素的容纳空间）。

object-fit 属性常用的属性值及其含义如下。

- fill：默认值，元素内容被拉伸以完全填充容器，不保持宽高比，可能导致元素内容变形。
- contain：保持元素内容的宽高比不变，使得整个元素内容完整显示在容器内，元素内容不会被裁剪，可能在容器内留有空白。
- cover：保持元素内容的宽高比不变，元素内容被拉伸或压缩以填充容器，超出部分被裁剪。
- none：元素内容保持自身尺寸，不做任何调整，超出容器的部分会溢出。

### 4. 浮动布局

浮动布局是一种通过 CSS 中的浮动属性——float 属性实现元素水平排列的网页布局方式。这种布局方式适用于创建多列布局、使文本环绕图像以及构建复杂的页面布局。

float 属性的语法格式如下。

```
float: none | left | right;
```

在上述语法格式中，none（默认值）表示元素不浮动；left 表示元素向左浮动，该元素将出现在父元素的最左边；right 表示元素向右浮动，该元素将出现在父元素的最右边。

在使用浮动布局时，需要注意以下两点。

① 浮动之后的元素会脱离正常的标准流（即不占据页面的空间），并依据设定的方向（左或右）进行浮动，同时与父元素的顶部对齐。标准流指的是网页中元素的默认排布规则。标准流的特性包括：从左到右、从上到下按顺序排列元素；默认情况下，元素之间不存在

重叠现象；块元素遵循从上至下、垂直布局的原则，并且独占一行；而行内元素或行内块元素则采取从左至右的水平布局，当空间不足时会自动换行。

②　如果一个浮动元素在另一个浮动元素之后显示，并且会超出其父元素的宽度（没有足够的空间），那么它会换行显示。

下面通过代码演示如何使用浮动布局，示例代码如下。

```
1  <head>
2    <style>
3      img {
4        float: left;
5        padding-right: 10px;
6        object-fit: cover;
7      }
8    </style>
9  </head>
10 <body>
11   <img src="images/ShadowPuppets.png" width="300" height="100">
12   <p>皮影戏，旧称"影子戏"或"灯影戏"，是一种用蜡烛或燃烧的酒精等光源照射兽皮或纸板做成的人物剪影以表演故事的民间戏剧。表演时，艺人们在白色幕布后面，一边操纵戏曲人物，一边用当地流行的曲调唱述故事（有时用方言），同时配以打击乐器和弦乐，有浓厚的乡土气息。在河南、山西、陕西、甘肃等地农村，这种拙朴的汉族民间艺术形式很受人们的欢迎。</p>
13 </body>
```

在上述示例代码中，第 3~7 行代码定义了图像的样式，包括向左浮动；右内边距为10px；保持图像的宽高比不变，图像填充整个容器，超出部分被裁剪。

上述示例代码运行后，浮动布局的效果如图 2-35 所示。

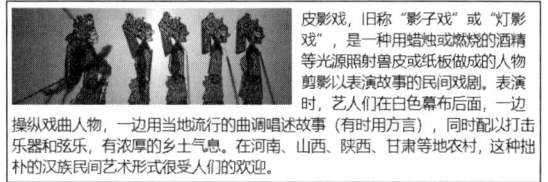

图2-35　浮动布局的效果

### 5. 清除浮动

在 CSS 中，当给元素添加浮动属性时，该元素会脱离正常的标准流。若父元素没有设置高度，浮动的子元素无法"撑开"父元素的高度，这可能会导致页面布局错乱。为了解决这个问题，我们需要清除浮动。

需要注意的是，清除浮动并不是将元素的浮动属性完全移除，而是消除浮动对其他元素的影响。通过清除浮动，我们可以使父元素重新自动扩展其高度以包裹浮动的子元素，从而恢复正常的页面布局。

常见的清除浮动的方法有以下 4 种。

（1）使用 clear 属性

在 CSS 中，clear 属性用于清除元素左、右两侧浮动的影响。clear 属性的语法格式如下。

```
clear: none | left | right | both;
```

在上述语法格式中，none（默认值）表示不清除浮动的影响；left 表示清除左侧浮动的影响；right 表示清除右侧浮动的影响；both 表示同时清除左、右两侧浮动的影响。

下面通过代码演示如何使用 clear 属性来清除浮动，示例代码如下。

```
1  <head>
2    <style>
3      .info {
4        float: left;
5      }
6      .content {
```

```
7        clear: left;
8      }
9    </style>
10   </head>
11   <body>
12     <div class="info">《龟虽寿》曹操</div>
13     <p class="content">老骥伏枥, 志在千里; 烈士暮年, 壮心不已。</p>
14   </body>
```

在上述示例代码中, 第 3~5 行代码用于设置具有.info 类的元素的样式为向左浮动; 第 6~8 行代码用于设置具有.content 类的元素的样式为清除左侧浮动的影响。通过注释第 6~8 行代码和取消注释第 6~8 行代码可以测试清除浮动之前和之后的效果。

上述示例代码运行后, 使用 clear 属性清除浮动之前和之后的页面效果如图 2-36 所示。

《龟虽寿》曹操老骥伏枥, 志在千里; 烈士暮年, 壮心不已。　　　《龟虽寿》曹操
　　　　　　　　　　　　　　　　　　　　　　　　老骥伏枥, 志在千里; 烈士暮年, 壮心不已。

清除浮动之前　　　　　　　　　　　　　　　　　　清除浮动之后

图2-36　使用clear属性清除浮动之前和之后的页面效果

（2）额外标签法

额外标签法是指在浮动元素后添加一个<div>标签, 并对该标签应用 clear: both 样式, 以清除浮动元素产生的浮动效果。这个方法的缺点是增加了一个无意义的标签。

下面通过代码演示如何使用额外标签法来清除浮动, 示例代码如下。

```
1    <head>
2      <style>
3        .top {
4          background-color: orange;
5        }
6        .left {
7          float: left;
8          width: 300px;
9          height: 20px;
10         border: 4px dashed black;
11       }
12       .right {
13         float: right;
14         width: 50px;
15         height: 20px;
16         border: 4px dashed black;
17       }
18       .clearfix {
19         clear: both;
20       }
21       .bottom {
22         height: 15px;
23         background-color: #ed9292;
24       }
25     </style>
26   </head>
27   <body>
28     <div class="top">
29       <div class="left"></div>
30       <div class="right"></div>
```

```
31    <div class="clearfix"></div>
32   </div>
33   <div class="bottom"></div>
34 </body>
```

在上述示例代码中，第 3～5 行代码用于设置具有.top 类的元素的背景颜色；第 6～11 行代码用于设置具有.left 类的元素的样式，包括向左浮动、宽度、高度和边框；第 12～17 行代码用于设置具有.right 类的元素的样式，包括向右浮动、宽度、高度和边框；第 18～20 行代码用于设置清除具有.clearfix 类的元素左、右两侧浮动的影响；第 21～24 行代码用于设置具有.bottom 类的元素的样式，包括高度和背景颜色；第 31 行代码为用于清除浮动的标签，通过注释该标签和取消注释该标签可以测试清除浮动之前和之后的页面效果。

上述示例代码运行后，使用额外标签法清除浮动之前和之后的页面效果如图 2-37 所示。

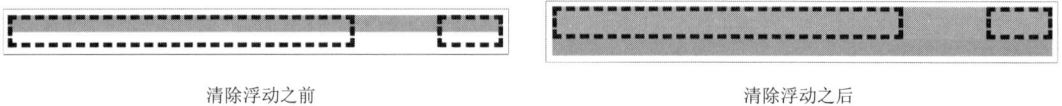

清除浮动之前　　　　　　　　　　　　清除浮动之后

图2-37　使用额外标签法清除浮动之前和之后的页面效果

从图 2-37 可以看出，在清除浮动之前，左侧盒子和右侧盒子并排显示，不会自动"撑开"其父元素的高度，父元素的高度仅由非浮动内容决定；在清除浮动之后，通过添加清除浮动的元素，确保了父元素可正确地包裹浮动元素，使得父元素的高度能够正确地根据浮动元素的高度进行调整。

（3）伪元素法

伪元素法是指在父元素中插入一个伪元素，利用伪元素清除浮动元素对父元素高度的影响，以确保父元素能够正确包裹浮动子元素。这种方法不需要添加额外的标签，只需通过 CSS 即可实现。

下面通过代码演示如何使用伪元素法来清除浮动，示例代码如下。

```
1 <head>
2   <style>
3     .top {
4       background-color: orange;
5     }
6     .clearfix::after {
7       clear: both;
8       content: "";
9       display: block;
10    }
11    .left {
12      float: left;
13      width: 300px;
14      height: 20px;
15      border: 4px dashed black;
16    }
17    .right {
18      float: right;
19      width: 50px;
20      height: 20px;
21      border: 4px dashed black;
22    }
23    .bottom {
```

```
24      height: 15px;
25      background-color: #ed9292;
26    }
27   </style>
28 </head>
29 <body>
30   <div class="top clearfix">
31     <div class="left"></div>
32     <div class="right"></div>
33   </div>
34   <div class="bottom"></div>
35 </body>
```

在上述示例代码中，第 6 ～ 10 行代码用于设置使用伪元素来清除浮动。其中，第 7 行代码用于清除元素左、右两侧浮动的影响；第 8 行代码用于设置内容为空字符串；第 9 行代码用于设置伪元素为块元素，这个是必需的，因为默认情况下伪元素是行内元素，不能用于清除浮动。

上述示例代码运行后，使用伪元素法来清除浮动的页面效果可参考图 2-37。

（4）使用 overflow 属性

在 CSS 中，为父元素添加 overflow: hidden 是一种有效的清除浮动的方法。通过将父元素的 overflow 属性设置为 hidden，可以确保父元素能够正确地包裹浮动子元素。

下面通过代码演示如何使用 overflow 属性来清除浮动，示例代码如下。

```
1  <head>
2   <style>
3     .top {
4       background-color: orange;
5       overflow: hidden;
6     }
7     .left {
8       float: left;
9       width: 300px;
10      height: 20px;
11      border: 4px dashed black;
12    }
13    .right {
14      float: right;
15      width: 50px;
16      height: 20px;
17      border: 4px dashed black;
18    }
19    .bottom {
20      height: 15px;
21      background-color: #ed9292;
22    }
23   </style>
24 </head>
25 <body>
26   <div class="top">
27     <div class="left"></div>
28     <div class="right"></div>
29   </div>
30   <div class="bottom"></div>
31 </body>
```

在上述示例代码中，第 5 行代码用于清除子元素浮动对父元素的影响。上述示例代码运行后，使用 overflow 属性来清除浮动的页面效果可参考图 2-37。

### 6. 语义化标签

HTML5 定义了一种新的语义化标签来描述元素的内容，让语义化标签代替大量无意义的<div>标签。语义化标签不仅提升了网页的质量、丰富了语义，并且对搜索引擎可以起到良好的优化效果。下面列举一些 HTML5 中常用的语义化标签，如表 2-7 所示。

表 2-7　HTML5 中常用的语义化标签

| 语义化标签 | 描述 |
|---|---|
| <header> | 定义网页或区块的头部区域，通常包含网页的标题、Logo、导航菜单等重要信息 |
| <main> | 定义网页的主要内容区域，每个页面应该只有一个<main> |
| <section> | 定义网页中的一个独立的区块，可以将相关内容分组在一个元素中，比如一篇文章的不同小节、一个产品列表等 |
| <article> | 定义一个独立的、完整的文章内容，通常包含一篇新闻、博客帖子、论坛帖子等独立的内容单元 |
| <aside> | 定义页面或文章的侧边栏内容，通常包含与主要内容相关但不是必需的信息，比如广告、相关链接、引用等 |
| <nav> | 定义导航链接部分，用于包含网页的导航菜单或导航链接 |
| <footer> | 定义网页或区块的底部区域，通常包含版权信息、联系方式、相关链接等 |

使用 DIV+CSS 布局与使用语义化标签布局的示例效果如图 2-38 所示。

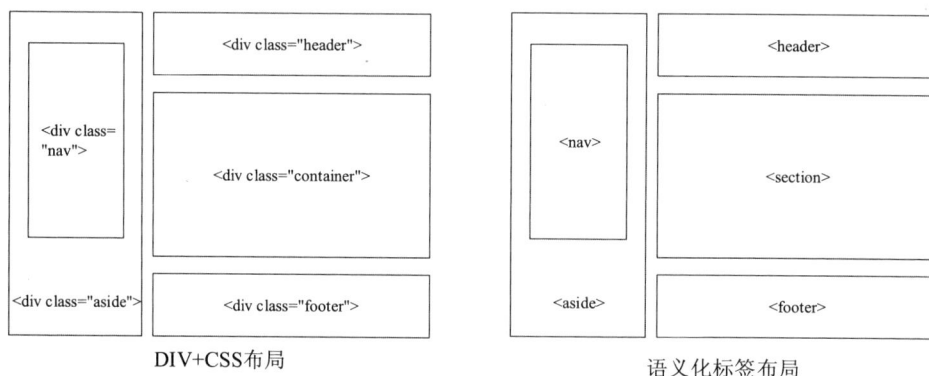

DIV+CSS 布局　　　　　　　　　　　语义化标签布局

图2-38　使用DIV+CSS布局与使用语义化标签布局的示例效果

### 7. 弹性盒布局

弹性盒（Flexible Box）布局又称为 Flex 布局，是一种增加盒模型灵活性的布局方式。使用弹性盒布局，可以使元素的排列和对齐更加灵活。弹性盒布局主要由 Flex 容器和 Flex 元素组成。Flex 容器是指应用弹性盒布局的元素，该容器中的所有子元素称为 Flex 元素。

Flex 容器有两个轴：主轴（Main Axis）和交叉轴（Cross Axis）。默认情况下，主轴为水平方向，交叉轴为垂直方向。Flex 元素默认沿主轴排列，根据实际需要可以更改 Flex 元素的排列方式。

若要使用弹性盒布局，首先要设置父元素的 display 属性为 flex，表示将父元素设置为 Flex 容器，然后使用 Flex 容器和 Flex 元素的相关属性控制元素的排列和对齐。使用弹性盒布局的示例代码如下。

```
1  <style>
2    .container {
3      display: flex;
4      /* 在此使用 Flex 容器的相关属性 */
```

```
 5      }
 6    .box {
 7      /* 在此使用 Flex 元素的相关属性 */
 8    }
 9  </style>
10  <body>
11    <div class="container">
12      <div class="box"></div>
13    </div>
14  </body>
```

下面对 Flex 容器、Flex 元素的常用属性分别进行讲解。

Flex 容器的常用属性如下。

（1）flex-direction 属性

flex-direction 属性用于设置主轴的方向，即 Flex 元素的排列方向，可选值如下。

- row：默认值，主轴为从左到右的水平方向。
- row-reverse：主轴为从右到左的水平方向。
- column：主轴为从上到下的垂直方向。
- column-reverse：主轴为从下到上的垂直方向。

（2）flex-wrap 属性

flex-wrap 属性用于设置是否允许 Flex 元素换行，可选值如下。

- nowrap：默认值，表示不换行，Flex 容器为单行，该情况下 Flex 元素可能会溢出 Flex 容器。
- wrap：表示允许换行，如果 Flex 容器为多行，Flex 元素溢出的部分会被放置到新的一行，第一行显示在第二行的上方。
- wrap-reverse：表示按照 wrap 的反方向换行，如果 Flex 容器为多行，Flex 元素溢出的部分会被放置到新的一行，第一行显示在第二行的下方。

（3）justify-content 属性

justify-content 属性用于设置 Flex 元素在主轴上的对齐方式，可选值如下。

- flex-start：默认值，Flex 元素与主轴起点对齐。
- flex-end：Flex 元素与主轴终点对齐。
- center：Flex 元素在主轴上居中排列。
- space-between：Flex 元素两端分别对齐主轴的起点与终点，两端的 Flex 元素分别靠向 Flex 容器的两端（取决于主轴的方向，可能是左右或上下），Flex 元素的间隔相等。
- space-around：每个 Flex 元素两侧的距离相等，第一个 Flex 元素离主轴起点和最后一个 Flex 元素离主轴终点的距离为中间 Flex 元素间距的一半。

（4）align-items 属性

align-items 属性用于设置 Flex 元素在交叉轴上的对齐方式，常用的可选值如下。

- normal：默认值，表示如果 Flex 元素未设置高度，则 Flex 元素将占满整个 Flex 容器的高度；如果 Flex 元素设置了高度，则 normal 与 stretch 的效果相同。
- stretch：Flex 元素将被拉伸以填充交叉轴方向上的剩余空间。
- flex-start：Flex 元素顶部与交叉轴起点对齐。
- flex-end：Flex 元素底部与交叉轴终点对齐。
- center：Flex 元素在交叉轴上居中对齐。

Flex 元素的常用属性如下。

（1）order 属性

order 属性用于设置 Flex 元素的排列顺序。order 属性值越小，排列越靠前，默认值为 0。

（2）flex-grow 属性

flex-grow 属性用于设置 Flex 元素的放大比例，默认值为 0，表示即使存在剩余空间，也不放大 Flex 元素。

（3）flex-shrink 属性

flex-shrink 属性用于设置 Flex 元素的缩小比例，默认值为 1，表示如果空间不足，就将 Flex 元素缩小。如果 flex-shrink 属性值为 0，表示 Flex 元素不缩小。

（4）flex-basis 属性

flex-basis属性用于设置在分配多余空间之前 Flex 元素占据的主轴空间，默认值为 auto，表示 Flex 元素为其本来的大小。

（5）flex 属性

flex 属性是 flex-grow 属性、flex-shrink 属性和 flex-basis 属性的组合属性，默认值为 0 1 auto。

下面通过代码演示如何使用弹性盒布局，示例代码如下。

```
1  <head>
2    <style>
3      .navbar {
4        display: flex;
5        justify-content: space-between;
6        align-items: center;
7        padding: 5px 20px;
8        border-bottom: 1px solid black;
9      }
10     .navbar-brand {
11       font-size: 24px;
12       font-weight: bold;
13     }
14     .navbar-nav {
15       display: flex;
16       list-style-type: none;
17     }
18     .navbar-nav li {
19       margin-left: 20px;
20     }
21     .navbar-nav li a {
22       text-decoration: none;
23       color: #333;
24     }
25   </style>
26 </head>
27 <body>
28   <nav class="navbar">
29     <div class="navbar-brand">温馨小窝</div>
30     <ul class="navbar-nav">
31       <li><a href="#">首页</a></li>
32       <li><a href="#">新闻资讯</a></li>
33       <li><a href="#">政策文件</a></li>
```

```
34        <li><a href="#">通知公告</a></li>
35        <li><a href="#">关于我们</a></li>
36      </ul>
37    </nav>
38 </body>
```

在上述示例代码中，第 3～9 行代码用于设置具有 .navbar 类的元素的样式，包括设置弹性盒布局，Flex 元素在主轴上的对齐方式为两端对齐，Flex 元素在交叉轴上的对齐方式为居中对齐，上、下内边距为 5px，左、右内边距为 20px，下边框为 1px 的黑色实线。第 10～13 代码用于设置具有 .navbar-brand 类的元素的样式，包括字号为 24px，字体加粗显示。

第 14～17 行代码用于设置具有 .navbar-nav 类的元素的样式，包括设置弹性盒布局、不使用项目符号。第 18～20 行代码用于设置具有 .navbar-nav 类的元素中的 li 元素的样式，将左外边距设为 20px。第 21～24 行代码用于设置具有 .navbar-nav 类的元素中的 li 元素中的 a 元素的样式，包括文本没有装饰效果、文本颜色为 #333。

第 28～37 行代码用于设置导航栏的页面结构。其中，第 29 行代码为导航栏设置了品牌标识名称为"温馨小窝"；第 30～36 行代码设置了导航栏的菜单，其中，第 31～35 行代码定义了多个菜单项，包括首页、新闻资讯、政策文件、通知公告、关于我们。

上述示例代码运行后，弹性盒布局的效果如图 2-39 所示。

图 2-39　弹性盒布局的效果

### 8. 元素的定位

在网页开发中，如果需要将某个元素放置在网页中的特定位置，就需要对元素进行精确定位。在精确定位元素时，需要设置定位模式和边偏移属性，下面分别进行讲解。

（1）定位模式

在 CSS 中，position 属性用于设置元素的定位模式，其语法格式如下。

```
position: static | relative | absolute | fixed | sticky;
```

在上述语法格式中，static（默认值）表示将元素设置为静态定位；relative 表示将元素设置为相对定位，即相对于其原标准流的位置进行定位；absolute 表示将元素设置为绝对定位，即相对于其上一个已经定位的父元素进行定位；fixed 表示将元素设置为固定定位，即相对于浏览器窗口进行定位；sticky 表示将元素设置为黏性定位，即根据用户的滚动位置来定位。

（2）边偏移属性

定位模式仅用于设置元素以哪种方式定位，并不能确定元素的具体位置。在 CSS 中，通过边偏移属性可以精确定位元素的位置。边偏移属性如表 2-8 所示。

表 2-8　边偏移属性

| 边偏移属性 | 描述 |
| --- | --- |
| top | 用于设置顶部偏移量，定义元素相对于其参照元素上边缘的距离 |
| bottom | 用于设置底部偏移量，定义元素相对于其参照元素下边缘的距离 |
| left | 用于设置左侧偏移量，定义元素相对于其参照元素左边缘的距离 |
| right | 用于设置右侧偏移量，定义元素相对于其参照元素右边缘的距离 |

边偏移属性的取值可以是不同单位的数值或百分比。

下面通过代码演示如何使用黏性定位，示例代码如下。

```
1   <head>
2     <style>
3       dl {
4         margin: 0;
5         padding: 0;
6       }
7       dt {
8         background: #b8c1c8;
9         border-bottom: 1px solid #989ea4;
10        border-top: 1px solid #717d85;
11        color: #fff;
12        font-weight: bold;
13        line-height: 24px;
14        padding: 2px 0 0 12px;
15        position: sticky;
16        top: 0px;
17      }
18      dd {
19        margin: 0;
20        padding: 0 0 0 12px;
21        border-bottom: 1px solid #ccc;
22      }
23    </style>
24  </head>
25  <body>
26    <dl>
27      <dt>书籍推荐</dt>
28      <dd>《朝花夕拾》</dd>
29      <dd>《骆驼祥子》</dd>
30      <dd>《城南旧事》</dd>
31      <dd>《红楼梦》</dd>
32      <dd>《西游记》</dd>
33      <dd>《水浒传》</dd>
34      <dd>《三国演义》</dd>
35    </dl>
36  </body>
```

在上述示例代码中，第 15 行代码用于为 dt 元素设置黏性定位，第 16 行代码用于设置顶部偏移量为 0。

上述示例代码运行后，实现黏性定位的初始页面效果如图 2-40 所示。

将浏览器窗口高度调小（小于页面内容的高度），滑动浏览器的滚动条，查看黏性定位的效果，如图 2-41 所示。

图2-40　实现黏性定位的初始页面效果

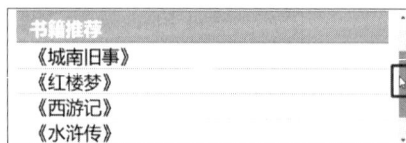

图2-41　黏性定位的效果

滑动浏览器滚动条时，"书籍推荐"会一直显示在页面顶部，读者可以通过滑动滚动条来观察黏性定位的效果。

### 9. 层叠等级属性

当一个父元素中的多个子元素同时被定位时，定位元素之间有可能会堆叠，如图 2-42 所示。

在 CSS 中，z-index 属性用于调整具有定位属性的元素的堆叠顺序。z-index 的取值可以是正整数、负整数或 0，默认值为 0。z-index 属性的值越大，该元素在堆叠中的位置越靠上。

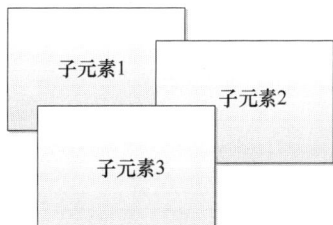

图2-42 定位元素堆叠

需要注意的是，z-index 属性只在 position 属性值为 relative、absolute 或 fixed 的元素上有效。

### 10. 阴影属性

当网页中的元素投射出阴影时，这些元素在视觉上会与原有的页面层次分离，呈现出独立性，从而增强了整体页面的层次感。阴影能够为元素增加立体感，尤其是对于许多平面的元素。适当在网页制作中添加阴影能够迅速使内容更加立体，提升视觉感受。

在 CSS3 中，可以使用 box-shadow 属性来设置阴影，其语法格式如下。

```
box-shadow: h-shadow v-shadow blur spread color inset/outset;
```

在上述语法格式中，box-shadow 属性包含 6 个参数，下面分别进行讲解。

- h-shadow（必选参数）：表示水平阴影的位置，其值可以是正值、负值。若为正值，则阴影在元素的右侧；若为负值，阴影在元素的左侧。

- v-shadow（必选参数）：表示垂直阴影的位置，其值可以是正值、负值。若为正值，则阴影在元素的底部；若为负值，阴影在元素的顶部。

- blur（可选参数）：表示阴影模糊半径，其值为正值或 0。如果其值为 0，表示阴影不具有模糊效果，其值越大，阴影的边缘就越模糊。

- spread（可选参数）：表示阴影扩展半径，其值可以是正值、负值。如果为正值，则阴影延展扩大；如果为负值，则阴影缩小。

- color（可选参数）：表示阴影颜色。

- inset/outset（可选参数）：表示投影方式。如果不设置，其默认的投影方式是 outset（外阴影）；设置投影方式为 inset 时，其投影为内阴影。

下面通过代码演示如何使用阴影属性，示例代码如下。

```
1  <head>
2    <style>
3      body {
4        background-color: black;
5      }
6      .moon {
7        width: 200px;
8        height: 200px;
9        position: absolute;
10       top: 25%;
11       left: 25%;
12       border-radius: 50%;
13       box-shadow: 0 0 70px 20px #ffffff;
14       background-color: #fff;
15     }
16   </style>
17 </head>
```

```
18  <body>
19    <div class="moon"></div>
20  </body>
```

在上述示例代码中，第 13 行代码用于设置阴影效果。

上述示例代码运行后，使用阴影属性实现的效果如图 2-43 所示。

图2-43　使用阴影属性实现的效果

### 项目实现

根据项目需求实现商城首页的开发，具体实现步骤如下。

① 创建 chapter02\css\page.css 文件，该文件用于保存商城首页的样式代码。

② 创建 chapter02\responsivePage.html 文件，编写商城首页的页面结构并引入 css 目录下的 page.css 文件，具体代码如下。

```
1   <!DOCTYPE html>
2   <html>
3   <head>
4     <meta charset="UTF-8">
5     <title>商城首页</title>
6     <link rel="stylesheet" href="css/page.css">
7   </head>
8   <body>
9     <header>
10      <h3>欢迎来到商城首页!</h3>
11    </header>
12    <nav>
13      <ul class="list">
14        <li><a href="#">首页</a></li>
15        <li><a href="#">食品</a></li>
16        <li><a href="#">服装</a></li>
17        <li><a href="#">运动</a></li>
18        <li><a href="#">图书</a></li>
19        <li><a href="#">饰品</a></li>
20      </ul>
21    </nav>
22    <main>
23      <section class="section1">
24        <h4>精品推荐</h4>
25        <!-- 这里添加精品推荐内容 -->
26      </section>
27      <section class="section2">
28        <h4>猜你喜欢</h4>
29        <!-- 这里添加猜你喜欢内容 -->
30      </section>
31    </main>
32    <footer>
```

```
33    <div>&copy; 2024 商城首页</div>
34    </footer>
35  </body>
36  </html>
```

在上述代码中,第 9～11 行代码定义了头部区域;第 12～21 行代码定义了导航栏区域;第 22～31 行代码定义了主体内容区域;第 32～34 行代码定义了底部区域。

③ 在 page.css 文件中编写导航栏的样式,具体代码如下。

```
1   nav {
2     display: flex;
3     justify-content: space-between;
4     align-items: center;
5     border: 1px dashed black;
6     margin-bottom: 10px;
7   }
8   nav ul {
9     display: flex;
10  }
11  nav ul li {
12    padding-right: 20px;
13    list-style-type: none;
14  }
15  nav ul li a {
16    color: black;
17    text-decoration: none;
18  }
19  main {
20    display: flex;
21    flex-direction: column;
22  }
23  .section1, .section2 {
24    margin-bottom: 10px;
25  }
26  .section1 {
27    background: #f5f5f5;
28  }
29  .section2 {
30    background: #e8e8e8;
31  }
32  footer {
33    text-align: center;
34    background-color: #d5d5d5;
35    height: 50px;
36    line-height: 50px;
37  }
```

在上述代码中,第 1～7 行代码用于设置 nav 元素的样式,包括设置弹性盒布局、Flex 元素在主轴上的对齐方式为两端对齐、Flex 元素在交叉轴上的对齐方式为居中对齐、边框为 1px 的黑色虚线、下外边距为 10px;第 8～10 行代码用于设置 nav 元素中 ul 元素为弹性盒布局;第 11～14 行代码用于设置 nav 元素中 ul 元素下的 li 元素的样式,包括右内边距为 20px、不使用项目符号;第 15～18 行代码用于设置 nav 元素中 ul 元素下的 li 元素下的 a 元素的样式,包括文本颜色为黑色、文本没有装饰效果。

第 19～22 行代码用于设置 main 元素的样式,包括设置弹性盒布局、主轴为从上到下的垂直方向;第 23～25 行代码用于设置具有.section1 类、.section2 类的元素的样式,将下外边距设为 10px；第 26 ~ 28 行代码用于设置具有.section1 类的元素的背景；第 29 ~ 31 行代码用于设置具有.section2 类的元素的背景。

第 32 ~ 37 行代码用于设置 footer 元素的样式，包括文本居中对齐、背景颜色、高度和行高。

保存上述代码，在浏览器中打开 responsivePage.html 文件，商城首页的效果如图 2-44 所示。

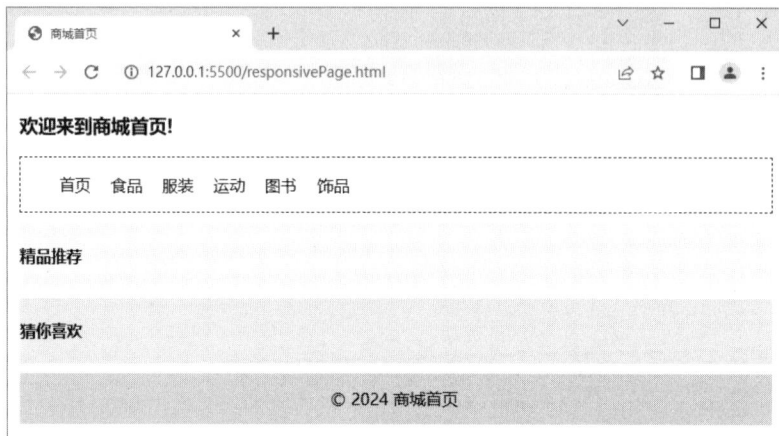

图2-44　商城首页的效果

## 本章小结

本章主要讲解了如何使用 CSS 来美化页面。首先讲解了 CSS 概述、CSS 样式规则、CSS 的引入方式、基础选择器、字体属性、字体图标、文本外观属性、CSS 注释，然后讲解了复合选择器、伪类选择器、伪元素选择器、CSS 的三大特性、列表样式属性、CSS 标准盒模型、边框属性、内边距属性、外边距属性、盒子的宽度和高度、box-sizing 属性和 display 属性，最后讲解了背景属性、渐变、object-fit 属性、浮动布局、清除浮动、语义化标签、弹性盒布局、元素的定位、层叠等级属性和阴影属性。通过学习本章内容，读者应能够掌握"文章详情页面""下拉菜单页面""商城首页"的制作方法，并能够灵活运用各种 CSS 属性来美化页面。

## 课后习题

### 一、填空题

1. CSS 样式规则主要包括_____、属性、属性值。
2. 行内式是通过标签的_____属性来设置标签的样式。
3. 在 CSS 中，通过_____规则开发者可以自定义字体并将其用于网页。
4. 在 CSS 中，_____属性用于设置字间距。
5. 在 CSS 中，_____选择器用于选择父元素的第一个子元素。

### 二、判断题

1. CSS 只能通过行内式的方式引入 HTML 文档。（　　　）

2. :nth-child(2)选择器用于选择父元素中第 2 个子元素。(　　　)

3. 在 VS Code 编辑器中，添加或取消注释的快捷键均为 "Ctrl+/"。(　　　)

4. :link 选择器用于匹配处于鼠标指针悬停状态下的元素。(　　　)

5. ::before 选择器用于在被选取元素内容的前面插入内容。(　　　)

## 三、选择题

1. 下列选项中，不属于基础选择器的是(　　　)。

A. 标签选择器　　　　B. 子代选择器　　　　C. id 选择器　　　　D. 类选择器

2. 下列选项中，用于设置字号的属性是(　　　)。

A. font-family　　　　B. font-size　　　　C. font-weight　　　　D. font-style

3. 下列关于边框属性的说法，错误的是(　　　)。

A. border-style 属性用于设置边框的颜色

B. border-width 属性用于设置边框的宽度

C. border-radius 属性用于设置圆角边框

D. border-image 属性用于设置图像边框

4. 下列属性中，用于设置英文字符的大小写转换的是(　　　)。

A. text-decoration　　B. text-transform　　C. text-shadow　　D. text-align

5. 下列关于 CSS 标准盒模型的组成部分的说法，错误的是(　　　)。

A. 盒模型由 4 部分组成，分别是 content、padding、border 和 margin

B. content 表示元素的内容区域，用于展示文本、图像等

C. padding 表示元素的外边距

D. border 表示元素的边框

## 四、简答题

1. 请简述标签选择器、类选择器、id 选择器、通配符选择器的区别。

2. 请简述使用字体图标的优点。

## 五、操作题

运用本章所学的知识，实现图 2-45 所示的待办事项页面。

图2-45　待办事项页面

# 第 3 章

# 表格和表单

| | |
|---|---|
| 知识目标 | • 掌握表格标签的使用方法，能够使用表格标签创建表格<br>• 掌握 CSS 控制表格样式，能够使用 CSS 设置表格的样式<br>• 掌握表格标签属性的使用方法，能够使用 colspan 和 rowspan 属性来合并单元格<br>• 掌握表单标签的使用方法，能够使用表单标签创建表单<br>• 掌握<form>标签的使用方法，能够使用<form>标签创建表单<br>• 掌握<input>标签的使用方法，能够定义不同的表单控件<br>• 掌握<label>标签的使用方法，能够定义表单控件的标签文本<br>• 掌握<textarea>标签的使用方法，能够定义多行文本输入框<br>• 掌握<select>、<optgroup>、<option>标签的使用方法，能够定义下拉菜单 |
| 技能目标 | • 掌握图书列表页面的制作方法，能够完成图书列表页面的开发<br>• 掌握安全教育活动调查问卷页面的制作方法，能够完成安全教育活动调查问卷页面的开发 |

在网页中，我们常常使用表格来清晰地展示各种信息。表格的应用场景非常广泛，如展示统计数据、产品比较情况以及价格列表等。此外，我们还经常使用表单来收集用户反馈的信息。表单适用于多种场景，如用户注册、用户登录、联系我们以及调查问卷填写等。通过合理运用表格和表单，我们可以提高网页的用户体验和交互性，使得网页内容更加丰富、有序且易于操作。本章将详细讲解如何使用表格和表单。

## 项目 3-1 图书列表页面

### 项目需求

书籍是人类进步的阶梯。通过阅读，我们不仅能深入了解世界，还能激发思考、培养想象力、提升审美；书籍是智慧的媒介，它们承载并传递了人类的智慧和经验，为我们个人的成长和进步提供了不可或缺的助力。

本项目旨在开发一个用于展示图书列表的页面，其中主要包含编号、图书名称、作者这些信息，其效果如图 3-1 所示。

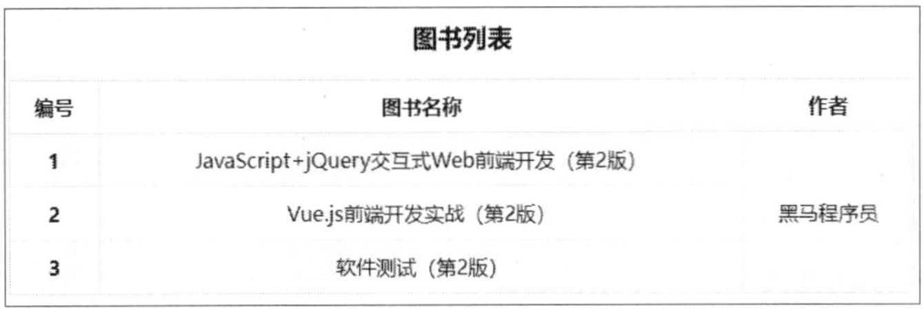

| | 图书列表 | |
|---|---|---|
| 编号 | 图书名称 | 作者 |
| 1 | JavaScript+jQuery交互式Web前端开发（第2版） | |
| 2 | Vue.js前端开发实战（第2版） | 黑马程序员 |
| 3 | 软件测试（第2版） | |

图3-1　图书列表页面效果

## 知识储备

### 1. 表格标签

网页中的表格由一系列单元格组成，每个单元格用于展示一项数据。在 HTML 中，可以使用表格标签完成表格的创建。常用的表格标签如表 3-1 所示。

表 3-1　常用的表格标签

| 标签 | 说明 |
|---|---|
| \<table> | 用于定义表格。在\<table>标签内可以放置表格的标题、表格的行、数据单元格等 |
| \<caption> | 用于定义表格的标题，并且标题会显示在表格上方居中的位置 |
| \<thead> | 用于定义表格的头部区域，通常包含列标题或表头信息 |
| \<tfoot> | 用于定义表格的脚注区域，通常包含表格的摘要、统计数据或其他附加信息 |
| \<tbody> | 用于定义表格的主体区域，通常包含行和列的数据 |
| \<tr> | 用于定义表格的行，每个\<tr>标签表示该表格中的一行 |
| \<td> | 用于定义数据单元格，每个\<td>标签表示一个单元格，数据都存储在单元格中 |
| \<th> | 用于定义表头单元格。通常用于表示行标题或表头信息。与\<td>标签不同，\<th>标签中的文本通常会被自动加粗和居中显示，以突出表头的重要性 |

创建表格结构的完整语法格式如下。

```
1  <table>
2    <caption>标题</caption>
3    <thead>
4      <tr>
5        <th>表头单元格 1</th>
6        <th>表头单元格 2</th>
7        <th>表头单元格 3</th>
8      </tr>
9    </thead>
10   <tbody>
11     <tr>
12       <td>数据单元格 1</th>
13       <td>数据单元格 2</td>
14       <td>数据单元格 3</td>
15     </tr>
16     ……
17   </tbody>
18   <tfoot>
19     <tr>
20       <td>表格脚注 1</td>
21       <td>表格脚注 2</td>
22       <td>表格脚注 3</td>
23     </tr>
```

```
24    </tfoot>
25  </table>
```

上述语法格式用于创建完整的表格结构。在实际使用中，<table>、<tr>、<th>和<td>是构建基本表格结构的必需元素。而<thead>、<tbody>、<tfoot>和<caption>是可选的，可以根据实际需求决定是否使用。

### 2. CSS 控制表格样式

CSS 提供了 border、border-collapse、padding、width 和 height 等属性来控制表格的样式，下面分别进行讲解。

（1）border 属性

在 HTML 中，表格默认是没有边框的。为了给表格添加边框并使其看起来美观，我们可以通过 border 属性来设置表格边框的宽度、样式和颜色。下面通过代码演示如何使用border 属性，示例代码如下。

```
1   <head>
2     <style>
3       table, th, td {
4         border: 1px solid black;
5       }
6     </style>
7   </head>
8   <body>
9     <table>
10    <tr><th>姓名</th><th>年龄</th></tr>
11    <tr><td>小明</td><td>18</td></tr>
12    </table>
13  </body>
```

在上述示例代码中，第 3~5 行代码用于设置 table、th、td 元素的边框样式为 1px 的黑色实线边框。

上述示例代码运行后，使用 border 属性设置表格边框的页面效果如图 3-2 所示。

从图 3-2 可以看出，表格有双线边框，这是因为 table、th、td 元素都有独立的边框。

| 姓名 | 年龄 |
|------|------|
| 小明 | 18 |

图3-2　使用border属性设置表格边框的页面效果

（2）border-collapse 属性

border-collapse 属性用于设置表格的边框是否被合并，其语法格式如下。

```
border-collapse: collapse | separate;
```

在上述语法格式中，collapse 表示表格边框会合并为单线边框；separate 为默认值，表示表格边框会分离成双线边框。

下面通过代码演示如何使用 border-collapse 属性，示例代码如下。

```
1   <head>
2     <style>
3       table {
4         border-collapse: collapse;
5       }
6       table, th, td {
7         border: 1px solid black;
8       }
9     </style>
10  </head>
```

```
11 <body>
12   <table>
13     <tr><th>姓名</th><th>年龄</th></tr>
14     <tr><td>小明</td><td>18</td></tr>
15   </table>
16 </body>
```

在上述示例代码中，第 4 行代码用于设置表格边框为单线边框。

上述示例代码运行后，使用 border-collapse 属性设置表格边框为单线边框的页面效果如图 3-3 所示。

| 姓名 | 年龄 |
|---|---|
| 小明 | 18 |

图3-3　使用border-collapse 属性设置表格边框为单线边框的页面效果

（3）padding 属性

在 CSS 中，可以使用 padding 属性设置单元格的内边距，即单元格内容和单元格边框的距离，示例代码如下。

```
1  td {
2    padding: 50px;
3  }
```

在上述示例代码中，第 2 行用于设置单元格内边距为 50px。

（4）width 属性和 height 属性

在 CSS 中，可以使用 width 属性和 height 属性定义单元格的宽度和高度，示例代码如下。

```
1  th, td {
2    width: 50px
3    height: 50px;
4  }
```

在上述示例代码中，第 2、3 行代码分别用于设置 th、td 元素的宽度和高度，且值均为 50px。

**3. 表格标签属性**

表格的默认样式较为简单，HTML 提供了一系列表格标签属性来设置表格样式。例如，border、align 和 bgcolor 等属性。然而，为了更好地将内容与样式分离，HTML5 已经弃用了许多表格标签属性，并且推荐使用 CSS 控制表格样式和布局。

在保留的表格标签属性中，较为常用的是<th>和<td>标签的 colspan 和 rowspan 属性。这两个属性主要用于合并单元格。下面将分别对这两个属性进行详细讲解。

（1）colspan 属性

colspan 属性用于设置单元格横跨的列数。通过指定一个正整数，可以将一个单元格合并为跨越指定列数的单元格。例如，将一个单元格的 colspan 属性设置为 2，那么该单元格则会横跨 2 列。

（2）rowspan 属性

rowspan 属性用于设置单元格竖跨的行数。通过指定一个正整数，可以将一个单元格合并为跨越指定行数的单元格。例如，将一个单元格的 rowspan 属性设置为 3，那么该单元格将会竖跨 3 行。

下面通过代码演示如何使用 colspan 属性，示例代码如下。

```
1  <head>
2    <style>
3      table, th, td {
4        border: 1px solid black;
5      }
6    </style>
7  </head>
```

```
8    <body>
9     <table>                    ·
10      <tr><th>姓名</th><th colspan="2">爱好</th></tr>
11      <tr><td>晓晓</td><td>唱歌</td><td>跳舞</td></tr>
12     </table>
13    </body>
```

在上述示例代码中，第 10 行代码在<th>标签中添加 colspan 属性，
用于设置单元格横跨 2 列。

上述示例代码运行后，使用 colspan 属性合并单元格的页面效果
如图 3-4 所示。

| 姓名 | 爱好 | |
|---|---|---|
| 晓晓 | 唱歌 | 跳舞 |

图3-4　使用colspan属性
合并单元格的页面效果

### 项目实现

根据项目需求实现图书列表页面的开发，具体实现步骤如下。

① 创建 D:\code\chapter03 目录，并使用 VS Code 编辑器打开该目录。

② 创建 book.html 文件，编写图书列表页面的结构，具体代码如下。

```
1    <!DOCTYPE html>
2    <html>
3    <head>
4      <meta charset="UTF-8">
5      <title>图书列表</title>
6    </head>
7    <body>
8      <table>
9       <caption>图书列表</caption>
10       <tbody>
11        <tr>
12          <th>编号</th>
13          <th>图书名称</th>
14          <th>作者</th>
15        </tr>
16        <tr>
17          <th>1</th>
18          <td>JavaScript+jQuery 交互式 Web 前端开发（第 2 版）</td>
19          <td rowspan="3">黑马程序员</td>
20        </tr>
21        <tr>
22          <th>2</th>
23          <td>Vue.js 前端开发实战（第 2 版）</td>
24        </tr>
25        <tr>
26          <th>3</th>
27          <td>软件测试（第 2 版）</td>
28        </tr>
29       </tbody>
30      </table>
31    </body>
32    </html>
```

在上述代码中，第 8~30 行代码定义了一个 4 行 3 列的表格，表格的标题为"图书列
表"，列标题分别为"编号""图书名称"和"作者"，将表格第 3 列的第 2~4 行进行了
合并。

③ 在步骤②中的第 5 行代码的下方编写页面样式，具体代码如下。

```
1  <style>
2    table {
3      width: 100%;
4      border-collapse: collapse;
5    }
6    table, th, td {
7      border: 1px solid #e4e4e4;
8    }
9    caption {
10     margin: 20px;
11     font-size: 20px;
12     font-weight: bold;
13   }
14   th, td {
15     padding: 10px;
16     text-align: center;
17   }
18   tr:nth-child(even) {
19     background-color: #fafafa;
20   }
21   tr:nth-child(odd) {
22     background-color: #fff;
23   }
24 </style>
```

在上述代码中，第 2 ~ 5 行代码用于设置 table 元素的宽度为 100% 和边框合并为单线边框；第 6 ~ 8 行代码用于设置 table、th、td 元素的边框为 1px 的实线、颜色为#e4e4e4；第 9 ~ 13 行代码用于设置 caption 元素的外边距为 20px、字号为 20px、字体加粗；第 14 ~ 17 行代码用于设置 th、td 元素的内边距为 10px、文本居中对齐；第 18 ~ 20 行用于设置偶数行的背景颜色为#fafafa；第 21 ~ 23 行设置奇数行的背景颜色为#fff。

保存上述代码，在浏览器中打开 book.html 文件，图书列表页面如图 3-5 所示。

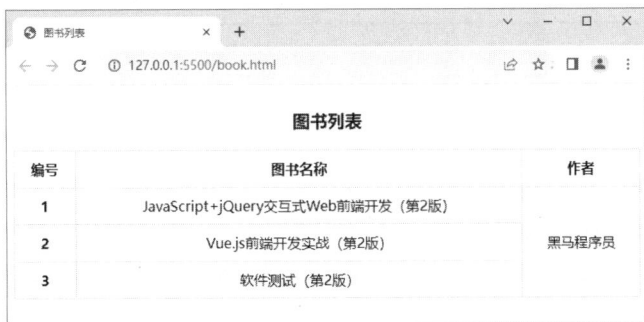

图3-5　图书列表页面

# 项目 3-2　安全教育活动调查问卷页面

### 项目需求

在网页中，调查问卷是一种有效的数据收集工具，能够快速、准确地获取受访者的意见、态度和行为等信息。本项目旨在开发一个安全教育活动调查问卷页面，其效果如图 3-6 所示。

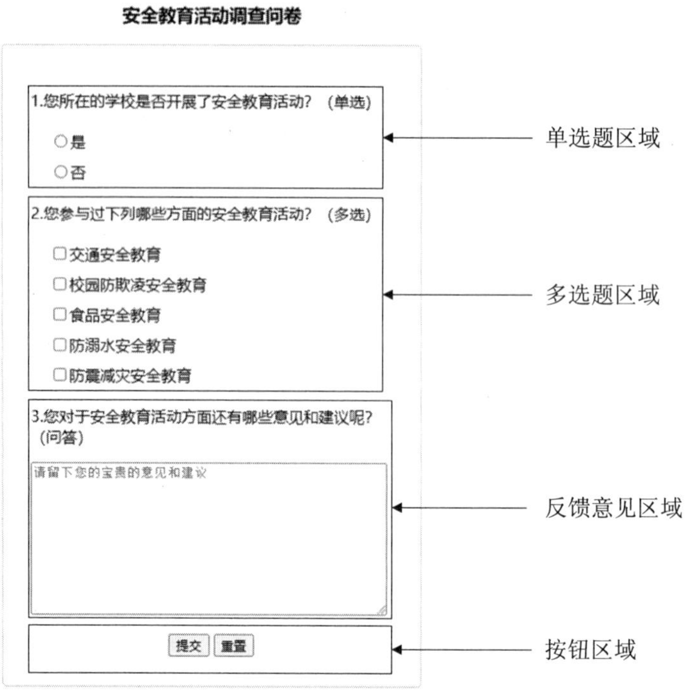

图3-6　安全教育活动调查问卷页面效果

## 知识储备

### 1. 表单标签

表单主要用于收集用户输入的信息。在 HTML 中，可以使用表单标签创建表单。常用的表单标签如表 3-2 所示。

表 3-2　常用的表单标签

| 标签 | 说明 |
| --- | --- |
| <form> | 用于创建表单，包含多种表单控件来接收用户的输入 |
| <input> | 用于定义不同类型的输入域，包括文本输入框、单选按钮、复选框等 |
| <label> | 用于定义表单控件的标题，并与输入域建立关联 |
| <textarea> | 用于定义多行文本输入框 |
| <fieldset> | 用于定义一个相关的表单元素组，包含文本输入框、复选框、下拉列表等 |
| <legend> | 用于定义<fieldset>标签的标题 |
| <select> | 用于定义下拉列表，用户可以从中选择一个或多个选项 |
| <optgroup> | 用于定义<select>的选项组，将选项分组展示 |
| <datalist> | 用于定义输入域的选项列表，用户可以从中进行选择，类似于自动补全功能 |
| <option> | 用于定义<select>或<datalist>中的选项 |
| <button> | 用于定义一个按钮 |
| <output> | 用于定义一个计算或用户操作的结果 |

<form>、<input>、<label>、<textarea>、<select>、<optgroup>、<option>标签的使用比较复杂，所以下面将对这些标签进行详细讲解。

### 2. <form>标签

在 HTML 中，<form>标签用于创建表单，可以包含多种表单元素来接收用户的输入。<form>标签中所有的内容都会被提交给服务器，其常用属性如表 3-3 所示。

表 3-3　<form>标签的常用属性

| 属性 | 说明 |
| --- | --- |
| action | 用于指定接收并处理表单数据的服务器的 URL |
| method | 用于设置表单数据的提交方式，常用的属性值有 get（默认值）、post，分别表示 GET 方式和 POST 方式 |
| name | 用于设置表单的名称 |
| autocomplete | 用于指定表单是否有自动补全功能。所谓自动补全是指将表单标签中输入的内容记录下来，当再次输入时会将输入的历史记录显示在一个下拉列表里，以实现自动补全功能。属性值为 on、off，分别表示表单有自动补全功能、表单没有自动补全功能 |
| novalidate | 用于指定在提交表单时不需要验证表单。如果使用 novalidate 属性，将关闭整个表单的验证，这样可以使<form>标签的所有表单控件不被验证。其属性值也为 novalidate，由于属性名和属性值相同，可以通过只写属性名的方式来设置这个属性 |

针对 method 属性，由表 3-3 可知，其具有两种常用的表单数据提交方式，其中使用 GET方式提交的数据会显示在浏览器的地址栏中，这会导致数据保密性较差，并且有提交数据量限制；相比之下，使用 POST 方式提交的数据具有更好的保密性，并且可以提交大量数据。

下面通过代码演示如何使用<form>标签，示例代码如下。

```
<form action="#" method="post" name="search" autocomplete="on" novalidate></form>
```

### 3. <input>标签

在 HTML 中，可以使用<input>标签创建文本输入框、单选按钮、复选框和提交按钮等表单控件，从而收集用户的输入数据或提交数据。

<input>标签的常用属性如表 3-4 所示。

表 3-4　<input>标签的常用属性

| 属性 | 说明 |
| --- | --- |
| type | 用于设置不同类型的表单控件 |
| form | 用于设置<input>标签所属的表单，将其与表单关联起来，属性值为<form>标签的 id 属性值 |
| name | 用于设置表单控件的名称，用于在表单提交时标识数据 |
| value | 用于设置表单控件的默认值 |
| readonly | 用于设置表单控件内容为只读，即不能进行编辑操作，属性值为 readonly |
| src | 用于设置显示为提交按钮的图像的 URL（只针对 type="image"的情况） |
| disabled | 用于设置禁用表单控件，即不能交互，属性值为 disabled |
| checked | 用于设置单选按钮或复选框中默认被选中的选项，属性值为 checked |
| maxlength | 用于设置表单控件允许输入的最大字符数 |
| size | 用于设置表单控件在页面中的显示宽度 |
| autocomplete | 用于设置是否自动补全表单字段内容，属性值为 on、off |
| autofocus | 用于设置表单控件自动获取焦点，属性值为 autofocus |
| list | 与<datalist>标签关联，以提供输入域的选项列表。<datalist>的 id 属性值与对应的<input>标签的 list 属性值相同 |

续表

| 属性 | 说明 |
| --- | --- |
| min | 用于设置表单控件所允许的最小输入值 |
| max | 用于设置表单控件所允许的最大输入值 |
| step | 用于设置表单控件的合法数字间隔，即递增或递减步长 |
| pattern | 用于验证输入的内容是否与定义的正则表达式匹配，适用于 text、search、url、tel、email 和 password 类型的<input>标签 |
| placeholder | 用于设置表单控件的提示信息 |
| required | 用于设置表单控件为必填项，属性值为 required |

若要创建不同类型的表单控件，可以使用 type 属性指定表单控件的类型。type 属性的属性值如表 3-5 所示。

表 3-5　type 属性的属性值

| 属性值 | 说明 |
| --- | --- |
| text | 用于定义单行文本输入框 |
| password | 用于定义密码输入框 |
| radio | 用于定义单选按钮 |
| checkbox | 用于定义复选框 |
| button | 用于定义普通按钮 |
| submit | 用于定义提交按钮 |
| reset | 用于定义重置按钮，重置后，所有表单控件的值为默认值 |
| image | 用于定义图像作为提交按钮 |
| hidden | 用于定义不显示的控件，其值仍会提交到服务器中 |
| file | 用于定义"选择文件"按钮和"未选择任何文件"文本，供文件上传 |
| email | 用于定义 E-mail 地址的输入框 |
| url | 用于定义 URL 的输入框 |
| range | 用于定义一定范围内数值的输入框 |
| date | 用于选取日、月、年 |
| month | 用于选取月、年 |
| week | 用于选取周和年 |
| time | 用于选取时间（小时和分钟） |
| datetime-local | 用于选取时间（小时和分钟）、日、月、年（本地时间） |
| number | 用于定义数值的输入框 |

值得一提的是，在 HTML 中，当<input>标签的 type 属性值设置为 email 或 url 时，浏览器会在表单提交时自动验证输入的文本是否符合相应的格式要求。如果输入的文本不符合要求，浏览器会显示错误提示，以帮助用户纠正错误。自动验证功能可以帮助用户在填写表单时尽早发现并纠正输入错误，提高用户体验，并减少因格式错误而导致的表单提交问题。

**4. <label>标签**

<label>标签可以与<input>、<textarea>、<select>等表单标签配合使用，用于定义表单控件的标签文本，即显示在控件旁边的文字描述。

将<label>标签与表单控件关联的方式有两种。第一种方式是通过为<label>标签设置 for

属性，并将其属性值设置为关联的表单控件的 id 属性值，从而实现关联。这种方式适用于将标签文字和表单控件放在不同位置的情况。第二种方式是在<label>标签内部嵌套<input>标签，不需要设置 for 属性和 id 属性，因为它们的关联已经隐含存在。这种方式适用于将标签文字和表单控件放在同一位置的情况。

通过将<label>标签与表单控件关联，用户单击标签文本时页面会自动聚焦到对应的表单控件，方便用户输入数据。此外，关联还有助于扩大可单击区域，提升用户体验。

<label>标签的常用属性如表 3-6 所示。

表 3-6　<label>标签的常用属性

| 属性 | 说明 |
| --- | --- |
| for | 用于设置<label>标签与哪个表单标签关联，属性值为表单标签的 id 属性值 |
| form | 用于设置<label>标签所属的表单，属性值为<form>标签的 id 属性值 |

下面通过代码演示如何使用<input>标签和<label>标签，示例代码如下。

```
1  <body>
2    <form action="#">
3      <label for="username">姓名: </label>
4      <input type="text" name="username" id="username" value="小张"><br>
5      <label>年龄: <input type="text" name="age" value="18"></label>
6      <br>
7      <input type="submit">
8    </form>
9  </body>
```

在上述示例代码中，第 3 行代码将<label>标签的 for 属性值设置为 username，与 id 属性值为 username 的<input>标签关联，当用户单击文字"姓名："时，页面会自动聚焦到 id 属性值为 username 的文本输入框；第 5 行代码在<label>标签内部嵌套<input>标签，当用户单击"年龄："时，页面会自动聚焦到相应的文本输入框。

上述示例代码运行后，使用<label>标签的页面效果如图 3-7 所示。

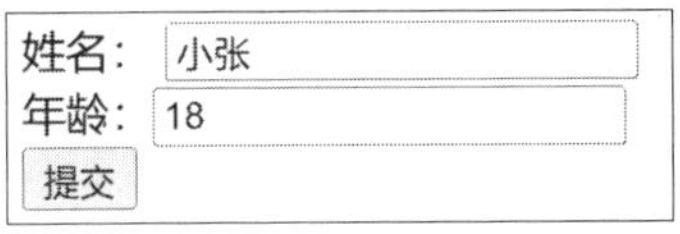

### 5. <textarea>标签

在 HTML 中，当需要创建一个单行文本输入框时，可以使用<input>标签，并将其 type 属性值设置为 text，这样用户就可以在单行文本输入框中输入少量文本。然而，当需要输入多行文本时，单行文本输入框就不再适用。为了满足这种需求，HTML 提供了<textarea>标签。通过使用<textarea>标签，可以在网页中创建一个用于输入和显示多行文本的输入框。

<textarea>标签的常用属性如表 3-7 所示。

图3-7　使用<label>标签的页面效果

表 3-7　<textarea>标签的常用属性

| 属性 | 说明 |
| --- | --- |
| name | 用于设置表单控件的名称 |
| form | 用于设置多行文本输入框所属的表单，属性值为<form>标签的 id 属性值 |
| cols | 用于设置多行文本输入框每行可容纳的字符数，是一个正整数。默认情况下，显示大约 20 个英文字符的宽度，一个中文字符大约占 2 个英文字符的宽度。由于不同的浏览器和操作系统在渲染多行文本输入框时可能存在差异，实际的可视宽度可能会有所偏差 |
| rows | 用于设置多行文本输入框显示的行数 |

　　除了表 3-7 列出的属性外，<textarea>标签还包括 readonly、disabled、maxlength、placeholder、required、autofocus 属性，这些属性的说明请参考表 3-4。

　　下面通过代码演示如何使用<textarea>标签，示例代码如下。

```
1  <body>
2    <form>
3      <textarea name="info" cols="30" rows="5" placeholder="我是一个多行文本输入框" autofocus></textarea>
4    </form>
5  </body>
```

　　在上述示例代码中，第 3 行代码使用<textarea>标签定义了一个多行文本输入框。

　　上述示例代码运行后，使用<textarea>标签定义多行文本输入框的页面效果如图 3-8 所示。

图3-8　使用<textarea>标签定义多行文本输入框的页面效果

### 6. <select>、<optgroup>、<option>标签

　　在浏览网页时，经常会遇到下拉菜单，例如选择用户所在的城市、选择文件格式等时。下拉菜单通常由一个触发区域（通常是一个文本输入框或按钮）和一个下拉列表组成。当用户单击触发区域时，下拉列表会展开，显示可供选择的选项。用户可以从下拉列表中选择一个或多个选项，然后下拉列表会关闭，并将所选的选项显示在触发区域中。

　　在 HTML 中，可以使用<select>、<option>、<optgroup>标签定义下拉菜单。下面分别对<select>、<option>、<optgroup>标签进行讲解。

　　（1）<select>标签

　　<select>标签用于定义下拉菜单，其常用属性如表 3-8 所示。

表 3-8　<select>标签的常用属性

| 属性 | 说明 |
|---|---|
| form | 用于设置下拉菜单所属的表单，属性值为<form>标签的 id 属性值 |
| size | 用于设置下拉菜单的可见选项数，属性值为正整数 |
| multiple | 用于设置使下拉菜单具有多项选择的功能，按住 Ctrl 键的同时可以选择多项。属性值为 multiple |

　　除了表 3-8 列出的属性外，<select>标签还有 autofocus、disabled、name、required 属性，这些属性的说明请参考表 3-4。

　　（2）<option>标签

　　<option>标签用于定义下拉菜单中的选项，每个<option>标签表示下拉菜单中的一个选项。<option>标签的常用属性如表 3-9 所示。

表 3-9　<option>标签的常用属性

| 属性 | 说明 |
|---|---|
| disabled | 用于禁用选项，属性值为 disabled |
| label | 用于定义当使用<optgroup>标签时所使用的选项组的名称 |
| selected | 用于设置当前选项为选中状态 |
| value | 用于设置当前选项的值 |

　　需要注意的是，<option>标签必须嵌套在<select>标签中，且<select>标签至少应该包含一个<option>标签，以提供至少一个选项让用户选择。

（3）<optgroup>标签

在实际开发中，通过对下拉菜单中的选项进行分组，可以使用户快速地找到所需的选项。在 HTML 中，<optgroup>标签用于将相关的选项组合在一起。<optgroup>标签的常用属性有 disabled 属性和 label 属性，这两个属性分别表示禁用选项组和定义选项组的名称。

<optgroup>标签必须嵌套在<select>标签中，一个<select>标签中可以包含多个<optgroup>标签。<optgroup>标签内嵌套的<option>标签用于定义具体的选项。

下面通过代码演示如何定义下拉菜单，示例代码如下。

```
1  <body>
2    <form>
3      <select>
4        <optgroup label="汇吃美食">
5          <option value="walnut">核桃</option>
6          <option value="candy" selected>糖果</option>
7          <option value="beef">牛肉</option>
8        </optgroup>
9        <optgroup label="珠宝配饰">
10         <option value="watch">手表</option>
11         <option value="crystal">水晶</option>
12       </optgroup>
13     </select>
14   </form>
15 </body>
```

在上述示例代码中，第 3～13 行代码定义了一个下拉菜单，该下拉菜单包含两个选项组。其中，第 4～8 行代码定义了一个名称为"汇吃美食"的选项组，其中包含核桃、糖果和牛肉这 3 个选项；第 9～12 行代码定义了一个名称为"珠宝配饰"的选项组，其中包含手表和水晶这两个选项。

上述示例代码运行后，下拉菜单的初始效果和单击"∨"的页面效果如图 3-9 所示。

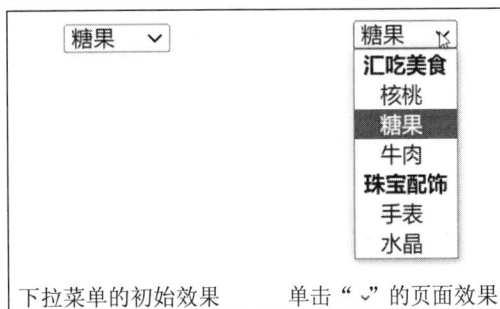

图3-9　下拉菜单的初始效果和单击"∨"的页面效果

**项目实现**

根据项目需求实现安全教育活动调查问卷页面的开发，具体实现步骤如下。

① 创建 css\questionnaire.css 文件，该文件用于保存安全教育活动调查问卷页面的样式代码。

② 创建 questionnaire.html 文件，编写安全教育活动调查问卷页面的结构并引入 css 目录下的 questionnaire.css 文件，具体代码如下。

```
1  <!DOCTYPE html>
2  <html>
3  <head>
4    <meta charset="UTF-8">
5    <title>安全教育活动调查问卷</title>
6    <link rel="stylesheet" href="css/questionnaire.css">
7  </head>
8  <body>
```

```
9       <h3>安全教育活动调查问卷</h3>
10      <form action="#">
11        <div class="one">
12          <p>1.您所在的学校是否开展了安全教育活动？（单选）</p>
13          <label><input type="radio" name="item1">是</label>
14          <label><input type="radio" name="item1">否</label>
15        </div>
16        <div class="two">
17          <p>2.您参与过下列哪些方面的安全教育活动？（多选）</p>
18          <label><input type="checkbox" name="item2">交通安全教育</label>
19          <label><input type="checkbox" name="item2">校园防欺凌安全教育</label>
20          <label><input type="checkbox" name="item2">食品安全教育</label>
21          <label><input type="checkbox" name="item2">防溺水安全教育</label>
22          <label><input type="checkbox" name="item2">防震减灾安全教育</label>
23        </div>
24        <div class="three">
25          <p>3.您对于安全教育活动方面还有哪些意见和建议呢？（问答）</p>
26          <textarea cols="50" rows="10" placeholder="请留下您的宝贵的意见和建议">
</textarea>
27        </div>
28        <div class="btn">
29          <input type="submit">
30          <input type="reset">
31        </div>
32      </form>
33  </body>
34  </html>
```

在上述代码中，第 10~32 行代码创建了表单。其中，第 11~15 行代码用于定义单选题区域的结构；第 16~23 行代码用于定义多选题区域的结构；第 24~27 行代码用于定义反馈意见区域的结构；第 28~31 行代码用于定义按钮区域的结构。

③ 在 questionnaire.css 文件中编写安全教育活动调查问卷的页面样式，具体代码如下。

```
1   h3 {
2     text-align: center;
3   }
4   form {
5     width: 378px;
6     margin: 0 auto;
7     padding: 30px;
8     border: 1px solid rgba(0, 0, 0, 0.2);
9     border-radius: 5px;
10  }
11  label {
12    display: block;
13    padding: 5px 0 5px 20px;
14  }
15  .btn {
16    margin-top: 16px;
17    display: flex;
18    justify-content: center;
19  }
20  input[type="submit"] {
21    margin-right: 5px;
22  }
```

在上述代码中，第 1~3 行代码用于设置 h3 元素的文本居中对齐；第 4~10 行代码用于设置 form 元素的样式，包括宽度、外边距、内边距、边框、圆角边框；第 11～14 行代码用于设置 label 元素的样式，包括元素为块元素、内边距；第 15～19 行代码用于设置具有.btn 类的元素的样式，包括上外边距、弹性盒布局、Flex 元素在主轴上的排列方式为居中对齐；第 20～22 行代码用于选择所有 input 元素中 type 属性值为 submit 的元素，并将元素的右外边距设置为 5px。

保存上述代码，在浏览器中打开 questionnaire.html 文件，安全教育活动调查问卷页面如图 3-10 所示。

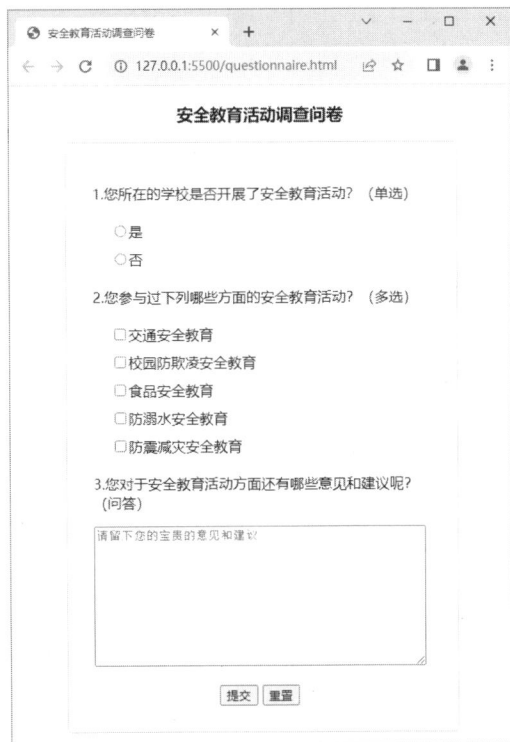

图3-10 安全教育活动调查问卷页面

## 本章小结

本章主要讲解了如何使用表格和表单。首先讲解了表格标签、CSS 控制表格样式、表格标签属性，然后讲解了常用的表单标签。通过学习本章内容，读者应能够掌握"图书列表页面""安全教育活动调查问卷页面"的制作方法，并能够灵活运用表格、表单的相关知识来构建页面。

## 课后习题

### 一、填空题

1. 在 HTML 中，_____标签用于定义表格。
2. 通过设置 CSS 中的_____属性，可以定义表格边框的宽度、样式和颜色。

3. 在 CSS 中，_____属性用于设置表格的边框是否被合并。

4. 在<td>标签中，_____属性用于设置单元格竖跨的行数。

5. 在 HTML 中，_____标签用于创建表单。

## 二、判断题

1. <tr>标签用于定义表格的数据单元格。（　　　）

2. <th>标签中的文本通常会被自动加粗和居中显示。（　　　）

3. 在 HTML 中，表格默认使用 1px 的黑色实线边框。（　　　）

4. <td>标签的 colspan 属性用于设置单元格横跨的列数。（　　　）

5. <form>标签中所有的内容都会被提交给服务器。（　　　）

## 三、选择题

1. 下列标签中，用于定义表格标题的是（　　　）。

A. <caption>　　　B. <thead>　　　　　C. <tbody>　　　　　　D. <tfoot>

2. 下列<form>标签的常用属性中，用于指定接收并处理表单数据的服务器 URL 的是
（　　　）。

A. action　　　　　B. method　　　　　C. autocomplete　　　D. name

3. 下列关于<input>标签的常用属性的说法，错误的是（　　　）。

A. type 属性用于设置不同的表单控件类型

B. value 属性用于设置表单控件的值

C. readonly 属性用于设置表单控件内容为只读的

D. disabled 属性用于设置表单控件的名称

4. 下列选项中，可以定义提交按钮的是（　　　）。

A. <input type="email">　　　　　　　B. <input type="file">

C. <input type="submit">　　　　　　　D. <input type="range">

5. 下列标签中，用于设置多行文本输入框的是（　　　）。

A. <textarea>　　　B. <select>　　　　C. <optgroup>　　　D. <option>

## 四、简答题

请简述常用的表格标签。

## 五、操作题

运用本章所学的知识，实现用户注册页面，如图 3-11 所示。

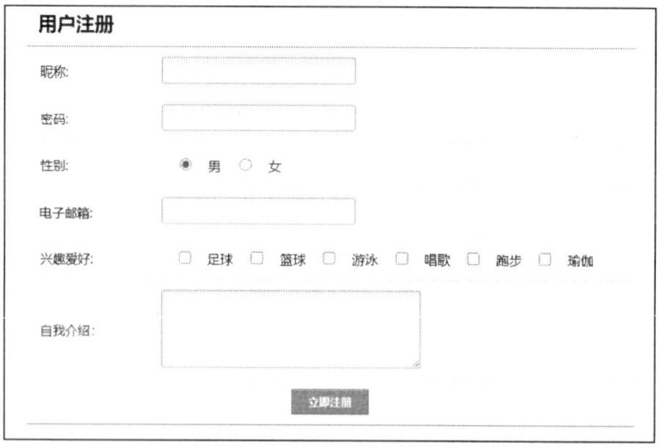

图3-11　用户注册页面

# 第 4 章

# JavaScript与视频、音频

····
学习目标

| 知识目标 | · 熟悉 JavaScript 概述,能够归纳 JavaScript 的组成部分和特点<br>· 熟悉 JavaScript 的引入方式,能够归纳 JavaScript 的 3 种引入方式<br>· 掌握 JavaScript 常用的输入和输出语句,能够灵活运用 prompt()、document.write()、alert()、console.log()语句<br>· 熟悉 JavaScript 注释,能够归纳单行注释和多行注释的特点和快捷键<br>· 掌握变量的使用方法,能够声明变量和为变量赋值<br>· 熟悉数据类型,能够解释 5 种常用基本数据类型的含义<br>· 掌握运算符的使用方法,能够灵活使用运算符完成运算<br>· 掌握函数,能够根据实际需求在程序中定义并调用函数<br>· 掌握分支结构和循环结构的使用方法,能够根据实际需求进行选择和使用<br>· 熟悉 DOM,能够归纳 DOM 的树形结构和节点类型<br>· 掌握获取元素的常用方法,能够使用 document 对象提供的方法获取元素<br>· 掌握操作元素的方法,能够操作元素的内容和样式<br>· 熟悉事件,能够归纳常用事件类型<br>· 掌握注册事件的使用方法,能够完成事件的注册<br>· 掌握 Math 对象的使用方法,能够实现数学运算<br>· 掌握<video>标签的使用方法,能够在网页中定义视频<br>· 掌握 video 对象的使用方法,能够通过 JavaScript 控制视频的播放、暂停等<br>· 掌握<audio>标签的使用方法,能够在网页中定义音频<br>· 掌握 audio 对象的使用方法,能够通过 JavaScript 控制音频的播放、暂停等 |
|---|---|
| 技能目标 | · 掌握视频播放器的制作方法,能够完成视频播放器的开发<br>· 掌握音频播放器的制作方法,能够完成音频播放器的开发 |

　　在网页开发中,利用<video>标签、<audio>标签以及 JavaScript,可以为用户带来更丰富的多媒体体验。本章将详细讲解如何为网页添加动态交互和吸引人的音频、视频内容。

## 项目 4-1　视频播放器

### 项目需求

　　在日常生活中,视频播放器可以帮助我们播放各种类型的视频文件。除了基本的播放功能，视频播放器还应具备一系列实用功能，如暂停、快进、快退、调节音量和静音等。这些功能使我们能够更好地掌控视频播放过程，满足不同的观看需求。

本项目旨在开发一个视频播放器，它具有播放、快进 5 秒、快退 5 秒、音量+、音量–和静音功能，其效果如图 4-1 所示。

图4-1　视频播放器的效果

## 知识储备

### 1. JavaScript 概述

JavaScript 是一种编程语言，主要用于开发交互式的网页。在网页中，许多常见的交互效果都可以用 JavaScript 来实现，例如轮播图、选项卡、表单验证等。

JavaScript 由 ECMAScript、DOM、BOM 这 3 部分组成，下面分别进行讲解。

① ECMAScript：规定了 JavaScript 的编程语法和基础核心内容，例如变量、分支语句、循环语句等。

② DOM( Document Object Model )：文档对象模型，是 W3C( World Wide Web Consortium，万维网联盟 ) 制定的用于处理 HTML 文档和 XML（Extensible Markup Language，可扩展标记语音）文档的编程接口，它提供了对文档的结构化表述，并定义了一种方式，使程序可以对该结构进行访问，从而改变文档的结构、样式和内容。

③ BOM（Browser Object Model）：浏览器对象模型，是一套编程接口，用于对浏览器进行操作，如刷新页面、弹出警告框、控制页面跳转等。

JavaScript 的特点如下。

① JavaScript 是一种解释型编程语言，不需要通过专门的编译器进行编译。当嵌入 JavaScript 的 HTML 文档被浏览器加载时，JavaScript 会逐行解释并执行代码。

② JavaScript 是动态类型的编程语言，这意味着变量的类型可以在运行时发生变化，无须显式声明或转换类型。

③ JavaScript 是基于原型的面向对象编程语言，通过原型实现继承和共享属性与方法。此外，JavaScript 可以利用 DOM 及其提供的丰富内置对象和操作方法来实现所需的功能。

④ JavaScript 是事件驱动的编程语言，能够响应用户输入（如单击、键盘输入、鼠标移动等）以及浏览器事件（如窗口大小调整）。

⑤ JavaScript 是跨平台的编程语言，不依赖于特定的操作系统。只要有支持 JavaScript 的浏览器，就可以运行 JavaScript 程序。

### 2. JavaScript 的引入方式

在 HTML 文档中引入 JavaScript 的方式与引入 CSS 的方式类似，主要有行内式、内部式和外部式，下面分别进行讲解。

（1）行内式

行内式是指将 JavaScript 代码写在 HTML 标签的属性值中，通常是写在以 on 开头的事件属性的属性值中，以实现与特定事件的关联。以双标签为例，行内式的语法格式如下。

```
<标签名 onevent="JavaScript 代码"></标签名>
```

在上述语法格式中，标签名是要应用 JavaScript 代码的 HTML 标签，而 onevent 表示事件属性，例如 onclick、onload 等。JavaScript 代码是在事件触发时执行的。

下面演示如何在<button>标签中使用行内式，示例代码如下。

```
<button onclick="alert('Hello, World!')">单击我</button>
```

在上述示例代码中，当用户单击"单击我"按钮时，会触发单击事件，执行行内式 JavaScript 代码，即 alert('Hello, World!')，弹出一个包含"Hello, World!"的警告框。alert()语句会在后续内容中进行讲解。

（2）内部式

内部式是指将 JavaScript 代码直接写在 HTML 文档中，使用<script>标签标识 JavaScript 代码。<script>标签应写在</body>结束标签之前，这样做是为了确保在 HTML 元素完全加载之后再执行 JavaScript 代码，从而避免尝试修改尚未加载的 HTML 元素而导致的错误。

内部式的语法格式如下。

```
<body>
  <script>
    JavaScript 代码
  </script>
</body>
```

<script>标签有 type 属性，用于表示<script>标签中的脚本类型。在 HTML5 中，默认情况下，<script>标签的 type 属性值为 text/javascript。在 HTML5 文档中使用<script>标签来编写 JavaScript 代码时，可以省略 type 属性。

（3）外部式

外部式是指将 JavaScript 代码保存在一个或多个以.js 为扩展名的外部 JavaScript 文件中，通过<script>标签的 src 属性将外部 JavaScript 文件引入 HTML 页面。这种方式会使代码更加有序、更容易复用。

外部式的语法格式如下。

```
<script src="JavaScript 文件的路径"></script>
```

在上述语法格式中，<script>和</script>标签之间不需要编写代码。

**3. JavaScript 常用的输入和输出语句**

在实际开发中，为了方便数据的输入和输出，JavaScript 提供了输入和输出语句。常用的输入和输出语句如表 4-1 所示。

表 4-1　常用的输入和输出语句

| 类型 | 语句 | 作用 |
|---|---|---|
| 输入 | prompt() | 在网页中弹出输入框 |
| 输出 | document.write() | 在网页中输出内容 |
| | alert() | 在网页中弹出警告框 |
| | console.log() | 在控制台中输出内容 |

若要查看使用 console.log()语句输出到控制台的内容，可以在 Chrome 浏览器中打开开发者工具，并切换到"Console"选项卡进行查看。

**4. JavaScript 注释**

在实际开发中，为了增强代码的可读性，可以给代码添加注释。在解析程序时，注释会被 JavaScript 解释器忽略。JavaScript 支持单行注释和多行注释，下面分别进行讲解。

（1）单行注释

单行注释以"//"开始，到该行结束之前的内容都是注释。在 VS Code 编辑器中，可以通过"Ctrl+/"快捷键来添加单行注释。单行注释的示例代码如下。

```
alert('Hello'); // 输出 Hello
```

（2）多行注释

多行注释以"/*"开始，以"*/"结束。在 VS Code 编辑器中，可以通过"Shift+Alt+A"快捷键来添加多行注释。多行注释的示例代码如下。

```
/*
  这是一个警告框
  alert('hello');
*/
```

需要注意的是，多行注释中可以嵌套单行注释，但是不能嵌套多行注释。

**5. 变量**

在编写程序时，我们经常需要存储数据，以便后续使用。例如，将两个数字相加的结果存储起来，以便在后续的计算中使用。为了存储这些数据，我们可以在程序中声明一些变量。变量指的是程序在内存中申请的一块用来存放数据的空间。变量由变量名和变量值组成，给变量分配一个唯一的名称之后，可以使用该名称来引用变量，并访问或修改其对应的值。

变量名的具体命名规则如下。

① 变量名使用字母、数字、下划线或美元符号（$）命名，不能以数字开头，且不能包含+、−等运算符。例如，age、score、set_name、$a、user01 是有效的变量名，而 01student、02-user 是无效的变量名。

② 变量名严格区分大小写。例如 name 和 Name 是不同的变量名。

③ 变量名应具有描述性，以便理解和维护代码。例如，age 表示年龄、gender 表示性别、num 表示数字等。

④ 变量名遵循命名惯例。通常使用下划线分隔多个单词，如 show_message；或使用小驼峰命名法，变量的第 1 个单词首字母小写，后面的单词首字母大写，如 leftHand、myFirstName 等。

⑤ 避免使用 JavaScript 中的关键字作为变量名。关键字是 JavaScript 中被事先定义并赋予特殊含义的单词，如 if、this 等。

变量的基本使用包括变量的声明和赋值，主要有 2 种方式。第 1 种方式是先声明变量后赋值；第 2 种方式是声明变量的同时为变量赋值。下面分别进行讲解。

（1）先声明变量后赋值

在 JavaScript 中，通常使用 let 关键字声明变量，声明变量后，变量值默认会被设定为 undefined，表示未定义。如果需要使用变量保存具体的值，就需要在声明变量后为其赋值。

先声明变量后赋值的示例代码如下。

```
// 声明变量
let username;               // 声明一个名称为 username 的变量
let age, height;           // 同时声明 2 个变量
// 为变量赋值
username = '小王';          // 为变量赋值'小王'
age = 18;                  // 为变量赋值 18
height = 180;             // 为变量赋值 180
```

（2）声明变量的同时为变量赋值

在声明变量的同时为变量赋值，这个过程又称为定义变量或初始化变量，示例代码如下。

```
let username = '小明';      // 声明 username 变量并赋值为'小明'
```

```
let sex = '男';              // 声明 sex 变量并赋值为'男'
let height = 180;            // 声明 height 变量并赋值为 180
```

需要说明的是，在 JavaScript 中还可以使用 var 关键字或 const 关键字声明变量。var 关键字是 JavaScript 早期的关键字，存在诸多缺点，目前已不推荐使用；const 关键字可使变量一旦被赋值后不可重新赋值。

### 6. 数据类型

JavaScript 将数据类型分为两大类，分别是基本数据类型和复杂数据类型，如图 4-2 所示。

在基本数据类型中，bigInt 和 symbol 不常用，读者了解即可。除此之外的其他基本数据类型的解释如下。

① number：值为整数或浮点数，在数字前面添加"+"表示正数，添加"−"表示负数，通常情况下省略"+"。

② string：值为用单引号（'）、双引号（"）或反引号（`）标识的一个或多个字符。

③ boolean：有 true 和 false 两个值。true 表示真或成立；false 表示假或不成立。

④ null：只有一个值 null，表示声明的变量未指向任何对象。

⑤ undefined：只有一个值 undefined，表示声明了一个变量但未赋值。

数据类型
- 基本数据类型
  - number（数字型）
  - string（字符串型）
  - boolean（布尔型）
  - null（空型）
  - undefined（未定义型）
  - bigInt（大整型）
  - symbol（符号型）
- 复杂数据类型：object（对象型）

图4-2  JavaScript数据类型

### 7. 运算符

在实际开发中，经常需要对数据进行运算，JavaScript 提供了多种类型的运算符用于运算，如算术运算符、比较运算符、逻辑运算符、赋值运算符和三元运算符，下面分别进行讲解。

（1）算术运算符

算术运算符用于对两个数字或变量进行算术运算，与数学中的加、减、乘、除运算类似。常用的算术运算符如表 4-2 所示。

表 4-2  常用的算术运算符

| 算术运算符 | 描述 | 示例 | 结果 |
|---|---|---|---|
| + | 加 | 3 + 3 | 6 |
| − | 减 | 4 − 2 | 2 |
| * | 乘 | 2 * 6 | 12 |
| / | 除 | 16 / 8 | 2 |
| % | 取模 | 3 % 7 | 3 |
| ++ | 递增（前置） | a = 2; b = ++a; | a = 3; b = 3; |
| ++ | 递增（后置） | a = 2; b = a++; | a = 3; b = 2; |
| −− | 递减（前置） | a = 2; b = −−a; | a = 1; b = 1; |
| −− | 递减（后置） | a = 2; b = a−−; | a = 1; b = 2; |

递增运算符和递减运算符可以快速地对变量的值进行递增和递减，它们属于一元运算符，只对一个表达式进行操作；而"+""−"等运算符属于二元运算符，对两个表达式进行操作。递增（递减）运算符既可以写在变量前面（如++i、−−i），也可以写在变量后面（如 i++、i−−）。当放在变量前面时，称为前置递增（递减）运算符，放在变量后面时，称为后置递增（递减）运算符。前置和后置的区别在于，前置返回的是计算后的结果，后置返回的是计算前的结果。

下面通过代码演示递增运算符的使用方法，示例代码如下。

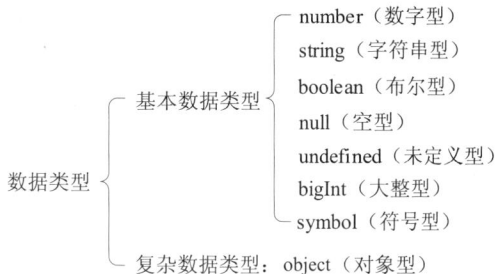

```
let a = 1, b = 1;
console.log(++a);       // 输出结果: 2（前置递增）
console.log(a);         // 输出结果: 2
console.log(b++);       // 输出结果: 1（后置递增）
console.log(b);         // 输出结果: 2
```

（2）比较运算符

比较运算符用于对两个数据进行比较，返回一个布尔型的值，即 true 或 false。常用的比较运算符如表 4-3 所示。

表 4-3　常用的比较运算符

| 比较运算符 | 描述 | 示例 | 结果 |
|---|---|---|---|
| > | 大于 | 5 > 5 | false |
| < | 小于 | 5 < 5 | false |
| >= | 大于或等于 | 5 >= 5 | true |
| <= | 小于或等于 | 5 <= 5 | true |
| == | 等于（只根据表面值进行比较，不涉及数据类型） | '5' == 5 | true |
| != | 不等于（只根据表面值进行比较，不涉及数据类型） | '5' != 5 | false |
| === | 全等 | 5 === 5 | true |
| !== | 不全等 | 5 !== '5' | true |

需要注意的是，运算符 "=="和 "!="在进行比较时，如果比较的两个数据的类型不同，会自动转换成相同的类型再进行比较。例如，比较字符串'123'与数字 123 时，首先会将字符串'123'转换成数字 123，再与 123 进行比较；而 "==="和 "!=="运算符在进行比较时，不仅要比较值是否相等，还要比较数据类型是否相同。

（3）逻辑运算符

逻辑运算符用于对布尔值进行运算，其返回值也是布尔值。常用的逻辑运算符如表 4-4 所示。

表 4-4　常用的逻辑运算符

| 逻辑运算符 | 描述 | 示例 | 结果 |
|---|---|---|---|
| && | 与 | a && b | 只有当 a、b 的值都为 true 时，结果才为 true，否则为 false |
| \|\| | 或 | a \|\| b | 只有当 a、b 的值都为 false 时，结果才为 false，否则为 true |
| ! | 非 | !a | 若 a 为 false，则结果为 true，否则为 false |

在 JavaScript 中，在进行逻辑判断时，会将 false、0（数字）、空字符串、null、NaN 和 undefined 转换为 false。例如，对于 let num = 0;，条件语句 if(num)会被转换为 if(false)，表示条件不成立。

（4）赋值运算符

赋值运算符用于将运算符右边的值赋给左边的变量。它可以与算术运算符、逻辑运算符等配合使用，以实现更灵活的赋值操作。常用的赋值运算符如表 4-5 所示。

表 4-5　常用的赋值运算符

| 赋值运算符 | 描述 | 示例 | 结果 |
|---|---|---|---|
| = | 赋值 | a = 3; | a = 3 |
| -= | 减并赋值 | a = 3; a -= 2; | a = 1 |
| *= | 乘并赋值 | a = 3; a *= 2; | a = 6 |
| /= | 除并赋值 | a = 3; a /= 2; | a = 1.5 |
| %= | 取模并赋值 | a = 3; a %= 2; | a = 1 |
| += | 加并赋值 | a = 3; a += 2; | a = 5 |

（5）三元运算符

三元运算符由条件表达式、问号（?）、冒号（:）和两个结果表达式组成，其语法格式如下。

```
条件表达式 ? 结果表达式 1 : 结果表达式 2
```

在上述语法格式中，当条件表达式为 true 时，返回结果表达式 1 的值；当条件表达式为 false 时，返回结果表达式 2 的值。

下面通过代码演示三元运算符的使用方法，示例代码如下。

```
1  let age = prompt('请输入需要判断的年龄：');
2  let status = age >= 18 ? '已成年' : '未成年';
3  console.log(status);
```

在上述示例代码中，第 1 行代码中的 age 变量用于接收用户输入的年龄，第 2 行代码首先执行"age >= 18"，当判断结果为 true 时，将字符串"已成年"赋值给变量 status，否则将"未成年"赋值给变量 status。通过控制台可以查看输出结果。

**8. 函数**

函数是指实现某个特定功能的一段代码，相当于将包含一条或多条语句的代码块封装起来，用户在使用时只需关心参数和返回值，就能实现特定的功能。对开发人员来说，使用已经得到充分检验的函数实现某个功能时，可以把精力放在要实现的具体功能上。函数的优势在于可以提高代码的复用性、降低代码的维护难度。

JavaScript 中的函数分为内置函数和自定义函数。内置函数是指可以直接使用的函数，自定义函数是指实现某个特定功能的函数。自定义函数在使用之前要先定义，定义后才能调用，在需要实现特定功能时调用对应的函数即可。

定义函数的语法格式如下。

```
function 函数名([参数 1, 参数 2, ……]) {
    函数体
}
```

针对上述语法格式的介绍如下。

① function：定义函数的关键字。

② 函数名：一般由字母、数字、下划线和$组成。需要注意的是，函数名不能以数字开头，且不能是 JavaScript 中的关键字。

③ 参数：外界传递给函数的值，此时的参数称为形参，它是可选的，多个参数之间使用逗号","分隔，"[]"用于在语法格式中标识可选参数，实际编写代码时不用写"[]"。

④ 函数体：由函数内所有代码组成的整体，用于实现特定功能。

定义完函数后，如果想要在程序中调用函数，只需要通过"函数名()"的方式调用即可，小括号中可以传入参数。函数调用的语法格式如下。

```
函数名([参数 1, 参数 2, ……])
```

在上述语法格式中，参数表示传递给函数的值，也称为实参；"([参数 1, 参数 2, ……])"是实参列表，实参个数可以是 0 个、1 个或多个。通常，函数的实参列表与形参列表顺序一致。当函数体内不需要参数时，调用函数时可以不传参。

需要说明的是，在程序中定义函数和调用函数的编写顺序不分先后，这是因为定义函数的代码会被预解析。

下面通过代码演示函数的定义与调用，示例代码如下。

```
// 定义函数
function sayHello() {
```

```
    alert('Hello World');
}
// 调用函数
sayHello();          // 输出结果为：Hello World
```

在上述示例代码中，定义了 sayHello()函数，并调用了该函数。

若调用函数后需要返回函数的结果，在函数体中可以使用 return 关键字，返回的结果称为返回值。

函数返回值的语法格式如下。

```
function 函数名() {
  return 返回值;
}
```

下面通过代码演示函数返回值的使用方法，示例代码如下。

```
function getResult() {
  return 123456;
}
// 通过变量接收返回值
let result = getResult();
console.log(result);          // 输出结果为：123456
// 调用函数并直接输出返回值
console.log(getResult());          // 输出结果为：123456
```

如果 getResult()函数没有使用 return 关键字返回一个值，则调用函数后获取到的返回值为 undefined，示例代码如下。

```
function getResult() {}
// 直接将函数的返回值输出
console.log(getResult());          // 输出结果为：undefined
```

### 9. 分支结构

在由上到下执行代码的过程中，根据不同的条件，可执行不同的代码，从而得到不同的结果，这样的结构就是分支结构。常用的分支结构语句包括 if 单分支语句、if...else 双分支语句和 if...else if...else 多分支语句，具体讲解如下。

（1）if 单分支语句

if 单分支语句只包含一个条件表达式和对应的代码段，其语法格式如下。

```
if ( 条件表达式 ) {
  代码段
}
```

在上述语法格式中，如果条件表达式的值为 true，则执行代码段；如果条件表达式的值为 false，则直接跳过代码段。当代码段中只有一条语句时，"{}"可以省略。

下面通过代码演示 if 单分支语句的使用方法，示例代码如下。

```
let age = 20;
if (age >= 18) {
  console.log('已成年');
}
```

在上述示例代码中，声明了变量 age 并赋值为 20，由于变量 age 的值为 20，20 大于 18，所以条件表达式的值为 true，运行"{}"中的代码段，控制台中的输出结果为"已成年"。如果将上述示例代码中变量 age 的值修改为 13，则条件表达式的值为 false，此时不做任何处理。

（2）if...else 双分支语句

if...else 双分支语句包含两个互斥的条件表达式和对应的代码段。根据条件表达式的值，选择执行不同的代码段。if...else 双分支语句的语法格式如下。

```
if ( 条件表达式 ) {
  代码段 1
```

```
} else {
  代码段 2
}
```

在上述语法格式中，如果条件表达式的值为 true，则执行代码段 1；如果条件表达式的值为 false，则执行代码段 2。

下面通过代码演示 if...else 双分支语句的使用方法，示例代码如下。

```
let age = 12;
if (age >= 18) {
  console.log('已成年');
} else {
  console.log('未成年');
}
```

在上述示例代码中，声明了变量 age 并赋值为 12，由于变量 age 的值为 12，12 小于 18，所以条件表达式的值为 false，运行 else 后"{}"中的代码段，控制台中的输出结果为"未成年"；如果将上述示例代码中变量 age 的值修改为 18，则条件表达式的值为 true，将会在控制台中输出"已成年"。

（3）if...else if...else 多分支语句

if...else if...else 多分支语句包含多个互斥的条件表达式和对应的代码段。根据条件表达式的值，选择执行不同的代码段。if...else if...else 多分支语句的语法格式如下。

```
if ( 条件表达式 1 ) {
  代码段 1
} else if ( 条件表达式 2 ) {
  代码段 2
}
……
else if ( 条件表达式 n ) {
  代码段 n
} else {
  代码段 n+1
}
```

在上述语法格式中，如果条件表达式 1 的值为 true，则执行代码段 1；如果条件表达式 1 的值为 false，则继续判断条件表达式 2 的值，如果条件表达式 2 的值为 true，则执行代码段 2，以此类推。如果所有表达式的值都为 false，则执行最后的 else 后的代码段 n+1。如果最后没有 else，则直接结束。

下面通过代码演示 if...else if...else 多分支语句的使用方法，示例代码如下。

```
let score = 88;
if (score >= 90) {
  console.log('优秀');
} else if (score >= 80) {
  console.log('良好');
} else if (score >= 70) {
  console.log('中等');
} else if (score >= 60) {
  console.log('及格');
} else {
  console.log('不及格');
}
```

在上述示例代码中，声明了变量 score 并赋值为 88，首先判断条件表达式"score >= 90"的值，由于 88 小于 90，所以条件表达式"score >= 90"的值为 false；继续判断条件表达式

"score >= 80" 的值，由于 88 大于 80，所以条件表达式 "score >= 80" 的值为 true，执行 "console.log('良好')" 代码段，最终在控制台中输出结果 "良好"。

### 10. 循环结构

循环结构用于批量操作以实现一段代码的重复执行。JavaScript 提供的循环语句有 for 语句、while 语句和 do...while 语句。下面对这 3 种循环语句进行详细讲解。

（1）for 语句

for 语句适用于循环次数已知的情况，其语法格式如下。

```
for (初始化变量; 条件表达式; 操作表达式) {
    循环体
}
```

针对上述语法格式的介绍如下。

① 初始化变量：初始化一个用于作为计数器的变量，通常使用 let 关键字声明一个变量并赋初始值。

② 条件表达式：用于判断循环是否继续。

③ 操作表达式：通常用于对计数器变量进行更新，是每次循环中最后运行的代码。

下面通过代码演示如何使用 for 语句实现在控制台中输出 0～100 的整数，示例代码如下。

```
for (let i = 0; i <= 100; i++) {
    console.log(i + '<br>');
}
```

在上述示例代码中，"let i = 0" 表示声明计数器变量 i 并赋初始值 0；"i <= 100" 是条件表达式，作为循环的终止条件，当计数器变量 i 小于或等于 100 时，运行循环体中的代码；"i++" 是操作表达式，用于在每次循环中为计数器变量 i 加 1。

（2）while 语句

while 语句可以在条件表达式为 true 的前提下，循环执行指定的一段代码，直到条件表达式为 false 时结束循环，具体语法结构如下。

```
while (条件表达式) {
    循环体
}
```

下面通过代码演示如何使用 while 语句实现在控制台中输出 1～100 的整数，示例代码如下。

```
1   let num = 1;
2   while (num <= 100) {
3       console.log(num);
4       num++;
5   }
```

在上述示例代码中，第 1 行代码用于声明变量 num 并赋值为 1；第 2 行代码中的 "num <= 100" 是循环终止条件；第 3 行代码用于输出变量 num 的值；第 4 行代码用于实现变量 num 的自增操作。

（3）do...while 语句

do...while 语句的功能和 while 语句类似，其区别在于，do...while 语句会无条件地执行一次循环体中的代码，然后判断条件表达式，根据条件表达式的结果决定是否执行循环体；而 while 语句是先判断条件表达式，再根据条件表达式的结果决定是否执行循环体。do...while 语句的语法格式如下。

```
do {
    循环体
} while (条件表达式);
```

在上述语法格式中，首先执行 do 后面"{}"中的循环体，然后判断 while 后面的条件表达式。当条件表达式的值为 true 时，继续执行循环体，否则结束循环。

下面通过代码演示如何使用 do...while 语句实现在控制台中输出 1~100 的整数，示例代码如下。

```
1  let num = 1;
2  do {
3    console.log(num);
4    num++;
5  } while (num <= 100);
```

在上述示例代码中，第 1 行代码用于声明变量 num 并赋值为 1；第 3 行代码用于输出变量 num 的值；第 4 行代码用于实现变量 num 的自增操作；第 5 行代码中的"num <= 100"是用于判断是否继续执行循环体的条件表达式。

### 11. DOM 简介

DOM 是 JavaScript 的组成部分。在网页开发中，DOM 扮演着非常重要的角色。使用 DOM 可以获取元素，操作文档的内容、属性和样式等，从而实现丰富多彩的网页交互效果。

DOM 将整个文档视为树形结构，这个结构被称为文档树。页面中所有的内容在文档树中都表示为节点，所有的节点都会被看作对象，这些对象都拥有属性和方法。文档树示例如图 4-3 所示。

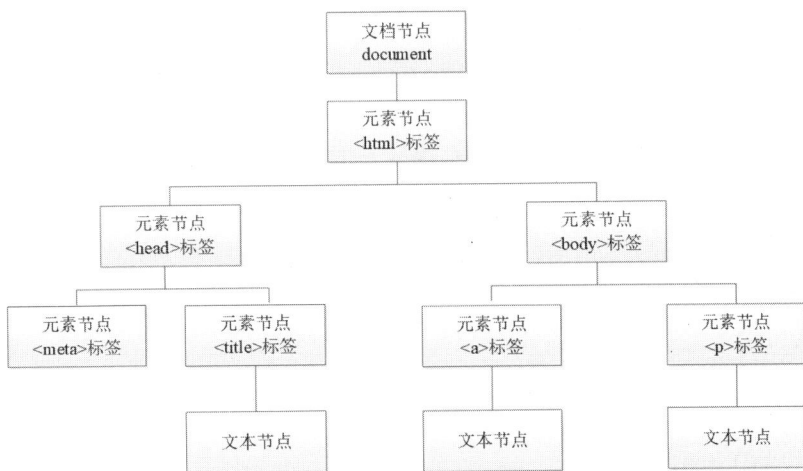

图4-3　文档树示例

图 4-3 展示了文档树中各节点之间的关系。文档节点是整个文档树的根节点，HTML 文档中所有的标签都属于元素节点，标签中包含的文本内容都属于文本节点。

### 12. 获取元素

在使用 DOM 操作元素时，需要先获取到该元素，才能对其进行操作。document 对象提供的用于获取元素的常用方法，如表 4-6 所示。

表 4-6　document 对象提供的用于获取元素的常用方法

| 方法 | 描述 |
| --- | --- |
| getElementById() | 返回拥有指定 id 的第一个元素 |
| getElementsByName() | 返回带有指定名称的元素集合 |
| getElementsByTagName() | 返回带有指定标签名的元素集合 |

续表

| 方法 | 描述 |
|---|---|
| querySelector() | 返回指定 CSS 选择器的第一个元素 |
| querySelectorAll() | 返回指定 CSS 选择器的元素集合 |

### 13. 操作元素

在实际开发中，当获取元素后，还需要对元素进行操作，从而实现页面的改变。下面讲解如何操作元素的内容和样式。

（1）操作元素内容

在实际开发中，当需要修改页面中的内容时，就需要操作元素内容。例如，修改页面中元素的文本内容，或动态生成页面内容等。

下面列举 DOM 提供的操作元素内容的常用属性，如表 4-7 所示。

表 4-7　DOM 提供的操作元素内容的常用属性

| 属性 | 作用 |
|---|---|
| innerHTML | 设置或获取元素开始标签和结束标签之间的 HTML 内容，返回结果包含 HTML 标签，并保留空格和换行 |
| innerText | 设置或获取元素的文本内容，返回结果会去除 HTML 标签和多余的空格和换行，在设置文本内容时会进行特殊字符转义 |
| textContent | 设置或获取元素的文本内容，返回结果会去除 HTML 标签、保留空格和换行 |

表 4-7 中的属性在使用时有一定的区别，innerHTML 属性获取的元素内容包含 HTML 标签；innerText 属性获取的元素内容不包含 HTML 标签；textContent 属性和 innerText 属性相似，都可以用来设置或获取元素的文本内容，并且返回结果会去除 HTML 标签，但是 textContent 属性还可以用于设置或获取占位隐藏元素的文本内容。

（2）操作元素样式

在实际开发中，页面中元素的样式可以通过操作元素的 style 属性实现，示例代码如下。

```
element.style.样式属性 = 样式属性值;          // 设置样式
console.log(element.style.样式属性);          // 获取样式
```

在上述示例代码中，element 表示要操作的元素，使用 element.style 可以设置或获取元素在 HTML 标签内定义的样式，样式属性表示要设置或获取的 CSS 属性的名称，样式属性值表示要设置的属性值。

需要注意的是，样式属性与 CSS 属性相对应，但写法不同。样式属性需要去掉 CSS 属性中的连字符"-"，并将连字符"-"后面的单词首字母大写。例如，设置字号的 CSS 属性为 font-size，对应的样式属性为 fontSize。

下面列举 style 属性中常用的样式属性，如表 4-8 所示。

表 4-8　style 属性中常用的样式属性

| 样式属性 | 作用 |
|---|---|
| background | 设置或获取元素的背景属性 |
| backgroundColor | 设置或获取元素的背景颜色 |
| display | 设置或获取元素的显示类型 |
| fontSize | 设置或获取元素的字号 |
| width | 设置或获取元素的宽度 |

续表

| 样式属性 | 作用 |
|---|---|
| height | 设置或获取元素的高度 |
| left | 设置或获取定位元素的左部位置 |
| listStyleType | 设置或获取列表项目符号的类型 |
| overflow | 设置或获取如何处理呈现在元素外面的内容 |
| textAlign | 设置或获取文本的水平对齐方式 |
| textDecoration | 设置或获取文本的装饰效果 |
| textIndent | 设置或获取文本首行的缩进 |
| border | 设置或获取元素的边框样式、宽度和颜色 |

下面通过代码演示为元素添加样式，示例代码如下。

```
1  <body>
2    <div class="box"></div>
3    <script>
4      let ele = document.querySelector('.box');
5      ele.style.width = '200px';
6      ele.style.height = '100px';
7      ele.style.border = '1px solid #000';
8    </script>
9  </body>
```

在上述示例代码中，第 5~7 行代码用于为获取的 ele 元素添加样式，添加样式后的 ele 元素的代码如下。

```
<div class="box" style="width: 200px; height: 100px; border: 1px solid rgb(0, 0, 0);"></div>
```

**14．事件**

事件是指可以被 JavaScript 侦测到的行为，如单击页面、鼠标指针滑过某个区域等，不同行为对应不同事件，并且每个事件都有对应的事件驱动程序。事件驱动程序由开发人员编写，用于实现由该事件产生的网页交互效果。

事件是一种"触发—响应"机制，行为产生后，对应的事件就会被触发，事件驱动程序就会被调用，从而使网页响应并产生交互效果。

事件有 3 个要素，分别是事件源、事件类型和事件驱动程序，具体解释如下。

① 事件源：承载或触发事件的元素对象。例如，在单击按钮的过程中，按钮就是事件源。

② 事件类型：使网页产生交互效果的行为对应的事件种类。例如，单击事件的事件类型为 click。

③ 事件驱动程序：事件触发后，为了实现相应的网页交互效果而运行的代码。

JavaScript 中常用的事件类型如表 4-9 所示。

表 4-9　JavaScript 中常用的事件类型

| 事件类型 | 描述 |
|---|---|
| click | 单击时触发 |
| mouseover | 鼠标指针移入元素时触发（当前元素与其子元素都触发） |
| mouseout | 鼠标指针移出元素时触发（当前元素与其子元素都触发） |
| mouseenter | 鼠标指针移入元素时触发（子元素不触发） |
| mouseleave | 鼠标指针移出元素时触发（子元素不触发） |

| 事件类型 | 描述 |
| --- | --- |
| mousedown | 鼠标按键被按下时触发 |
| mouseup | 鼠标按键被释放时触发 |
| mousemove | 在元素内当鼠标指针移动时持续触发 |
| blur | 当前元素失去焦点时触发 |
| change | 当前元素失去焦点并且元素内容发生改变时触发 |
| focus | 某个元素获得焦点时触发 |
| reset | 表单被重置时触发 |
| submit | 表单被提交时触发 |
| onload | 页面加载完成时触发 |

### 15. 注册事件

在实际开发中，为了让元素在触发事件时运行特定的代码，需要为元素注册事件。注册事件也称为绑定事件，可以通过事件属性或者 addEventListener()方法来为操作的元素注册事件。下面分别进行讲解。

（1）通过事件属性注册事件

事件属性的命名方式为"on 事件类型"，例如，单击事件类型为 click，对象的事件属性为 onclick。通过事件属性注册事件有两种方式，一种是在标签中注册，另一种是在 JavaScript 中注册。

在标签中注册事件的示例代码如下。

```
<div onclick="">点我</div>
```

在上述示例代码中，在 onclick 属性值中编写事件驱动程序。

在 JavaScript 中注册事件的示例代码如下。

```
element.onclick = function () { };
```

在上述示例代码中，首先通过 onclick 事件属性为 element 元素注册 click 事件，然后编写事件处理函数，并将事件处理函数赋值给 onclick 事件属性。完成上述代码后，当 element 元素触发 click 事件时，事件处理函数就会被执行。

（2）通过 addEventListener()方法注册事件

通过 addEventListener()方法注册事件的语法格式如下。

```
element.addEventListener(type, callback[, capture]);
```

针对上述语法格式的介绍如下。

① type：表示要注册的事件类型，不带 on 前缀。例如，click、mousemove、keydown 等。

② callback：表示事件处理函数，表示事件发生时要执行的函数。

③ capture：可选参数，默认值为 false，表示在事件冒泡阶段完成事件处理；将其设置为 true 时，表示在事件捕获阶段完成事件处理。

通过 addEventListener()方法注册事件时，可以多次调用 addEventListener()方法来为同一个元素注册多个不同类型或相同类型的事件处理函数。另外，可以调用 removeEventListener()方法移除注册的事件，该方法接收与 addEventListener()方法相同的参数。

### 16. Math 对象

在实际开发中，有时需要进行与数学相关的运算，例如获取圆周率、绝对值、最大值、最小值等。为了提高开发效率，可以通过 Math 对象提供的属性和方法，快速完成与数学运算相关的开发需求。

　　Math 对象表示数学对象，用于数学运算，可以直接使用其属性和方法。Math 对象的常用属性和方法如表 4-10 所示。

表 4-10　Math 对象的常用属性和方法

| 属性和方法 | 作用 |
| --- | --- |
| PI | 获取圆周率，结果为 3.141592653589793 |
| abs(x) | 获取 x 的绝对值 |
| max([value1[, value2, ...]]) | 获取所有参数中的最大值 |
| min([value1[, value2, ...]]) | 获取所有参数中的最小值 |
| pow(base, exponent) | 获取基数（base）的指数（exponent）次幂，即 base$^{exponent}$ |
| sqrt(x) | 获取 x 的平方根，若 x 为负数，则返回 NaN |
| ceil(x) | 获取大于或等于 x 的最小整数，即向上取整 |
| floor(x) | 获取小于或等于 x 的最大整数，即向下取整 |
| round(x) | 获取 x 四舍五入后的整数值 |
| random() | 获取大于或等于 0 且小于 1 的随机值 |

　　需要注意的是，round() 方法遵循的计算规则并非传统的四舍五入，而是在遇到 5 时始终选择更大的整数。例如，对于 -2.5，候选整数为 -2 和 -3，其中 -2 更大，因此结果为 -2。

　　下面通过代码演示 Math 对象的使用方法。

　　① 使用 PI 属性获取圆周率，并计算半径为 5 的圆的面积，示例代码如下。

```
console.log(Math.PI * 5 * 5);      // 输出结果为：78.53981633974483
```

　　② 使用 abs() 方法获取数字 -13 的绝对值，示例代码如下。

```
console.log(Math.abs(-13));        // 输出结果为：13
```

　　③ 使用 max() 方法和 min() 方法获取一组数 "8，9，22，18，15" 的最大值和最小值，示例代码如下。

```
console.log(Math.max(8, 9, 22, 18, 15)); // 输出结果为：22
console.log(Math.min(8, 9, 22, 18, 15)); // 输出结果为：8
```

　　④ 使用 pow() 方法获取 3 的 4 次幂，然后使用 sqrt() 方法对其结果求平方根，示例代码如下。

```
let a = Math.pow(3, 4);
console.log(a);                    // 输出结果为：81
console.log(Math.sqrt(a));         // 输出结果为：9
```

　　⑤ 使用 ceil() 方法获取大于或等于 3.1 和 3.9 的最小整数，使用 floor() 方法获取小于或等于 3.1 和 3.9 的最大整数，示例代码如下。

```
console.log(Math.ceil(3.1));       // 输出结果为：4
console.log(Math.ceil(3.9));       // 输出结果为：4
console.log(Math.floor(3.1));      // 输出结果为：3
console.log(Math.floor(3.9));      // 输出结果为：3
```

　　⑥ 使用 round() 方法获取数字 2.1、2.5、2.9、-2.5 和 -2.6 四舍五入后的整数值，示例代码如下。

```
console.log(Math.round(2.1));      // 输出结果为：2
console.log(Math.round(2.5));      // 输出结果为：3
console.log(Math.round(2.9));      // 输出结果为：3
console.log(Math.round(-2.5));     // 输出结果为：-2
console.log(Math.round(-2.6));     // 输出结果为：-3
```

　　⑦ 使用 random() 方法获取大于或等于 0 且小于 1 的随机数，示例代码如下。

```
console.log(Math.random());        // 输出结果为：0.44156518524455257
```

使用 Math 对象可以快速、高效地处理各种数学运算和数据。在实际开发中，我们要学会灵活应用 Math 对象提供的各种数学运算方法，并结合实际开发需求，合理选择和组合使用，以实现最佳效果。同时，我们也需要勇于探索和创新，不断挑战自己，提高自己的技术能力和数学素养，充分发挥求真务实、勇攀科技高峰的精神，提高数据处理效率和准确性，创造出更加有价值和有意义的应用程序。

### 17. &lt;video&gt;标签

&lt;video&gt;标签用于定义网页中的视频，它不仅可以播放视频，还提供了视频控制器，用于实现播放、暂停、进度和音量控制、全屏等功能。

&lt;video&gt;标签的语法格式如下。

```
<video src="视频文件路径" controls>
    浏览器不支持&lt;video&gt;标签。
</video>
```

在上述语法格式中，src 和 controls 是&lt;video&gt;标签的两个基本属性。其中，src 属性用于设置视频文件的路径；controls 属性用于为视频提供播放控件。&lt;video&gt;标签也可以通过 width 和 height 属性设置其宽度和高度。&lt;video&gt;和&lt;/video&gt;之间可以插入文字，用于在浏览器不能支持&lt;video&gt;标签时显示。

当使用&lt;video&gt;标签时，需要注意视频文件的格式问题。目前，大多数浏览器都支持下列 3 种常见的视频格式。

① OGG：带有 Theora 视频编码和 Vorbis 音频编码的 OGG 格式。

② MPEG4：带有 H.264 视频编码和 AAC 音频编码的 MPEG4 格式。

③ WebM：带有 VP8 视频编码和 Vorbis 音频编码的 WebM 格式。

为了避免遇到浏览器不支持的格式导致视频无法播放，HTML5 提供了&lt;source&gt;标签，用于指定多个备用的不同格式的文件路径，其语法格式如下。

```
<video controls>
    <source src="视频文件路径" type="video/格式">
    <source src="视频文件路径" type="video/格式">
    ……
</video>
```

在上述语法格式中，type 属性用于指定视频文件的格式，OGG 格式对应的 type 属性值为 video/ogg，MPEG4 格式对应的 type 属性值为 video/mp4，WebM 格式对应的 type 属性值为 video/webm。

下面通过代码演示如何使用&lt;video&gt;标签，示例代码如下。

```
1  <body>
2      <video src="video/example.mp4" width="300" controls></video>
3  </body>
```

在上述示例代码中，&lt;video&gt;标签的 src 属性用于设置视频文件的路径，width 属性用于设置视频播放器的宽度，controls 属性用于显示浏览器默认的视频控制器，提供播放、暂停、音量控制等功能。

上述示例代码运行后，展示视频的页面效果如图 4-4 所示。

在图 4-4 所示页面中，通过单击视频控制器中的按钮，可以对视频进行暂停、播放等操作。

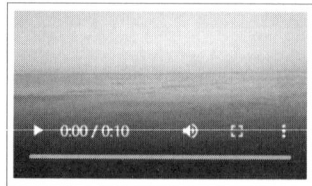

图4-4  展示视频的页面效果

### 18. video 对象

在实际开发中，有时需要通过 JavaScript 控制视频的播放、暂停以及更改播放进度。为此，HTML5 提供了 video 对象，开发者可以通过该对象来操作视频文件。

video 对象的常用属性如表 4-11 所示。

表 4-11　video 对象的常用属性

| 属性 | 说明 |
| --- | --- |
| currentSrc | 返回当前视频的 URL |
| currentTime | 设置或返回视频中的当前播放位置（以秒计） |
| duration | 返回当前视频的长度（以秒计） |
| ended | 返回视频播放是否已结束 |
| error | 返回表示视频错误状态的 MediaError 对象 |
| paused | 设置或返回视频是否暂停 |
| muted | 设置或返回视频是否静音 |
| loop | 设置或返回视频是否应在结束时重新播放 |
| volume | 设置或返回视频的音量 |

video 对象的常用方法如表 4-12 所示。

表 4-12　video 对象的常用方法

| 方法 | 说明 |
| --- | --- |
| play() | 开始播放视频 |
| pause() | 暂停当前播放的视频 |
| load() | 重新加载视频 |

video 对象的常用事件如表 4-13 所示。

表 4-13　video 对象的常用事件

| 事件 | 描述 |
| --- | --- |
| play | 执行方法 play()时触发（开始播放） |
| playing | 正在播放视频时触发 |
| pause | 执行方法 pause()时触发（暂停播放） |
| timeupdate | 播放位置被改变时触发 |
| ended | 播放结束后停止播放时触发 |
| waiting | 等待加载下一帧时触发 |
| ratechange | 当前播放速率改变时触发 |
| volumechange | 音量改变时触发 |
| canplay | 以当前播放速率，在播放期间需要缓冲时触发 |
| canplaythrough | 以当前播放速率，在视频可以正常播放且不需要缓冲停顿时触发 |
| durationchange | 视频播放时长改变时触发 |
| loadstart | 浏览器开始加载媒体数据时触发 |
| progress | 浏览器正在获取媒体文件时触发 |
| suspend | 浏览器暂停获取媒体文件，且文件获取并没有正常结束时触发 |
| abort | 中止获取媒体数据时触发。但这种中止不是由错误引起的 |
| error | 文件加载期间发生错误时触发 |
| emptied | 发生故障或者文件不可用时触发，如网络错误、加载错误等时 |
| stalled | 浏览器尝试获取媒体数据失败时触发 |
| loadedmetadata | 加载完媒体元数据时触发 |
| loadeddata | 加载完当前位置的媒体播放数据时触发 |
| seeking | 浏览器正在请求数据时触发 |
| seeked | 浏览器停止请求数据时触发 |

下面通过代码演示如何使用 video 对象，示例代码如下。

```
1  <body>
2    <video controls width="300" src="video/test.mp4"></video>
3    <button>播放</button>
4    <button>暂停</button>
5    <button>静音</button>
6    <script>
7      let video = document.getElementsByTagName('video')[0];
8      let btn = document.getElementsByTagName('button');
9      btn[0].onclick = function () {
10       video.play();
11     };
12     btn[1].onclick = function () {
13       video.pause();
14     };
15     btn[2].onclick = function () {
16       video.muted = !video.muted;
17     };
18   </script>
19 </body>
```

在上述示例代码中，第 7 行代码用于获取 video 元素；第 8 行代码用于获取 button 元素；第 9~11 行代码用于实现单击"播放"按钮时使视频播放；第 12~14 行代码用于实现单击"暂停"按钮时使视频暂停；第 15~17 行代码用于实现单击"静音"按钮时使视频静音或者取消静音。

上述示例代码运行后，实现通过按钮对视频进行控制的页面效果如图 4-5 所示。

从图 4-5 可以看出，页面中显示了 1 个视频播放器和 3 个按钮。单击"播放"按钮后视频就会开始播放，单击"暂停"按钮可以使视频暂停，单击"静音"按钮可以使视频静音，再次单击"静音"按钮可以取消静音。

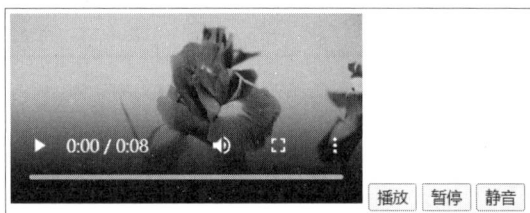

图4-5　实现通过按钮对视频进行控制的页面效果

**项目实现**

根据项目需求实现视频播放器的开发，具体实现步骤如下。

① 创建 D:\code\chapter04 目录，将本章配套源码中的 video 文件夹复制到该目录，并使用 VS Code 编辑器打开该目录。

② 创建 css\video.css 文件，该文件用于保存视频播放器的样式代码。

③ 创建 js\video.js 文件，该文件用于保存视频播放器的逻辑代码。

④ 创建 video.html 文件，编写视频播放器的页面结构并引入 css 目录下的 video.css 文件，以及 js 目录下的 video.js 文件，具体代码如下。

```
1  <!DOCTYPE html>
2  <html>
3  <head>
4    <meta charset="UTF-8">
5    <title>视频播放器</title>
6    <link rel="stylesheet" href="css/video.css">
7  </head>
8  <body>
9    <video id="my_video" src="video/serenity.mp4" width="630" controls></video>
10   <br>
11   <button id="play" onclick="play();">播放</button>
```

```
12    <button onclick="goBack(5);">快进 5 秒</button>
13    <button onclick="goBack(-5);">快退 5 秒</button>
14    <button onclick="volume(0.1);">音量+</button>
15    <button onclick="volume(-0.1);">音量-</button>
16    <button id="mute" onclick="mute();">静音</button>
17    <script src="js/video.js"></script>
18  </body>
19  </html>
```

在上述代码中，第 11～16 行代码定义了一组按钮，每个按钮都注册了 click 事件。

其中，第 11 行代码用于定义"播放"按钮，单击该按钮会调用 play() 函数，根据当前的播放状态来切换视频的播放状态；第 12 行代码用于定义"快进 5 秒"按钮，单击该按钮会调用 goBack() 函数并将参数设置为 5，将视频快进 5 秒；第 13 行代码用于定义"快退 5 秒"按钮，单击该按钮会调用 goBack() 函数并将参数设置为-5，将视频快退 5 秒；第 14 行代码用于定义"音量+"按钮，单击该按钮会调用 volume() 函数并将参数设置为 0.1，将增大视频的音量；第 15 行代码用于定义"音量-"按钮，单击该按钮会调用 volume() 函数并将参数设置为-0.1，将减小视频的音量；第 16 行代码用于定义"静音"按钮，单击该按钮会调用 mute() 函数，根据当前的静音状态来切换视频的静音状态。

⑤ 在 video.css 文件中编写视频播放器中按钮的样式，具体代码如下。

```
1  button {
2    display: inline-block;
3    text-align: center;
4    padding: 6px 28px;
5    border-radius: 20px;
6  }
```

上述代码用于设置按钮的样式，包括将按钮设置为行内块元素、文本居中对齐，以及设置按钮的内边距和圆角边框。

⑥ 在 video.js 文件中编写视频播放器的逻辑代码，实现视频的播放、暂停等功能，具体代码如下。

```
1   let myVideo = document.getElementById('my_video');
2   function play() {
3     let playButton = document.getElementById('play');
4     if (myVideo.paused) {
5       myVideo.play();
6       playButton.innerHTML = '暂停';
7     } else {
8       myVideo.pause();
9       playButton.innerHTML = '播放';
10    }
11  }
```

在上述代码中，第 1 行代码通过 document.getElementById() 方法获取 id 属性值为 my_video 的元素，并将其存储在变量 myVideo 中。第 2～11 行代码定义了 play() 函数，实现切换视频的播放和暂停状态的功能。

其中，第 3 行代码通过 document.getElementById() 方法获取 id 属性值为 play 的按钮元素，并将其存储在 playButton 变量中。

第 4～10 行代码通过 if 语句判断视频是否处于暂停状态，如果视频处于暂停状态（即 myVideo.paused 为 true），那么执行第 5～6 行代码，调用 myVideo.play() 方法开始播放视频，并将按钮的文本内容更改为"暂停"；如果视频没有处于暂停状态（即 myVideo.paused 为 false），那么执行第 8～9 行代码，调用 myVideo.pause() 方法暂停视频的播放，并将按钮的文本内容更改为"播放"。

　　⑦ 在步骤⑥中的第 11 行代码的下方编写逻辑代码，实现快进、快退视频播放位置的功能，具体代码如下。

```
1   function goBack(val) {
2     let newCurrentTime = myVideo.currentTime + val;
3     if (newCurrentTime < 0) {
4       newCurrentTime = 0;
5     }
6     if (newCurrentTime > myVideo.duration) {
7       newCurrentTime = myVideo.duration;
8     }
9     myVideo.currentTime = newCurrentTime;
10  }
```

　　上述代码定义了 goBack() 函数，实现快进、快退视频播放位置的功能，参数 val 表示视频需要快进或快退的秒数。

　　其中，第 2 行代码用于获取视频当前播放位置，然后加上参数 val 的值，并将其存储在 newCurrentTime 变量中，newCurrentTime 变量表示新的播放位置；第 3~5 行代码通过 if 语句判断新的播放位置是否小于 0，如果是，那么将新的播放位置设置为 0，即视频的开始处；第 6~8 行代码通过 if 语句判断新的播放位置是否大于视频的总长度，如果是，那么将新的播放位置设置为视频的总长度，即视频的结尾处；第 9 行代码将视频的播放位置设置为新的播放位置 newCurrentTime。

　　⑧ 在步骤⑦中的第 10 行代码的下方编写逻辑代码，实现音量增大、减小的功能，具体代码如下。

```
1   function volume(val) {
2     let newVolume = myVideo.volume + val;
3     if (newVolume < 0) {
4       newVolume = 0;
5     }
6     if (newVolume > 1) {
7       newVolume = 1;
8     }
9     myVideo.volume = newVolume;
10  }
```

　　上述代码定义了 volume() 函数，用于实现音量增大、减小功能，参数 val 表示要调整的音量的大小。其中，第 2 行代码用于获取当前播放视频的音量，然后加上参数 val 的值，并将其存储在 newVolume 变量中，newVolume 变量表示新的音量；第 3~5 行代码通过 if 语句判断新的音量是否小于 0，如果是，那么将新的音量设置为 0，即静音；第 6~8 行代码通过 if 语句判断新的音量是否大于 1，如果是，那么将新的音量设置为 1，即最大音量；第 9 行代码用于完成音量的设置。

　　⑨ 在步骤⑧中的第 10 行代码的下方编写逻辑代码，实现视频静音、取消静音的功能，具体代码如下。

```
1   function mute() {
2     let muteButton = document.getElementById('mute');
3     if (myVideo.muted) {
4       myVideo.muted = false;
5       muteButton.innerHTML = '静音';
6     } else {
```

```
7        myVideo.muted = true;
8        muteButton.innerHTML = '取消静音';
9    }
10 }
```

上述代码定义了 mute()函数，用于实现视频静音、取消静音的功能。其中，第 2 行代码用于通过 document.getElementById()方法获取 id 属性值为 mute 的元素，并将其存储在 muteButton 变量中。

第 3~9 行代码通过 if 语句判断视频是否处于静音状态。如果视频处于静音状态（myVideo.muted 为 true），执行第 4~5 行代码，将视频的静音状态设置为非静音，并将按钮的文本内容更改为"静音"；如果视频不处于静音状态（myVideo.muted 为 false），执行第 7~8 行代码，将视频的静音状态设置为静音，并将按钮的文本内容更改为"取消静音"。

保存上述代码，在浏览器中打开 video.html 文件，视频播放器的页面效果如图 4-6 所示。

图4-6　视频播放器的页面效果

# 项目 4-2　音频播放器

## 项目需求

音乐被视为情绪的调节器，通过在网页中添加恰到好处的音乐，开发者可以引导用户进入特定的情绪状态，从而增强用户与网页的连接和互动。

音频播放器的具体开发需求如下。

① 音频播放器应提供基本的播放控制功能，如播放、暂停，以及音量控制等。为了使用户能够清晰地了解正在播放的音乐信息，音乐播放器还应显示歌曲名称、歌手名称和进度条等。音频播放器的效果如图 4-7 所示。

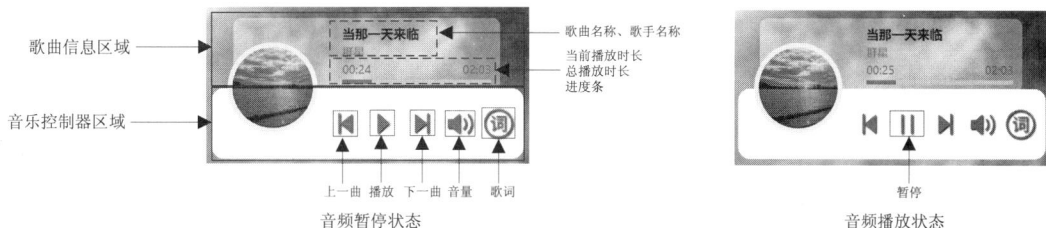

图4-7　音频播放器的效果

② 为了增强音乐的沉浸式体验，音频播放器应具备歌词信息展示功能，使用户在享受音乐的同时，也能够阅读和欣赏歌词。单击"词"按钮，音频播放器中歌词信息展示的效果如图 4-8 所示。

歌词模态框区域

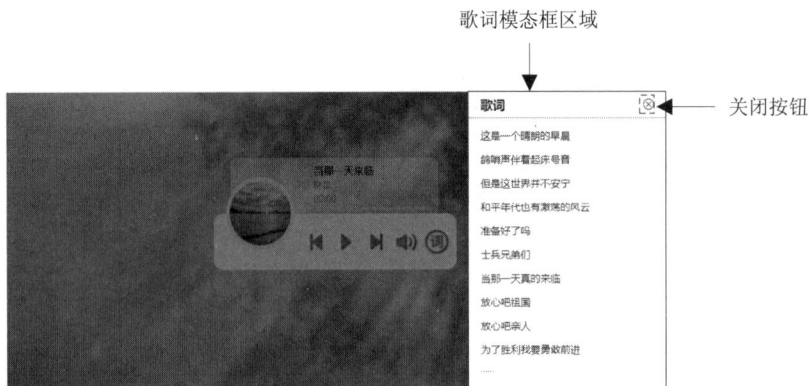

关闭按钮

图4-8　音频播放器中歌词信息展示的效果

## 知识储备

### 1. <audio>标签

<audio>标签用于定义网页中的音频，其使用方法与<video>标签相似，其语法格式如下。

```
<audio src="音频文件路径" controls>
  您的浏览器不支持&lt;audio&gt;标签。
</audio>
```

目前，大多数浏览器都支持下列 3 种常见的音频格式。

● OGG：一种音频压缩格式，使用 Vorbis 音频编码。同等条件下，OGG 格式的音频文件的音质、体积大小优于 MP3 音频格式。

● MP3：一种音频压缩格式，其全称是动态图像专家组音频层面 3（Moving Picture Experts Group Audio Layer Ⅲ），它被用来大幅降低音频数据量。

● WAV：录音时用的标准的 Windows 文件格式，数据本身的编码方式为 PCM（Pulse Code Modulation，脉冲编码调制）或压缩型，属于无损格式。

<audio>标签同样支持引入多个音频文件，使用<source>标签来定义，其语法格式如下。

```
<audio controls>
  <source src="音频文件路径" type="audio/格式">
  <source src="音频文件路径" type="audio/格式">
  ......
</audio>
```

在上述语法格式中，type 属性用于指定音频文件的格式。OGG 格式对应的 type 属性值为 audio/ogg，MP3 格式对应的 type 属性值为 audio/mp3，WAV 格式对应的 type 属性值为 audio/wav。

下面通过代码演示如何使用<audio>标签，示例代码如下。

```
1  <body>
2    <audio src="audio/example.mp3" controls></audio>
3  </body>
```

在上述示例代码中，<audio>标签的 src 属性用于设置音频文件的路径；controls 属性用于显示浏览器默认的音频控制器，提供播放、暂停、显示进度条等功能。

上述示例代码运行后，展示音频的页面效果如图 4-9 所示。

图4-9　展示音频的页面效果

在图 4-9 所示页面中，通过单击音频控制器中的按钮，可以对音频进行暂停、播放等操作。

**2. audio 对象**

在实际开发中，有时需要通过 JavaScript 控制音频的播放、暂停以及更改播放进度等。为此，HTML5 为<audio>标签提供了 audio 对象，开发者可以通过该对象来操作音频文件。

audio 对象与 video 对象的方法和属性基本相同，可以参考项目 4-1 中的"video 对象"的讲解。然而，需要注意的是，<audio>标签不支持使用 width 属性和 height 属性来直接设置音频的宽度和高度。

### 项目实现

根据项目需求实现音频播放器的开发，具体实现步骤如下。

① 将本章配套源码中的 audio 文件夹、iconFont 文件夹复制到 chapter04 目录下，将 css 文件夹中的 audio.css 复制到 chapter04 目录下的 css 文件夹中。audio 文件夹中保存了本章所有的音频素材；iconFont 文件夹中保存了本章所有的字体图标。

② 创建 js\audio.js 文件，该文件用于保存音频播放器的逻辑代码。

③ 创建 audio.html 文件，编写音频播放器的页面结构并引入 css 目录下的 audio.css 文件、iconFont 目录下的 iconfont.css 文件，以及 js 目录下的 audio.js 文件，具体代码如下。

```
1  <!DOCTYPE html>
2  <html>
3  <head>
4    <meta charset="UTF-8">
5    <title>音频播放器</title>
6    <link rel="stylesheet" href="css/audio.css">
7    <link rel="stylesheet" href="iconFont/iconfont.css">
8  </head>
9  <body>
10   <audio id="my_audio" src="audio/song.ogg"></audio>
11   <div class="play-container">
12     <!-- 歌曲信息区域 -->
13     <div class="play-info">
14       <div class="info">
15         <div class="name">当那一天来临</div>
16         <div class="singer">群星</div>
17         <div class="music-progress">
18           <div class="music-progress-top">
19             <span class="current-time">00:00</span>
20             <span class="time">00:00</span>
21           </div>
22           <div class="music-progress-bar">
23             <div class="music-progress-line"></div>
24           </div>
25         </div>
26       </div>
27     </div>
28     <!-- 音乐控制器区域 -->
29     <div class="play-control">
30       <div class="cover">
31         <img src="images/sunshine.jpg" alt="封面图像" width="50">
32       </div>
33       <div class="control">
```

```
34        <button title="上一曲">
35          <span class="iconfont icon-step-backward"></span>
36        </button>
37        <button id="play" title="播放" onclick="togglePlayPause()">
38          <span class="iconfont icon-caret-right"></span>
39        </button>
40        <button title="下一曲">
41          <span class="iconfont icon-step-forward"></span>
42        </button>
43        <button title="音量" id="volume_button">
44          <span class="iconfont icon-shengyin_shiti"></span>
45            <input name="volume" id="volume" class="volume-slider" min="0"
max="1" step="0.1" type="range" onchange="setVolume()">
46        </button>
47        <button title="歌词" onclick="getLyric()">
48          <span class="iconfont icon-geciweidianji"></span>
49        </button>
50      </div>
51    </div>
52  </div>
53  <script src="js/audio.js"></script>
54 </body>
55 </html>
```

在上述代码中，第 13 ~ 27 行代码用于设置歌曲信息区域，包括歌曲名称、歌手名称、当前播放时长、总播放时长和进度条；第 29 ~ 51 行代码用于设置音乐控制器区域，包括一系列按钮，用于控制音乐的上一曲、播放/暂停、下一曲、音量和歌词显示。

④ 在步骤③中的第 52 行代码的下方编写歌词模态框区域的页面结构，具体代码如下。

```
1  <div class="modal" id="modal">
2    <div class="modal-box">
3      <div class="modal-box-top">
4        <div class="modal-title">歌词</div>
5        <div class="modal-close" onclick="closeLyric()">
6          <span class="iconfont icon-guanbi-quxiao-guanbi"></span>
7        </div>
8      </div>
9      <div class="modal-wrapper">
10       <p>这是一个晴朗的早晨</p>
11       <p>鸽哨声伴着起床号音</p>
12       <p>但是这世界并不安宁</p>
13       <p>和平年代也有激荡的风云</p>
14       <p>准备好了吗</p>
15       <p>士兵兄弟们</p>
16       <p>当那一天真的来临</p>
17       <p>放心吧祖国</p>
18       <p>放心吧亲人</p>
19       <p>为了胜利我要勇敢前进</p>
20       <p>……</p>
21     </div>
22   </div>
23 </div>
```

在上述代码中，第 4 行代码用于设置歌词模态框的标题；第 5 ~ 7 行代码用于设置歌词模态框的关闭按钮。

⑤ 在 js\audio.js 文件中编写音频播放器的逻辑代码，实现音频的播放、暂停等功能，

具体代码如下。

```
1    let myAudio = document.getElementById('my_audio');
2    let playButton = document.getElementById('play');
3    function togglePlayPause() {
4      if (myAudio.paused || myAudio.ended) {
5        playButton.title = '暂停';
6        playButton.innerHTML = '<span class="iconfont icon-pause"></span>';
7        myAudio.play();
8      } else {
9        playButton.title = '播放';
10       playButton.innerHTML = '<span class="iconfont icon-caret-right"></span>';
11       myAudio.pause();
12     }
13   }
```

在上述代码中，第 1 行代码用于获取 id 属性值为 my_audio 的元素，并将其存储在
myAudio 变量中；第 2 行代码用于获取 id 属性值为 play 的元素，并将其存储在 playButton
变量中；第 3~13 行代码定义了 togglePlayPause()函数，用于实现切换音频的播放和暂停状
态的功能。

其中，第 4 行代码通过 if 语句判断音频是否处于暂停状态或已经结束。如果是，则执
行第 5~7 行代码，将标题设置为"暂停"，设置一个表示"暂停"的图标并开始播放音频。
否则，执行第 9~11 行代码，将标题设置为"播放"，设置一个表示"播放"的图标并暂停
播放音频。

⑥ 在步骤⑤中的第 13 行代码的下方编写逻辑代码，实现展示、关闭歌词模态框的功
能，具体代码如下。

```
1    let modal = document.getElementById('modal');
2    function getLyric() {
3      modal.style.display = 'block';
4    }
5    function closeLyric() {
6      modal.style.display = 'none';
7    }
```

在上述代码中，第 1 行代码用于获取 id 属性值为 modal 的元素，并将其存储在 modal
变量中；第 2~4 行代码定义了 getLyric()函数，用于实现显示歌词模态框。其中，第 3 行代
码表示将 id 属性值为 modal 的元素显示在页面中；第 5~7 行代码定义了 closeLyric()函数，
用于实现隐藏歌词模态框，其中，第 6 行代码用于将 id 属性值为 modal 的元素隐藏。

⑦ 在步骤⑥中的第 7 行代码的下方编写逻辑代码，实现设置音量
的功能，且当鼠标指针移入音量按钮时，显示音量控制条；当鼠标指针
从音量控制条或音量按钮上移出时，隐藏音量控制条，音量控制条的效
果如图 4-10 所示。

具体代码如下。

图4-10　音量控制条

```
1    let volumeInput = document.getElementById('volume');
2    function setVolume() {
3      myAudio.volume = volume.value;
4    }
5    volumeInput.addEventListener('mouseout', function () {
6      volumeInput.style.display = 'none';
7    });
```

```
8    let volumeButton = document.getElementById('volume_button');
9    volumeButton.addEventListener('mouseover', function () {
10     volumeInput.style.display = 'block';
11   });
12   volumeButton.addEventListener('mouseout', function () {
13     volumeInput.style.display = 'none';
14   });
```

在上述代码中，第 1 行代码用于获取 id 属性值为 volume 的元素，并将其存储在 volumeInput 变量中；第 2～4 行代码定义了 setVolume()函数，用于实现设置音量；第 5～7 行代码用于为 volumeInput 注册鼠标指针移出事件，实现当鼠标指针移出该元素时，将该元素隐藏。

第 8 行代码用于获取 id 属性值为 volume_button 的元素，并将其存储在 volumeButton 变量中；第 9～11 行代码用于注册鼠标指针移入事件，实现当鼠标指针移入元素时，显示元素；第 12～14 行代码用于注册鼠标指针移出事件，实现当鼠标指针移出元素时，隐藏元素。

⑧ 在步骤⑦中的第 14 行代码的下方编写逻辑代码，实现更新当前播放时长和进度条的功能，具体代码如下。

```
1    let musicProgressLine = document.querySelector('.music-progress-line');
2    let currentTime = document.querySelector('.current-time');
3    let time = document.querySelector('.time');
4    function updateTime() {
5      time.innerText = formatTime(myAudio.duration);
6      currentTime.innerText = formatTime(myAudio.currentTime);
7    }
8    function formatTime(time) {
9      let minutes = Math.floor(time / 60).toString().padStart(2, '0');
10     let seconds = Math.floor(time % 60).toString().padStart(2, '0');
11     return minutes + ':' + seconds;
12   }
13   function updateSlider() {
14     musicProgressLine.style.width = (myAudio.currentTime / myAudio.duration) *
100 + '%';
15   }
16   myAudio.addEventListener('timeupdate', function () {
17     updateTime();
18     updateSlider();
19   });
```

在上述代码中，第 1 行代码用于获取具有.music-progress-line 类的元素，并将其存储在 musicProgressLine 变量中；第 2 行代码用于获取具有.current-time 类的元素，并将其存储在 currentTime 变量中；第 3 行代码用于获取具有.time 类的元素，并将其存储在 time 变量中；第 4～7 行代码定义了 updateTime()函数，用于更新总播放时长和当前播放时长。

第 8～12 行代码定义了 formatTime()函数，用于将总播放时长和当前播放时长（以秒为单位）转换为"分钟:秒"的格式，并确保分钟和秒都是两位数。

第 13～15 行代码定义了 updateSlider()函数，用于更新音频播放进度条的滑块长度。通过设置 musicProgressLine.style 的 width 属性来控制滑块长度的变化。滑块长度是根据当前播放时长和总播放时长的比例计算的，以百分比表示。

第 16～19 行代码为 myAudio 注册 timeupdate 事件，实现动态更新总播放时长、当前播放时长和进度条滑块的位置。

保存上述代码，在浏览器中打开 audio.html 文件，音频播放器的初始页面效果如图 4-11 所示。

单击图 4-11 所示的"⊙"按钮，可以查看歌词，如图 4-12 所示。

读者可以单击对应的按钮，进行播放、暂停、音量控制等操作。

图4-11　音频播放器的初始页面效果

图4-12　歌词页面

## 本章小结

本章主要讲解了 JavaScript 和视频、音频。首先讲解了 JavaScript 的相关知识、<video>标签、video 对象，然后讲解了<audio>标签、audio 对象。通过学习本章内容，读者应能够掌握"视频播放器""音频播放器"的制作方法，并能够灵活运用 JavaScript 来实现视频、音频的各种功能。

## 课后习题

### 一、填空题

1. ＿＿＿＿＿标签用于定义网页中的视频。

2. ＿＿＿＿＿标签用于定义网页中的音频。

3. ＿＿＿＿＿指的是程序在内存中申请的一块用来存放数据的空间。

4. <audio>标签支持 3 种格式的视频文件，分别是＿＿＿＿＿、＿＿＿＿＿、＿＿＿＿＿。

5. HTML5 中的＿＿＿＿＿标签用于指定多个不同格式的文件路径，以适配不同浏览器播放的媒体内容。

### 二、判断题

1. video 对象中的 currentTime 属性用于设置或返回视频中的当前播放位置。（　　　）

2. 在网页中插入音频，当音量改变时会触发 volumechange 事件。（　　　）

3. video 对象中的 pause()方法用于重新加载视频。（　　　）

4. innerHTML 属性获取的元素内容不包含 HTML 标签。（　　　）

5. 在网页中插入视频，当视频播放时长改变时会触发 durationchange 事件。（　　　）

### 三、选择题

1. 下列<video>标签的常用属性中，用于设置视频文件路径的是（　　　）。

A. src　　　　　　　　B. width　　　　　　　C. height　　　　D. controls

2. 下列 video 对象的常用属性中，用于返回当前视频长度的是（　　　）。

A. currentSrc      B. duration      C. ended      D. muted

3. 下列关于 video 对象的常用属性的描述，错误的是（    ）。

A. loop 属性用于设置或返回视频是否应在结束时重新播放

B. paused 属性用于设置或返回视频是否暂停

C. muted 属性用于设置或返回视频是否静音

D. volume 属性用于返回当前视频的长度

4. 下列选项中，在网页中插入视频，当播放结束后停止播放时会触发的事件是（    ）。

A. currentSrc      B. duration      C. ended      D. muted

5. 下列 video 对象的常用方法中，用于开始播放视频的是（    ）。

A. pause()      B. play()      C. addTextTrack()      D. load()

**四、简答题**

请简述 video 对象的常用方法及作用。

**五、操作题**

编写 JavaScript 代码实现对音频的操作，具体如下。

① 单击"播放"按钮后音频开始播放。

② 单击"暂停"按钮可以使音频暂停。

③ 单击"静音"按钮可以使音频静音，再次单击"静音"按钮可以取消静音。

通过 JavaScript 代码实现对音频的操作的页面效果如图 4-13 所示。

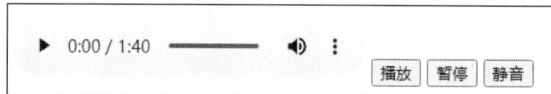

图4-13　通过JavaScript代码实现对音频的操作的页面效果

# 第 **5** 章

# 阶段项目——在线学习平台

## 学习目标

| 知识目标 | • 熟悉项目分析，能够归纳首页包含的内容<br>• 熟悉项目目录结构，能够说明项目中各个目录和文件的作用 |
|---|---|
| 技能目标 | • 掌握快捷导航模块的制作方法，能够完成快捷导航模块的开发<br>• 掌握导航栏模块的制作方法，能够完成导航栏模块的开发<br>• 掌握侧边导航栏模块的制作方法，能够完成侧边导航栏模块的开发<br>• 掌握轮播图模块的制作方法，能够完成轮播图模块的开发<br>• 掌握精品书籍推荐模块的制作方法，能够完成精品书籍推荐模块的开发<br>• 掌握版权声明模块的制作方法，能够完成版权声明模块的开发 |

通过前面的学习，相信读者已经具备了一定的网页开发能力。为了帮助读者更深入地理解和运用所学知识，本章将引领读者综合运用已学内容，开发一个名为"在线学习平台"的项目。

## 任务 5-1　项目开发准备

### 项目分析

随着社会和科技的不断发展，人们的学习方式也越来越多样化。人们可以选择适合自己的学习方式，例如传统的面对面课堂、在线学习平台、自主学习、实践项目等。本项目是一个名为"在线学习平台"的项目，旨在为用户提供一个便捷的在线学习环境。该平台提供了丰富的书籍资源，以帮助用户更高效地学习和掌握知识。通过在线学习平台，用户可以随时随地沉浸在知识的海洋中，不断探索、成长，实现自我提升的目标。

在线学习平台首页主要包括快捷导航模块、导航栏模块、侧边导航栏模块、轮播图模块、精品书籍推荐模块和版权声明模块。由于首页比较长，下面将首页分为上半部分、中间部分和下半部分进行介绍。

首页上半部分的页面效果如图 5-1 所示。

首页中间部分的页面效果如图 5-2 所示。

首页下半部分的页面效果如图 5-3 所示。

图5-1　首页上半部分的页面效果

图5-2　首页中间部分的页面效果

图5-3　首页下半部分的页面效果

## 项目目录结构

为了方便读者学习本项目，下面展示在线学习平台的目录结构，如图 5-4 所示。

在图 5-4 中，各个目录和文件的具体说明如下。

① css：用于存放 CSS 文件的目录。在该目录下有 5 个文件，分别为 common.css、

header.css、togglePicture.css、goods.css 和 footer.css，这 5 个文件的说明如下。

- common.css 文件用于保存公共样式。
- header.css 文件用于保存快捷导航模块和导航栏模块的样式。
- togglePicture.css 文件用于保存侧边导航栏模块和轮播图模块的样式。
- goods.css 文件用于保存精品书籍推荐模块的样式。
- footer.css 文件用于保存版权声明模块的样式。

② images：用于存放图像文件的目录。

图5-4 在线学习平台的目录结构

③ js：用于存放 JavaScript 文件的目录。在该目录下有 2 个文件，分别为 goods. js 和 togglePicture.js，这 2 个文件的说明如下。

- goods. js 文件用于定义书籍列表数据，并实现在页面中渲染书籍列表。
- togglePicture.js 文件用于实现轮播图像的切换。

④ index.html：项目的首页文件。

# 任务 5-2　快捷导航模块

### 任务需求

快捷导航模块用于提供快捷导航链接，方便用户访问常用功能。该模块包含登录、注册、我的订单、帮助中心、在线客服、手机版等导航链接。快捷导航模块的效果如图 5-5 所示。

图5-5　快捷导航模块的效果

### 任务实现

读者可以扫描二维码查看实现快捷导航模块的详细讲解。

# 任务 5-3　导航栏模块

### 任务需求

导航栏模块用于展示 Logo 图像、导航链接和搜索框。导航栏模块的效果如图 5-6 所示。

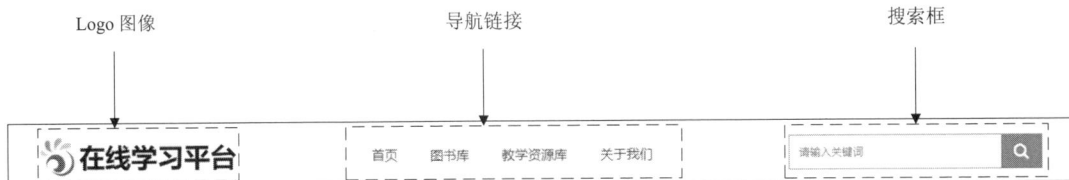

图5-6　导航栏模块的效果

### 任务实现

读者可以扫描二维码查看实现导航栏模块的详细讲解。

## 任务 5-4　侧边导航栏模块

### 任务需求

侧边导航栏模块用于展示侧边导航链接。侧边导航栏模块的效果如图 5-7 所示。

### 任务实现

读者可以扫描二维码查看实现侧边导航栏模块的详细讲解。

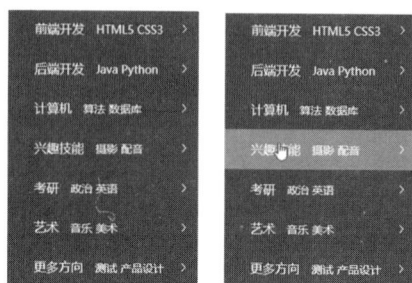

初始效果　　　鼠标指针移入的效果

图5-7　侧边导航栏模块的效果

## 任务 5-5　轮播图模块

### 任务需求

在网站设计中，通过轮播图能够在限定的空间范围内实现多张图像的展示，从而高效地将商品或活动信息传递给用户。这种设计方式不仅能有效吸引用户的关注，更能激发用户的探索欲望，引导用户进行更深入的互动，从而提升网站的整体效果和用户的参与度。

轮播图模块的效果如图 5-8 所示。

单击图 5-8 所示轮播图模块中的左箭头按钮 "◁" 和右箭头按钮 "▷"，可以进行图像切换。

图5-8　轮播图模块的效果

### 任务实现

读者可以扫描二维码查看实现轮播图模块的详细讲解。

## 任务 5-6　精品书籍推荐模块

### 任务需求

精品书籍推荐模块用于展示精选的书籍的封面和名称。精品书籍推荐模块的效果如图 5-9 所示。

精品书籍推荐　　　　　　　　　　　　　　　　　　　　　　　　　查看全部 ›

图5-9　精品书籍推荐模块的效果

### 任务实现

读者可以扫描二维码查看实现精品书籍推荐模块的详细讲解。

## 任务 5-7　版权声明模块

### 任务需求

版权声明模块用于展示网站的服务信息，例如资源、活动、友情链接，还提供了关于我们、帮助中心、售后服务等底部链接。版权声明模块的效果如图 5-10 所示。

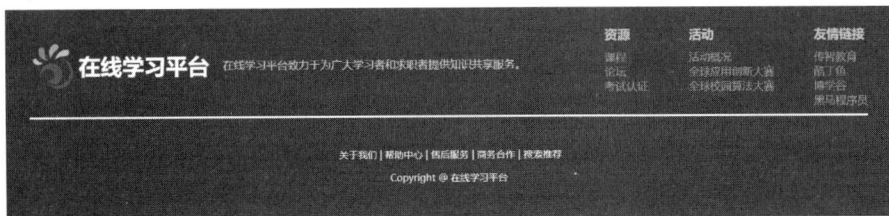

图5-10　版权声明模块的效果

### 任务实现

读者可以扫描二维码查看实现版权声明模块的详细讲解。

## 本章小结

本章介绍了"在线学习平台"中快捷导航模块、导航栏模块、侧边导航栏模块、轮播图模块、精品书籍推荐模块和版权声明模块的开发。通过对本章的学习，读者应该可以掌握"在线学习平台"项目的功能开发，能够根据实际需要调整项目功能。

# 第 **6** 章

# Canvas绘图与CSS动画

| | |
|---|---|
| 知识目标 | • 了解什么是画布，能够说出网页中画布的作用<br>• 掌握画布的使用方法，能够创建画布、获取画布以及准备画笔<br>• 掌握线条的绘制方法，能够根据实际需求完成线条的绘制<br>• 掌握线条样式的设置方法，能够灵活地设置线条的宽度、描边颜色和端点形状<br>• 掌握路径重置与闭合的设置方法，能够重置路径和闭合路径<br>• 掌握填充路径的设置方法，能够填充路径<br>• 掌握文本的绘制方法，能够根据实际需求完成文本的绘制<br>• 掌握圆或弧线的绘制方法，能够绘制圆或弧线<br>• 掌握过渡属性的使用方法，能够实现元素在不同状态下平滑的样式变换<br>• 掌握变形的方法，能够实现元素的平移、缩放、倾斜和旋转等效果<br>• 掌握动画属性的使用方法，能够实现丰富的动画效果 |
| 技能目标 | • 掌握水果销量饼图页面的制作方法，能够完成水果销量饼图页面的开发<br>• 掌握鲜花列表页面的制作方法，能够完成鲜花列表页面的开发<br>• 掌握课程宣传页面的制作方法，能够完成课程宣传页面的开发 |

HTML5 提供了一个全新的 Canvas（画布）功能，使用它，用户可以在网页中绘制丰富多彩的图形。通过 HTML5 的 Canvas 功能，可以创建各种数据可视化图表、图形等。此外，CSS3 提供了强大的动画功能，可以为网页增添生动形象和引人关注的动画效果。本章将详细讲解 HTML5 中的 Canvas 绘图功能和 CSS 动画技术的应用。

## 项目 6-1　水果销量饼图页面

### 项目需求

小刘是一位经营多家水果店的老板，为了更好地了解消费者的偏好并优化供应销售策略，小刘经常在季节交替时分析店铺内水果的销售情况。为此，他希望绘制一张饼图，以展示店铺中夏季部分水果的销量占比情况。该店铺夏季部分水果的销量报表如表 6-1 所示。

表 6-1　部分水果的销量报表（单位：kg）

| 苹果 | 西瓜 | 葡萄 |
| --- | --- | --- |
| 350 | 200 | 450 |

根据表 6-1 所示的销量报表，可以计算出苹果的销量占比为 35%，西瓜的销量占比为 20%，葡萄的销量占比为 45%。

本项目需要基于上述需求实现水果销量饼图页面的开发，水果销量饼图页面效果如图 6-1 所示。

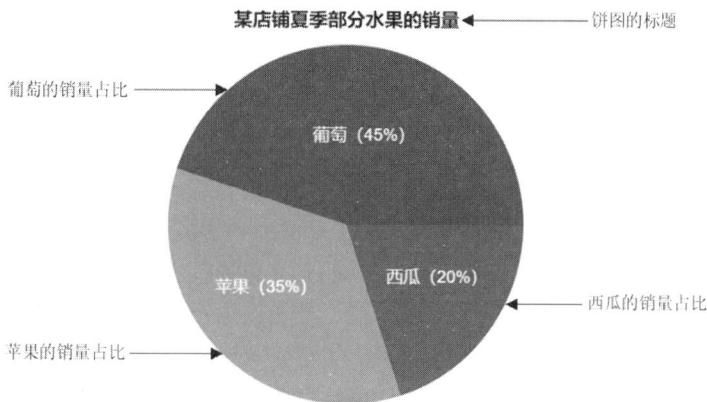

图6-1　水果销量饼图页面效果

## 知识储备

### 1. 认识画布

说到画布，也许大家并不陌生，在美术课上，它是绘画和涂鸦的主要工具。画架上的画布如图 6-2 所示。

在网页设计中，画布也扮演了相似的角色，它是专门用于绘制和展示特定样式效果的一个特殊区域。

网页中的画布是一块矩形区域，默认情况下，该区域的宽度为 300px、高度为 150px，用户可以自定义画布的大小或其他属性和样式来改变画布的外观和行为。

值得一提的是，与绘制在纸上的方式不同，在网页中的画布绘画是通过 JavaScript 来控制画布中的内容，例如绘制图像、绘制线条、添加文字等。

图6-2　画架上的画布

### 2. 使用画布

在网页中，画布并不是默认存在的。要使用画布进行绘图，首先需要创建画布，然后获取画布，最后准备画笔，以便在画布上进行绘图操作。下面将分步骤讲解使用画布的方法。

（1）创建画布

在 HTML 文件中使用<canvas>标签创建画布。创建画布的语法格式如下。

```
<canvas id="画布名称" width="数值" height="数值"></canvas>
```

在上述语法格式中，<canvas>标签用于创建画布，id 属性用于指定画布的唯一标识符。<canvas>标签是一个双标签，在</canvas>标签之前，可以添加用于在不支持<canvas>标签的浏览器中显示的替代信息，如"您的浏览器不支持 Canvas。"。画布具有 width 和 height 两个属性，分别用于定义画布的宽度和高度。

创建的画布是透明的，没有任何样式，可以使用 CSS 为其设置边框、背景等。需要注意的是，设置画布的宽度和高度时，尽量不要使用 CSS 样式，否则可能使画布中的图案变形。

（2）获取画布

要想通过 JavaScript 控制画布，首先要获取画布。使用 getElementById()方法可以获取画布对象。例如，获取 id 属性值为 cavs 的画布，示例代码如下。

```
let canvas = document.getElementById('cavs');
```

在上述示例代码中，通过 getElementById()方法获取 id 属性值为 cavs 的画布，同时将获取到的画布对象存储在变量 canvas 中。

（3）准备画笔

在开始绘图之前，需要获取一个绘制环境，即画笔。在画布中，这个画笔被表示为一个上下文对象，通常被称为 context 对象，可以通过画布对象的 getContext()方法获取。该方法的参数取值为 2d 或 webgl，其中 2d 表示二维绘图的画笔，webgl 表示三维绘图的画笔。本书主要讲解二维绘图，不涉及三维绘图。

在 JavaScript 中，通常会定义一个变量来存储获取到的 context 对象。例如，可以将获取到的 context 对象存储在变量 context 中，示例代码如下。

```
let context = canvas.getContext('2d');
```

### 3. 绘制线条

线条是所有复杂图形的基础组成部分，想要绘制复杂的图形，首先要从绘制线条开始。在绘制线条之前，要了解线条的组成。一条简单的线条由 3 部分组成，分别是初始位置、连线端点以及描边，如图 6-3 所示。

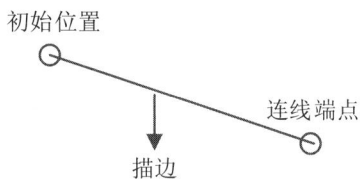

图6-3　线条的组成

下面对图 6-3 所示的线条的组成进行介绍。

（1）初始位置

在绘制图形时，首先需要确定从哪里下"笔"，这个下"笔"的位置就是初始位置。在平面中，初始位置可以通过坐标(x, y)表示。在画布中从左上角坐标(0, 0)开始，x 轴向右增大，y 轴向下增大，画布坐标轴示意如图 6-4 所示。

在画布中，可以使用 moveTo(x, y)方法将绘制图形的初始位置移动到指定的坐标位置。其中，x 表示 x 轴上的位置，y 表示 y 轴上的位置，两者使用"，"进行分隔。x 和 y 的取值为数字，表示像素值。

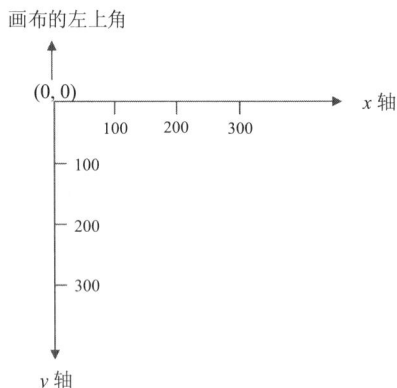

图6-4　画布坐标轴示意

例如，将绘制图形的初始位置移动到横坐标 50px 和纵坐标 50px 处，示例代码如下。

```
let cavs = document.getElementById('cavs');
let context = cavs.getContext('2d');
context.moveTo(50, 50);
```

在上述示例代码中，moveTo(50,50)方法表示将绘制图形的初始位置移动到横坐标 50px

和纵坐标 50px 的位置。需要注意的是，moveTo(x, y)方法仅表示移动到指定的坐标位置，并不会绘制线条。

（2）连线端点

连线端点用于定义一个端点，并绘制一条从该端点到初始位置的连线。可以使用画布中的 lineTo(x, y)方法设置连线端点。和初始位置类似，连线端点也需要定义 x 和 y 的坐标位置。

例如，将绘制图形的连线端点设置为横坐标 100px 和纵坐标 100px，示例代码如下。

```
context.lineTo(100, 100);
```

（3）描边

通过初始位置和连线端点可以绘制一条线，但这条线并不能被看到。这时需要为线条添加描边，让线条变得可见。使用画布中的 stroke()方法可以实现线条的可视化。例如为线条描边的示例代码如下。

```
context.stroke();
```

在上述示例代码中，stroke()方法的小括号中不需要加入任何内容。

下面演示如何绘制一条直线，示例代码如下。

```
1  <body>
2    <canvas id="cavs" width="200" height="200">
3      您的浏览器不支持 Canvas。
4    </canvas>
5    <script>
6      let canvas = document.getElementById('cavs');
7      let context = canvas.getContext('2d');
8      canvas.style.border = '1px solid #000';
9      context.moveTo(5, 100);
10     context.lineTo(150, 100);
11     context.stroke();
12   </script>
13 </body>
```

在上述示例代码中，第 2~4 行代码使用<canvas>标签创建画布；第 8 行代码为 canvas 元素设置了一个宽度为 1px、颜色为#000 的实线边框；第 9~11 行代码通过初始位置、连线端点和描边绘制了一条直线。

上述示例代码运行后，会在页面上显示一条黑色的直线，绘制线条的效果如图 6-5 所示。

从图 6-5 可以看出，在画布中成功绘制了一条直线。

**4．线条的样式**

在画布中，线条的默认颜色为黑色、宽度为 1px，但可以使用相应的属性为线条添加不同的样式。下面将从宽度、描边颜色、端点形状 3 方面详细讲解线条样式的设置方法。

图6-5  绘制线条的效果

（1）宽度

线条的宽度可以使用画布中的 lineWidth 属性进行设置，该属性值为一个不带单位的数值，表示以 px 为单位的宽度。例如，设置线条的宽度为 5px，示例代码如下。

```
context.lineWidth = 5;
```

（2）描边颜色

线条的描边颜色可以使用画布中的 strokeStyle 属性进行设置，该属性的取值为十六进制颜色值或颜色的英文单词。例如，使用十六进制颜色值设置线条的描边颜色为蓝色，示

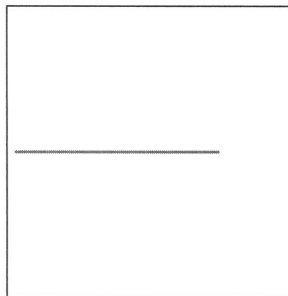

例代码如下。

```
context.strokeStyle = '#00f';
```

下面使用颜色的英文单词设置线条的描边颜色为蓝色，示例代码如下。

```
context.strokeStyle = 'blue';
```

在上述示例代码中，两种方式都可以实现将线条的描边颜色设置为蓝色。在使用时，根据需要选择一种即可。

需要注意的是，strokeStyle 属性必须写在 stroke()方法的前面，以确保所绘制的线条具有所需的描边颜色。

（3）端点形状

线条的端点形状可以使用画布中的 lineCap 属性进行设置。使用 lineCap 属性设置线条的端点形状的语法格式如下。

```
lineCap = '属性值';
```

在上述语法格式中，lineCap 属性的取值有 3 个，具体如表 6-2 所示。

表 6-2　lineCap 属性值

| 属性值 | 显示效果 |
| --- | --- |
| butt（默认值） | 默认效果，无端点，显示直线方形边缘 |
| round | 显示圆形端点 |
| square | 显示方形端点 |

表 6-2 所示的属性值对应的显示效果如图 6-6 所示。

在图 6-6 中，从上到下依次有 3 条线。其中，第二条线和第三条线长度相同，不同之处在于第二条线的端点为圆形，而第三条线的端点为方形；而第一条线没有端点，但是边缘默认为方形，而第三条线有额外的端点，也是方形，所以第三条线比第一条线长。

图6-6　lineCap属性值对应的显示效果

需要注意的是，在设置 lineCap 属性前，确保已经设置了 lineWidth 属性，否则可能会出现设置失败的情况。

**5. 路径**

在画布中绘制的所有图形都会形成路径，通过初始位置和连线端点便会形成一条绘制路径。路径的状态包括重置路径和闭合路径两种，具体介绍如下。

（1）重置路径

在同一画布中，添加再多的连线端点也只能有一条路径，如果想要开始新的路径，就需要使用 beginPath()方法。beginPath()方法可以使路径重新开始，即重置路径。

下面演示如何绘制两条不同颜色的线条，示例代码如下。

```
1   <body>
2     <canvas id="cavs" width="200" height="200">
3       您的浏览器不支持 Canvas。
4     </canvas>
5     <script>
6       let context = document.getElementById('cavs').getContext('2d');
7       context.lineWidth = 5;              // 设置线条的宽度为 5px
8       // 绘制一条红色的线条
9       context.lineCap = 'round';         // 设置线条的端点形状为圆形
10      context.moveTo(30, 70);            // 设置初始位置
11      context.lineTo(170, 70);           // 设置连线端点
```

```
12      context.strokeStyle = 'red';        // 设置线条的描边颜色为红色
13      context.stroke();                   // 描边
14      context.beginPath();                // 重置路径
15      // 绘制一条蓝色的线条
16      context.lineCap = 'square';         // 设置线条的端点形状为方形
17      context.moveTo(30, 90);             // 设置初始位置
18      context.lineTo(170, 90);            // 设置连线端点
19      context.strokeStyle = 'blue';       // 设置线条的描边颜色为蓝色
20      context.stroke();                   // 描边
21    </script>
22  </body>
```

在上述示例代码中，首先绘制了一个红色线条，然后通过调用 beginPath()方法重置了路径，这样在绘制蓝色线条时不会影响之前已经绘制的红色线条。

上述示例代码运行后，会在页面上显示一条红色线条和一条蓝色线条，并且分别设置了线条的端点形状为圆形和方形。绘制两条不同颜色线条的效果如图 6-7 所示。

（2）闭合路径

闭合路径就是将绘制中的开放路径进行封闭处

图6-7　绘制两条不同颜色线条的效果

理，形成一个闭合的形状。在画布中，使用 closePath()方法可以将路径的起点和终点连接起来，从而确保路径闭合。需要注意的是，closePath()方法应该写在 stroke()方法的前面，即先闭合路径再进行描边。

下面演示如何绘制直角三角形，示例代码如下。

```
1   <body>
2     <canvas id="cavs" width="400" height="400">
3       您的浏览器不支持 Canvas。
4     </canvas>
5     <script>
6       let context = document.getElementById('cavs').getContext('2d');
7       context.moveTo(100, 100);       // 设置初始位置
8       context.lineTo(300, 300);       // 设置连接端点
9       context.lineTo(100, 300);       // 设置连接端点
10      context.strokeStyle = '#00F';// 设置线条的描边颜色为蓝色
11      context.closePath();            // 闭合路径
12      context.stroke();               // 描边
13    </script>
14  </body>
```

在上述示例代码中，首先通过调用 moveTo()方法设置初始位置为(100, 100)，然后调用 lineTo()方法依次设置了 2 个连线端点，分别为(300, 300)和(100, 300)，形成了一个封闭的路径，即三角形的轮廓。最后，通过设置 strokeStyle 属性指定描边的颜色为蓝色，调用 closePath()方法闭合路径，再调用 stroke()方法进行描边，就能成功地绘制出一个蓝色的直角三角形。

上述示例代码运行后，会在页面上显示一个空心的蓝色直角三角形。绘制的空心直角三角形效果如图 6-8 所示。

### 6. 填充路径

当闭合路径后，得到的是一个只有边框的空心图形，此时可以使用画布中的 fill()方法填充路径。

默认填充路径的颜色为黑色，可以使用 fillStyle 属性来更改填

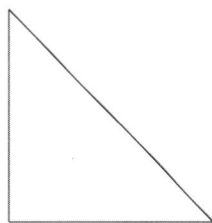

图6-8　绘制的空心直角
三角形效果

充颜色。fillStyle 属性的取值可以为十六进制颜色值或颜色的英文单词。例如，使用十六进制颜色值设置路径的填充颜色为蓝色，示例代码如下。

```
context.fillStyle = '#00f';
```

使用颜色的英文单词设置路径的填充颜色为蓝色，示例代码如下。

```
context.fillStyle = 'blue';
```

以上两种方式都可以实现将路径的填充颜色设置为蓝色。在使用时，根据需要选择一种即可。

需要注意的是，fillStyle 属性必须写在 fill() 方法的前面，以确保所绘制的图形具有所需的填充颜色。

下面通过代码演示如何绘制实心的直角三角形，示例代码如下。

```
1   <body>
2     <canvas id="cavs" width="400" height="400">
3       您的浏览器不支持 Canvas.
4     </canvas>
5     <script>
6       let context = document.getElementById('cavs').getContext('2d');
7       context.moveTo(100, 100);              // 设置初始位置
8       context.lineTo(300, 300);              // 设置连接端点
9       context.lineTo(100, 300);              // 设置连接端点
10      context.fillStyle = 'blue';            // 设置填充颜色为蓝色
11      context.fill();                        // 填充路径
12    </script>
13  </body>
```

上述示例代码运行后，会在页面上显示一个实心的蓝色直角三角形。绘制的实心直角三角形效果如图 6-9 所示。

**7. 绘制文本**

在画布中，使用 fillText() 方法可以绘制文本。fillText() 方法的语法格式如下。

```
fillText(文本, x, y, 文本的最大宽度);
```

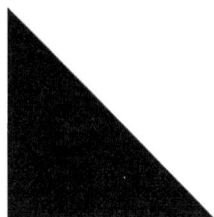

图6-9　绘制的实心直角
三角形效果

在上述语法格式中，各参数使用 ","分隔，对各参数的解释如下。

① 文本：表示要绘制的文本内容。

② x：表示文本的起始横坐标。

③ y：表示文本的起始纵坐标。

④ 文本的最大宽度：可选，用于指定文本的最大宽度。当文本的宽度超出指定的最大宽度时，文本会自动换行。如果不指定该参数，则文本不会换行。

若要在绘制文本时修改字体样式，可以使用 font 属性，该属性的使用方法与 CSS font 属性相同。若要设置文本的对齐方式，可以使用 textAlign 属性和 textBaseline 属性，下面讲解这两个属性的用法。

① textAlign 属性用于设置文本的水平对齐方式，常见的取值有 left、center 和 right，分别表示文本左对齐、文本水平居中对齐和文本右对齐。

② textBaseline 属性用于设置文本的垂直对齐方式，常见的取值有 top、middle 和 bottom，分别表示文本顶部对齐、文本垂直居中对齐和文本底部对齐。

例如，设置文本水平且垂直居中对齐，示例代码如下。

```
context.textAlign = 'center';
context.textBaseline = 'middle';
```

下面通过案例演示如何绘制 "一寸光阴一寸金, 寸金难买寸光阴。" 文本, 示例代码如下。

```
1  <body>
2    <canvas id="cavs" width="300" height="100">
3      您的浏览器不支持 Canvas。
4    </canvas>
5    <script>
6      let context = document.getElementById('cavs').getContext('2d');
7      context.font = 'bold 26px SimSun';
8      context.fillStyle = 'red';
9      context.fillText('一寸光阴一寸金, 寸金难买寸光阴。', 50, 50, 200);
10   </script>
11 </body>
```

在上述示例代码中, 第 7 行代码用于设置字体为粗体、字号为 26px, 并使用 SimSun 字体; 第 9 行代码用于设置文本内容为 "一寸光阴一寸金, 寸金难买寸光阴。", 文本的起始坐标为(50, 50), 文本的最大宽度为 200。

上述示例代码运行后, 会在页面上显示一行文本, 绘制的文本效果如图 6-10 所示。

一寸光阴一寸金, 寸金难买寸光阴。

图6-10　绘制的文本效果

### 8. 绘制圆或弧线

在画布中, 使用 arc() 方法可以绘制圆或弧线。arc() 方法的语法格式如下。

```
arc(x, y, r, 开始角, 结束角, 方向);
```

在上述语法格式中, 对各参数的解释如下。

① x 和 y: 表示圆心在 $x$ 轴和 $y$ 轴的坐标位置, 取值为数字, 用于确定圆形或弧线的位置。

② r: 表示圆或弧线的半径, 用于确定图形的大小。

③ 开始角: 表示初始弧的位置, 通常使用弧度来表示。弧度通过数值和 Math.PI(圆周率)的乘积来表示。1*Math.PI 等于 180°, 1.5*Math.PI 等于 270°。

④ 结束角: 表示结束弧的位置, 和开始角的设置方式一致。开始角为 0° 和结束角为 270° 的弧的位置如图 6-11 所示。

⑤ 方向: 表示绘制方向, 分为顺时针方向和逆时针方向, 当取值为 false 时表示顺时针方向, 当取值为 true 时表示逆时针方向。默认值为 false。

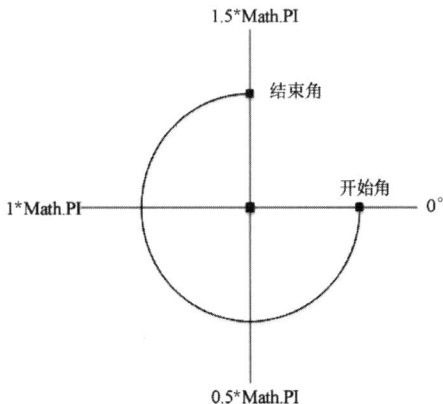

图6-11　开始角为0°和结束角为270°的弧的位置

### 项目实现

根据任务需求实现水果销量饼图页面的开发, 具体实现步骤如下。

① 创建 D:\code\chapter06 目录, 并使用 VS Code 编辑器打开该目录。

② 创建 pie.html 文件, 编写页面结构, 具体代码如下。

```
1  <!DOCTYPE html>
2  <html>
3  <head>
4    <meta charset="UTF-8">
5    <title>饼图</title>
6  </head>
7  <body>
```

```
8     <canvas id="cavs" width="400" height="500">
9         您的浏览器不支持 Canvas。
10    </canvas>
11  </body>
12  </html>
```

在上述代码中，通过<canvas>标签创建了 id 属性值为 cavs 的画布，并为画布设置了宽度和高度。

③ 在步骤②中的第 10 行代码的下方编写逻辑代码，获取画布并设置画笔，具体代码如下。

```
1   <script>
2     let canvas = document.getElementById('cavs');
3     let context = canvas.getContext('2d');
4   </script>
```

在上述代码中，第 2 行代码用于获取 id 属性值为 cavs 的画布对象，同时将获取到的画布对象存储在变量 canvas 中；第 3 行代码用于将获取到的 context 对象存储在变量 context 中。

④ 在步骤③中的第 3 行代码的下方编写逻辑代码，绘制饼图的标题，具体代码如下。

```
1   const title = '某店铺夏季部分水果的销量';
2   context.fillStyle = 'black';
3   context.font = 'bold 20px Arial';
4   context.textAlign = 'center';
5   context.fillText(title, canvas.width / 2, 40);
```

在上述代码中，第 4 行代码使用 textAlign 属性设置文字水平居中对齐；第 5 行代码使用 fillText()方法设置文本的内容为 title 变量的值，即"某店铺夏季部分水果的销量"，文本的起始横坐标为画布宽度的一半、纵坐标为 40px。

保存上述代码，在浏览器中打开 pie.html 文件，绘制的标题效果如图 6-12 所示。

⑤ 在步骤④中的第 5 行代码的下方编写逻辑代码，绘制各水果销量所占的扇形区域，具体代码如下。

图6-12　绘制的标题效果

```
1   const centerX = canvas.width / 2;
2   const centerY = canvas.height / 2;
3   const radius = Math.min(centerX, centerY) - 10;
4   const data = [20, 35, 45];
5   let startAngle = 0;
6   for (let i = 0; i < data.length; i++) {
7     const sliceAngle = (data[i] / 100) * 2 * Math.PI;
8     const endAngle = startAngle + sliceAngle;
9     context.beginPath();
10    context.moveTo(centerX, centerY);
11    context.arc(centerX, centerY, radius, startAngle, endAngle);
12    context.closePath();
13    const colors = ['#bf4040', '#40bf40', '#4040bf'];
14    context.fillStyle = colors[i % colors.length];
15    context.fill();
16    startAngle = endAngle;
17  }
```

在上述代码中，第 1~2 行代码用于计算饼图的中心点坐标，并分别存储在 centerX 和 centerY 变量中，饼图的中心点坐标为画布宽度和高度的一半，确保饼图的中心点位于画布的正中间；第 3 行代码用于计算饼图的半径，并存储在 radius 变量中，饼图的半径计算是通过将中心点到画布边缘的距离减去 10 实现的，这样可以确保饼图不会超出画布的边界。

第 4 行代码定义了 data 数组，用于存储每个扇形的比例，data 数组包含 3 个元素，分别表示占饼图 20%、35% 和 45% 的扇形；第 5 行代码用于将扇形的起始角度 startAngle 的初始值设置为 0。

第 6~17 行代码使用 for 语句遍历 data 数组，依次绘制每个扇形。在循环中，首先根据当前扇形所占饼图的比例计算出扇形的角度，将其存储在 sliceAngle 变量中；然后通过将起始角度和扇形角度相加得到当前扇形的结束角度，将其存储在 endAngle 变量中。

第 9~15 行代码，在绘制扇形时，首先调用 beginPath() 方法重置路径，调用 moveTo() 方法设置初始位置为饼图的中心点。然后，调用 arc() 方法绘制一个扇形，其中使用了中心点坐标、半径、起始角度和结束角度作为参数；接下来，调用 closePath() 方法闭合路径。

接下来，定义了一个 colors 数组，其中包含 3 种颜色值，使用 fillStyle 属性设置扇形的填充颜色，使用 colors[i % colors.length] 实现循环使用颜色的效果。当 i 值超过数组的长度时，取模运算能够保证索引不会超出数组的范围。最后，调用 fill() 方法填充扇形，使其显示在画布上。第 16 行代码用于将 startAngle 变量的值更新为 endAngle 变量的值，以便绘制下一个扇形。

保存上述代码，在浏览器中打开 pie.html 文件，绘制的各水果销量所占的扇形区域效果如图 6-13 所示。

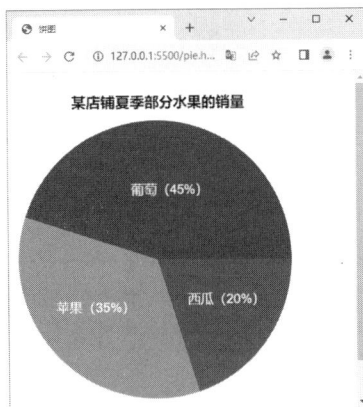

⑥　在步骤⑤中的第 15 行代码的下方编写逻辑代码，绘制扇形的文本，每个文本的内容由水果名称和销量占比组成，具体代码如下。

```
1  const midAngle = startAngle + (sliceAngle / 2);
2  const textX = centerX + Math.cos(midAngle) * (radius * 0.5 + 25);
3  const textY = centerY + Math.sin(midAngle) * radius * 0.5;
4  context.textAlign = 'center';
5  context.textBaseline = 'middle';
6  context.fillStyle = 'white';
7  context.font = '18px Arial';
8  context.fillText(['西瓜','苹果','葡萄'][i] + ' (' + data[i] + '%)', textX, textY);
```

在上述代码中，第 1 行代码用于计算每个扇形的中心角度，将其存储在 midAngle 变量中；第 2~3 行代码用于计算文字的中心位置坐标，并分别存储在变量 textX 和 textY 中；第 4~5 行代码设置文字水平居中对齐和垂直居中对齐；第 6~7 行代码使用 fillStyle 属性设置文字的颜色为白色、字号为 18px、字体为 Arial；第 8 行代码调用 fillText() 方法设置文本，文本格式为"水果名称（水果的销量占比）"，例如"葡萄（45%）"。

保存上述代码并运行 pie.html 文件，绘制的饼图效果如图 6-14 所示。

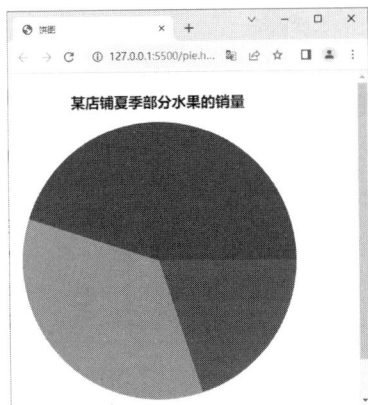

图6-13　绘制的各水果销量所占的扇形区域效果　　　　图6-14　绘制的饼图效果

从图 6-14 可以看出，苹果的销量占比为 35%，西瓜的销量占比为 20%，葡萄的销量占比为 45%。

# 项目 6-2  鲜花列表页面

## 项目需求

"一束鲜花，一份感恩"，送花是一种表达感激和敬意的方式。无论是在庆祝生日、结婚、母亲节、父亲节或其他节日，还是在表达对同事、朋友或亲人的感激之情时，送花都是一种非常有效的方式。

小丽经营着一家花店，她对花束设计充满热情，并常常根据不同场合和顾客需求精心设计花束。为了提高销量，她计划开设一个线上鲜花店铺，将自己设计的花束拍照并展示在鲜花列表中，以便顾客能够方便、快速地浏览和购买心仪的鲜花。制作鲜花列表页面动画效果的具体要求如下。

① 鲜花列表布局：鲜花列表以水平排列的方式呈现，每行显示 4 个列表项。

② 列表项内容：每个列表项包括一个花束的图像、标题、价格以及一个提示信息"去订购>"。在默认情况下，提示信息的透明度为 0，鼠标指针悬停效果未激活。

③ 鼠标指针悬停效果：当鼠标指针悬停在列表项上时，图像会平滑放大到 1.1 倍，标题和价格的文本颜色变为橙红色，提示信息的透明度变为 1，并从底部上移 50px。

④ 动画过渡效果：鼠标指针悬停效果的触发和恢复都应该有平滑的动画过渡效果，确保视觉效果的连贯性和流畅性。

本项目需要基于上述要求实现鲜花列表页面的开发，鼠标指针悬停在列表项上时的鲜花列表页面效果如图 6-15 所示。

图6-15　鼠标指针悬停在列表项上时的鲜花列表页面效果

### 知识储备

#### 1. 过渡属性

CSS3 新增了过渡属性，运用过渡属性可以在不使用 JavaScript 的情况下，演示元素的样式变换过程。例如，逐渐显示、逐渐隐藏等。

CSS3 的过渡属性包括 transition-property 属性、transition-duration 属性、transition-timing-function 属性、transition-delay 属性，以及 transition 属性。下面分别对这些属性进行讲解。

（1）transition-property 属性

transition-property 属性用于指定要过渡的 CSS 属性，例如 width 属性、background 属性、opacity 属性。可以同时过渡多个属性，多个属性之间使用 "," 分隔。

transition-property 属性的语法格式如下。

```
transition-property: none | all | property;
```

在上述语法格式中，transition-property 属性的取值有 3 种类型，包括 none、all 和 property，具体如下。

- none：表示没有属性会应用过渡效果。
- all：表示所有属性都会应用过渡效果。
- property：表示只有指定的 CSS 属性会应用过渡效果，可以指定多个属性，多个属性之间用 "," 分隔。

例如，设置元素要过渡的属性为 background-color，示例代码如下。

```
transition-property: background-color;
```

（2）transition-duration 属性

transition-duration 属性用于指定过渡效果持续的时长（过渡时长），其语法格式如下。

```
transition-duration: time;
```

在上述语法格式中，transition-duration 属性的默认值为 0，time 表示时间，以秒（s）或者毫秒（ms）为单位。

例如，设置元素的过渡时长为 0.5s，示例代码如下。

```
transition-duration: 0.5s;
```

（3）transition-timing-function 属性

transition-timing-function 属性用于指定过渡效果的速度曲线，即动画如何在过渡期间变化，其语法格式如下。

```
transition-timing-function: linear | ease | ease-in | ease-out | ease-in-out |
cubic-bezier(n, n, n, n);
```

在上述语法格式中，transition-timing-function 属性的取值有很多种，默认值为 ease。transition-timing-function 属性的常用属性值如表 6-3 所示。

表 6-3　transition-timing-function 属性的常用属性值

| 属性值 | 描述 |
| --- | --- |
| linear | 指定以相同速度开始至结束的过渡效果 |
| ease | 指定以慢速开始、然后加快、最后慢速结束的过渡效果 |
| ease-in | 指定以慢速开始然后逐渐加快的过渡效果 |
| ease-out | 指定以快速开始然后逐渐减慢的过渡效果 |
| ease-in-out | 指定以慢速开始和结束的过渡效果 |
| cubic-bezier(n, n, n, n) | 定义用于加速或者减速的贝塞尔曲线的形状，n 的值在 0~1 之间 |

在表 6-3 中，最后一个属性值 cubic-bezier(n, n, n, n)表示贝塞尔曲线的形状，使用贝塞尔曲线可以精确控制速度的变化。本书不要求读者掌握贝塞尔曲线的核心内容，使用前面几个属性值就可以满足大多数的动画要求。

例如，设置元素的过渡效果以慢速开始和结束，示例代码如下。

```
transition-timing-function: ease-in-out;
```

（4）transition-delay 属性

transition-delay 属性用于指定过渡效果开始前的延迟时间，其语法格式如下。

```
transition-delay: time;
```

在上述语法格式中，transition-delay 属性的默认值为 0，表示过渡效果会立即执行，不会延迟；参数 time 用于定义过渡效果开始前的延迟时间，以 s 或者 ms 为单位。transition-delay 的属性值可以为正数、负数或 0。如果属性值为正数，表示过渡效果会在定义的时间之后开始执行；如果属性值为负数，表示过渡效果会在定义的时间之前开始执行，过渡的起点状态会提前，具体提前的时间为负值的绝对值；如果属性值为 0，表示过渡效果会在元素属性值发生变化后立即执行，没有延迟效果。

例如，设置元素的过渡效果在 2s 后触发，示例代码如下。

```
transition-delay: 2s;
```

（5）transition 属性

transition 属性是一个复合属性，用于同时设置 transition-property 属性、transition-duration 属性、transition-timing-function 属性和 transition-delay 属性这 4 个过渡属性。transition 属性的语法格式如下。

```
transition: transition-property transition-duration transition-timing-function
transition-delay;
```

在使用 transition 属性设置多个过渡效果时，它的各个参数必须按照先后顺序进行定义，不能颠倒。

例如，使用 transition-property 属性、transition-duration 属性、transition-timing-function 属性和 transition-delay 属性为元素的 width 属性添加过渡效果，过渡时长为 3s，过渡效果以慢速开始，然后逐渐加快。同时，过渡效果会延迟 2s 后触发，示例代码如下。

```
transition-property: width;
transition-duration: 3s;
transition-timing-function: ease-in;
transition-delay: 2s;
```

上述示例代码可以直接使用 transition 属性实现，示例代码如下。

```
transition: width 3s ease-in 2s;
```

在 CSS3 中，transition 属性不仅可以应用于单个属性的过渡效果，还可以应用于多个属性的过渡效果，实现更加丰富和复杂的动画效果。通过 transition 属性设置元素多个属性的过渡效果时，可以为每个属性指定独立的过渡时长、过渡效果的速度曲线、开始前的延迟时间等。多个属性之间用逗号"，"进行分隔。

例如，为元素设置 width 和 height 属性的过渡效果，示例代码如下。

```
transition: width 1s ease-in-out, height 1s ease-in-out 0.5s;
```

在上述示例代码中，分别为元素的 width 属性和 height 属性添加了过渡效果。

**2. 二维变形**

在 CSS3 中，可以使用 transform 属性对元素进行二维变形。二维变形可以通过 translate()、scale()、skew()和 rotate()等函数控制元素在 x 轴和 y 轴的平移、缩放、倾斜和旋转等效果；还可以通过更改变形对象的中心点来实现不同的变形效果。下面将详细讲解二维变形的相关使用技巧。

（1）平移

平移是指元素位置的变化，包括水平移动和垂直移动。在 CSS3 中，使用 translate()函数可以实现元素的平移效果。translate()函数的语法格式如下。

```
transform: translate(x-value, y-value);
```

在上述语法格式中，参数 x-value 和 y-value 分别用于定义水平（$x$ 轴）和垂直（$y$ 轴）方向上的移动量。参数值可以是像素值或百分比。其中，x-value 取正值表示向右平移，取负值表示向左平移；y-value 取正值表示向下平移，取负值表示向上平移。如果只需要在一个方向上移动元素，另一个参数不能省略，可设置为 0，表示在该方向上没有发生平移。

在使用 translate()函数移动元素时，默认的坐标位置为元素中心点，然后根据指定的参数值进行移动。

例如，将一个元素向右平移 100px，向下平移 50px，示例代码如下。

```
transform: translate(100px, 50px);
```

使用 translate()函数实现平移如图 6-16 所示。

在图 6-16 中，实线表示平移前的元素，虚线表示平移后的元素。

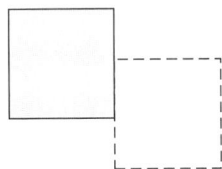

（2）缩放

在 CSS3 中，使用 scale()函数可以实现元素缩放效果。scale()函数的语法格式如下。

图6-16　使用translate()函数实现平移

```
transform: scale(x-value, y-value);
```

在上述语法格式中，参数 x-value 和 y-value 分别用于定义水平（$x$ 轴）和垂直（$y$ 轴）方向上的缩放倍数。参数值大于 1 表示放大元素，小于 1 表示缩小元素，等于 1 表示保持原样。如果省略第 2 个参数，则第 2 个参数值默认等于第 1 个参数值。

例如，将元素在水平方向上放大 1.5 倍，在垂直方向上放大 1.5 倍，示例代码如下。

```
transform: scale(1.5, 1.5);
```

使用 scale()函数实现缩放如图 6-17 所示。

在图 6-17 中，实线表示放大前的元素，虚线表示放大后的元素。

（3）倾斜

在 CSS3 中，使用 skew()函数可以实现元素倾斜效果。skew()函数的语法格式如下。

```
transform: skew(x-value, y-value);
```

在上述语法格式中，参数 x-value 和 y-value 分别表示元素在水平和垂直方向上的倾斜角度，以 deg 为单位。其中，x-value 取正值表示向右倾斜，取负值表示向左倾斜；y-value 取正值表示向下倾斜，取负值表示向上倾斜。

例如，将元素在水平方向上向右倾斜 30°，向下倾斜 10°，示例代码如下。

```
transform: skew(30deg, 10deg);
```

使用 skew()函数实现倾斜如图 6-18 所示。

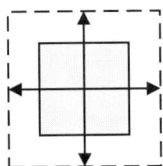

图6-17　使用scale()函数实现缩放

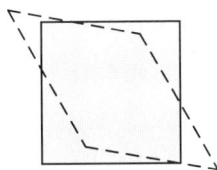

图6-18　使用skew()函数实现倾斜

在图 6-18 中，实线表示倾斜前的元素，虚线表示倾斜后的元素。

（4）旋转

在 CSS3 中，使用 rotate() 函数可以实现元素的旋转效果。rotate() 函数的语法格式如下。

```
transform: rotate(angle);
```

在上述语法格式中，参数 angle 表示要旋转的角度，单位为 deg。如果角度为正数，则按照顺时针方向进行旋转，否则按照逆时针方向旋转。

例如，将元素旋转 45°，示例代码如下。

```
transform: rotate(45deg);
```

使用 rotate() 函数实现旋转如图 6-19 所示。

在图 6-19 中，实线表示旋转前的元素，虚线表示旋转后的元素。

（5）更改变形对象的中心点

通过 transform 属性可以实现元素的平移、缩放、倾斜和旋转效果，这些变形操作都以元素的中心点为参照。默认情况下，元素的中心点在 $x$ 轴和 $y$ 轴 50% 的位置。如果需要改变这个中心点，可以使用 transform-origin 属性，其语法格式如下。

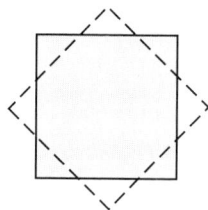

图 6-19　使用 rotate() 函数实现旋转

```
transform-origin: x-axis y-axis z-axis;
```

在上述语法格式中，transform-origin 属性包含 3 个参数，其默认值分别为 50%、50%、0px。参数 x-axis 和参数 y-axis 表示水平和垂直方向上的坐标位置，用于二维变形；参数 z-axis 表示空间纵深坐标位置，用于三维变形。transform-origin 属性的参数说明如表 6-4 所示。

表 6-4　transform-origin 属性的参数说明

| 参数 | 描述 |
| --- | --- |
| x-axis | 元素被置于 $x$ 轴的位置。属性值可以是以 em、px 等为单位的具体数值或百分比，也可以是 top、right、bottom、left 和 center 这样的关键词 |
| y-axis | 元素被置于 $y$ 轴的位置。属性值可以是以 em、px 等为单位的具体数值或百分比，也可以是 top、right、bottom、left 和 center 这样的关键词 |
| z-axis | 元素被置于 $z$ 轴的位置。属性值和 x-axis、y-axis 类似，但属性值不能是一个百分比，否则将会被视为无效值，通常设置以 px 为单位的数值 |

### 3. 三维变形

二维变形是元素在 $x$ 轴和 $y$ 轴的变化，而三维变形是元素围绕 $x$ 轴、$y$ 轴和 $z$ 轴的变化，主要包括平移、缩放、旋转和透视等操作。相比平面化的二维变形，三维变形更注重空间位置的变化。下面将对常见的转换函数和转换属性进行讲解。

（1）rotateX()

在 CSS3 中，使用 rotateX() 函数可以让指定元素围绕 $x$ 轴旋转。rotateX() 函数的语法格式如下。

```
transform: rotateX(a);
```

在上述语法格式中，参数 a 用于定义旋转的角度，单位为 deg，取值可以是正数也可以是负数。如果值为正数，元素围绕 $x$ 轴顺时针旋转；如果值为负数，元素围绕 $x$ 轴逆时针旋转。

（2）rotateY()

在 CSS3 中，使用 rotateY() 函数可以让指定元素围绕 $y$ 轴旋转。rotateY() 函数的语法格式如下。

```
transform: rotateY(a);
```
在上述语法格式中，参数 a 与 rotateX(a) 中的 a 含义相同，用于定义旋转的角度。如果值为正数，元素围绕 $y$ 轴顺时针旋转；如果值为负数，元素围绕 $y$ 轴逆时针旋转。

（3）rotateZ()

在 CSS3 中，使用 rotateZ() 函数可以让指定元素围绕 $z$ 轴旋转。与 rotateX() 函数和 rotateY() 函数类似，rotateZ() 函数也可以用角度值作为参数来指定旋转的角度。rotateZ() 函数的语法格式如下。

```
transform: rotateZ(a);
```
需要注意的是，如果仅从视觉效果上来看，rotateZ() 函数让元素顺时针或逆时针旋转，与 rotate() 函数的效果等同；但 rotateZ() 函数让元素不在二维平面上旋转，而是围绕 $z$ 轴旋转的。

（4）rotate3d()

rotate3d() 函数是通过 rotateX() 函数、rotateY() 函数和 rotateZ() 函数综合演变而来的，用于设置多个轴的旋转角度。例如，要同时设置 $x$ 轴、$y$ 轴和 $z$ 轴的旋转，就可以使用 rotate3d() 函数。rotate3d() 函数的语法格式如下。

```
rotate3d(x, y, z, angle);
```
在上述语法格式中，x、y、z 可以取值 0 或 1，当要沿着某一轴转动时，就将该轴的值设置为 1，否则设置为 0。angle 为要旋转的角度。

例如，设置元素在 $x$ 轴和 $y$ 轴上均旋转 45°，示例代码如下。

```
rotate3d(1, 1, 0, 45deg);
```
除了 rotateX() 函数、rotateY() 函数、rotateZ() 函数和 rotate3d() 函数以外，CSS3 还提供了其他常见的转换函数，如表 6-5 所示。

表 6-5　其他常见的转换函数

| 函数名称 | 描述 |
| --- | --- |
| translate3d(x, y, z) | 设置沿 $x$ 轴、$y$ 轴、$z$ 轴的位移 |
| translateX(x) | 设置沿 $x$ 轴的位移 |
| translateY(y) | 设置沿 $y$ 轴的位移 |
| translateZ(z) | 设置沿 $z$ 轴的位移 |
| scale3d(x, y, z) | 设置沿 $x$ 轴、$y$ 轴、$z$ 轴的缩放 |
| scaleX(x) | 设置沿 $x$ 轴的缩放 |
| scaleY(y) | 设置沿 $y$ 轴的缩放 |
| scaleZ(z) | 设置沿 $z$ 轴的缩放 |

表 6-5 中列举的函数的参数 x、y、z 的含义如下。

- x：表示沿 $x$ 轴方向移动的距离或沿 $x$ 轴方向缩放的比例。
- y：表示沿 $y$ 轴方向移动的距离或沿 $y$ 轴方向缩放的比例。
- z：表示沿 $z$ 轴方向移动的距离或沿 $z$ 轴方向缩放的比例。

（5）perspective 属性

perspective 属性对于三维变形来说至关重要，该属性主要用于呈现良好的透视效果。perspective 属性可以简单地理解为视距，通过设置 perspective 属性，可以控制观察点与元素之间的距离，从而影响元素在三维空间的呈现方式。perspective 属性的透视效果由其属性值来决定，属性值越小，表示观察点与元素之间的距离越小，透视效果越明显；属性值越大，透视效果越弱。perspective 属性通常使用单位为 px 的数值，也可以使用百分比或其他单位的数值。如果属性值为 none，则表示没有透视效果。

除了 perspective 属性以外，CSS3 中还提供了其他常见的转换属性，如表 6-6 所示。

表 6-6　其他常见的转换属性

| 属性名称 | 描述 | 属性值 |
|---|---|---|
| transform-style | 规定子元素如何在三维空间中呈现 | flat：表示子元素将不保留其三维转换效果，而是被平面化，类似于在二维平面上呈现 |
| | | preserve-3d：表示子元素在三维空间中将保留其三维转换效果，在三维空间中呈现 |
| backface-visibility | 定义元素的反面（或背面）是否可见 | visible：表示元素的反面是可见的 |
| | | hidden：表示元素的反面是不可见的 |

## 项目实现

根据项目需求实现鲜花列表页面的开发，具体实现步骤如下。

① 将本章配套源码中的 css 文件夹、iconfont 文件夹和 images 文件夹复制到 chapter06 目录下。css 文件夹中保存了 base.css 文件（基础样式文件），iconfont 文件夹保存了字体图标文件，images 文件夹中保存了本章所有的图像素材。

② 创建 css\index.css 文件，该文件保存了鲜花列表的样式代码。

③ 创建 flower.html 文件，编写标题区域的结构并引入 base.css 文件、index.css 文件和 iconfont.css 文件，具体代码如下。

```
1  <!DOCTYPE html>
2  <html>
3  <head>
4    <meta charset="UTF-8">
5    <title>鲜花列表</title>
6    <link rel="stylesheet" href="css/base.css">
7    <link rel="stylesheet" href="css/index.css">
8    <link rel="stylesheet" href="iconfont/iconfont.css">
9  </head>
10 <body>
11   <div class="goods">
12     <div class="hd">
13       <h2>鲜花预订<span>送 · 爱你的人，你爱的人</span></h2>
14       <a href="#">查看全部<i class="iconfont icon-arrow-right"></i></a>
15     </div>
16   </div>
17 </body>
18 </html>
```

在上述代码中，第 6~8 行代码分别引入了 base.css 文件、index.css 和 iconfont.css 文件；第 12~15 行代码定义了标题区域的结构，其中包含一个<h2>标签定义的标题以及一个<a>标签定义的超链接，超链接文本为"查看全部"。

④ 在 index.css 文件中，编写标题区域的样式，具体代码如下。

```
1  .goods {
2    width: 1240px;
3    margin: 0 auto;
4  }
5  .hd {
6    height: 114px;
```

```
7     line-height: 114px;
8   }
9   .hd h2 {
10    float: left;
11    font-size: 29px;
12    font-weight: 400;
13    height: 114px;
14  }
15  .hd h2 span {
16    margin-left: 34px;
17    font-size: 16px;
18    color: #999;
19  }
20  .hd a {
21    float: right;
22    color: #999;
23  }
```

在上述代码中，第 1~4 行代码用于为具有.goods 类的元素设置宽度为 1240px、水平居中对齐，且作为版心；第 5~19 行代码用于设置标题左侧区域的样式；第 20~23 行代码用于设置标题右侧区域超链接的样式。

⑤ 在步骤③中的第 15 行代码的下方编写主体区域的结构，具体代码如下。

```
1   <div class="bd">
2     <ul>
3       <li>
4         <a href="#">
5           <div class="img-box">
6             <img src="images/flower01.jpg">
7             <div class="txt">
8               <span>去订购<i class="iconfont icon-arrow-right"></i></span>
9             </div>
10          </div>
11          <h3>红玫瑰款</h3>
12          <div>￥<span>299</span></div>
13        </a>
14      </li>
15      <li>
16        <a href="#">
17          <div class="img-box">
18            <img src="images/flower02.jpg">
19            <div class="txt">
20              <span>去订购<i class="iconfont icon-arrow-right"></i></span>
21            </div>
22          </div>
23          <h3>百合粉玫瑰花束</h3>
24          <div>￥<span>269</span></div>
25        </a>
26      </li>
27      <li>
28        <a href="#">
29          <div class="img-box">
30            <img src="images/flower03.jpg">
31            <div class="txt">
32              <span>去订购<i class="iconfont icon-arrow-right"></i></span>
33            </div>
```

```
34        </div>
35        <h3>梦幻极光色</h3>
36        <div>￥<span>289</span></div>
37      </a>
38    </li>
39    ……（此处省略多个<li>标签）
40  </ul>
41 </div>
```

在上述代码中，使用<li>标签定义花束的信息，每个<li>标签包含花束的图像、标题、价格和提示信息。

⑥ 在步骤④中的第 23 行代码的下方编写主体区域的样式，具体代码如下。

```
1  .bd li {
2    float: left;
3    margin: 0 5px 8px 0;
4    text-align: center;
5  }
6  .bd .img-box {
7    width: 304px;
8    height: auto;
9    overflow: hidden;
10   position: relative;
11 }
12 .bd .img-box img {
13   width: 100%;
14   max-width: 100%;
15   height: auto;
16   vertical-align: bottom;
17 }
18 .bd li h3 {
19   margin-top: 20px;
20   margin-bottom: 10px;
21   font-size: 16px;
22   font-weight: 400;
23 }
24 .bd li .txt {
25   position: absolute;
26   left: -20px;
27   bottom: 36px;
28   width: 350px;
29   height: auto;
30   padding: 20px 30px;
31   z-index: 1;
32   opacity: 0;
33 }
34 .bd li .txt span {
35   background-color: #ff734c;
36   padding: 5px;
37 }
```

在上述代码中，第 1～5 行代码用于设置列表项为左浮动、文本居中对齐等；第 6～17 行代码用于设置图像父元素的宽度和高度，以及图像的宽度和最大宽度都为父元素的 100% 等；第 18～23 行代码用于设置标题的样式；第 24～37 行代码用于设置提示信息的样式。

⑦ 在步骤⑥中的第 37 行代码的下方编写鼠标指针悬停在列表项上时的动画效果，具体代码如下。

```
1   .bd li:hover img {
2     transform: scale(1.1);
3   }
4   .bd li:hover .txt {
5     transform: translateY(-50px);
6     color: #fff;
7     opacity: 1;
8   }
9   .bd li:hover a {
10    color: #ff734c;
11  }
```

在上述代码中，当鼠标指针悬停在 li 元素上时，图像会放大到原始大小的 1.1 倍，提示信息会沿着 $y$ 轴上移 50px，并且将透明度设为 1，字体颜色设为白色，a 元素的字体颜色设为#ff734c（橙红色）。

保存上述代码，在浏览器中打开 flower.html 文件，鲜花列表页面初始效果如图 6-20 所示。

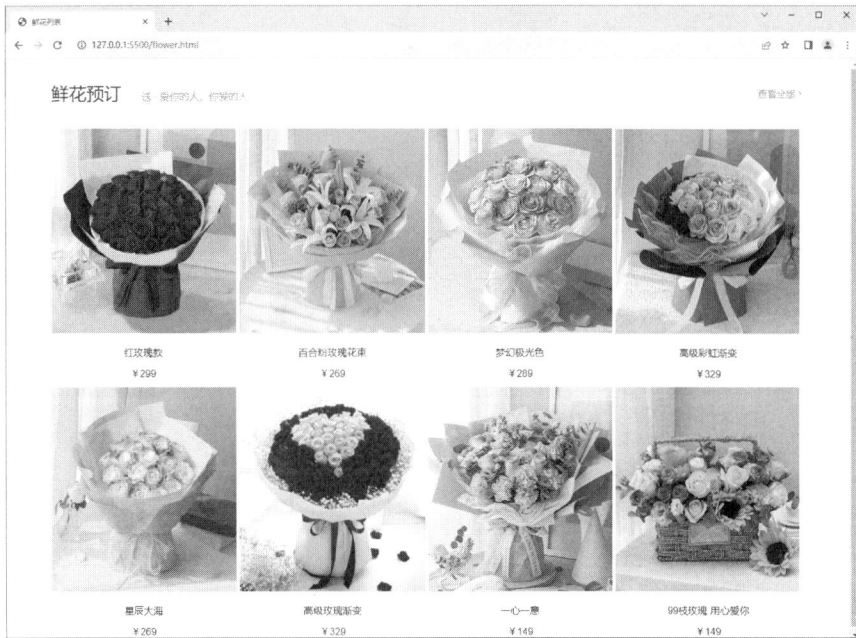

图6-20　鲜花列表页面初始效果

当鼠标指针悬停在列表项上时，效果如图 6-21 所示。

在图 6-21 中，当鼠标指针悬停在列表项上时，会发现动画效果过渡得很生硬。下面通过修改 CSS 代码，使动画效果可以平滑过渡。

⑧ 在步骤⑥的第 16 行代码的下方添加以下代码，设置列表项的图像平滑过渡效果，具体代码如下。

```
transition: all 0.5s;
```

在上述代码中，使用 transition 属性设置图像的过渡效果，当其所有属性发生变化时，用 0.5s 的时间进行过渡。

⑨ 在步骤⑥中的第 32 行代码的下方添加以下代码，设置列表项的提示信息平滑过渡效果，具体代码如下。

```
transition: transform 0.5s;
```

图6-21　鼠标指针悬停在列表项上时的效果

在上述代码中，使用 transition 属性给元素的 transform 属性添加了一个持续时间为 0.5s 的过渡效果，使其在变换时能平滑过渡。

保存上述代码并运行 flower.html 文件，读者可以尝试将鼠标指针悬停在列表项上时，查看动画效果的流畅度。

## 项目 6-3　课程宣传页面

### 项目需求

随着前端技术的发展，Vue2.0 和 Vue3.0 成为当今市场上较热门的前端技术。为了满足市场对 Vue2.0 和 Vue3.0 技术人员的需求，某教育机构开设了一门"Vue2.0+Vue3.0 企业项目实战课"。该课程旨在向学员传授如何在实际企业项目中灵活应用 Vue2.0 和 Vue3.0 技术的知识和技巧。

为了推广这门课程，该教育机构计划设计一个吸引眼球的课程宣传页面，其中包含云朵、热气球、课程特色、火焰、课程名称等元素，并计划运用 CSS3 的动画属性为它们添加动画效果，具体要求如下。

① 云朵元素：在页面上添加 3 个云朵图像，并为每个图像设置动画效果，实现向右移动 40px。动画持续时长分别为 2s、2.5s 和 3s，采用匀速方式进行无限循环播放，并在偶数次播放时逆向播放动画。

② 热气球元素：在页面上添加 1 个热气球图像，并为其设置动画效果，实现向上移动 30px。动画持续时长为 1.5s，采用匀速方式进行无限循环播放，并在偶数次播放时逆向播放动画。

③ 课程特色元素：在页面上添加 4 个课程特色图像，并为每个图像设置动画效果，实现向上移动 30px。动画持续时长均为 0.8s，动画延迟执行的时间分别为 0s、0.2s、0.4s 和 0.6s，采用匀速方式进行无限循环播放，并在偶数次播放时逆向播放动画。

④ 火焰元素：在页面上添加 1 个火焰图像，并为其设置缩放的动画效果。动画持续时长为 1s，采用从慢到快再到慢的方式进行无限循环播放。当动画开始时，保持元素原始大小；在动画进行到 25% 时，元素缩放为不可见状态；在动画进行到 50% 时，元素放大为原始大小的 1.5 倍；在动画进行到 75% 时，元素缩小到原始大小的 0.8 倍；动画结束时，将元素恢复到原始大小。

⑤ 课程名称元素：在页面上添加 1 个课程名称图像，并为其设置缩放的动画效果。其动画效果与火焰元素的动画效果相同。

本项目需要基于上述要求实现课程宣传页面的开发。课程宣传页面动画效果如图 6-22 所示。

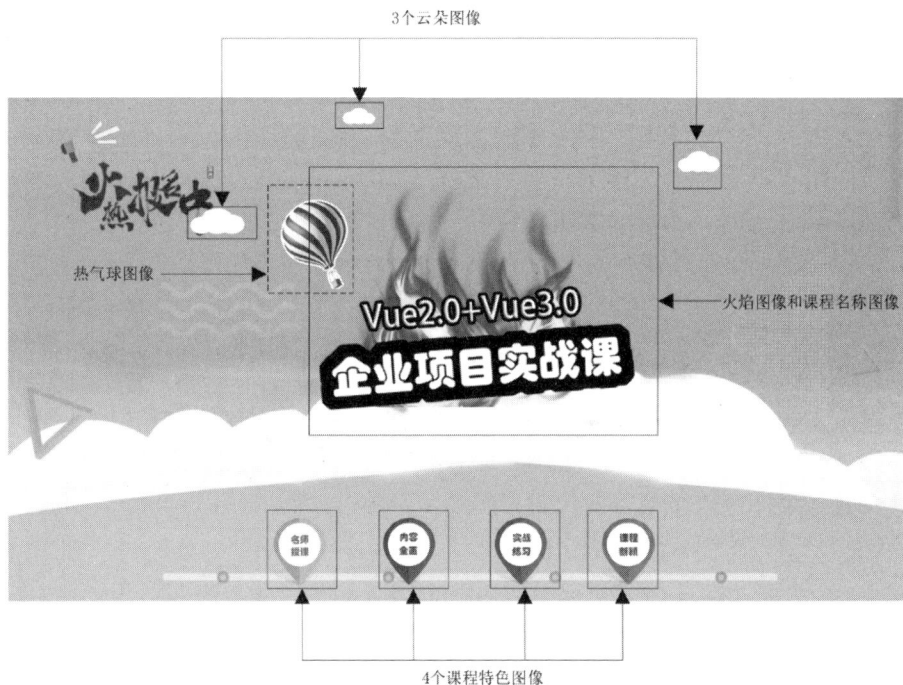

图6-22　课程宣传页面动画效果

## 知识储备

### 动画属性

前面学习的过渡和变形只能设置元素的变换过程，并不能对变换过程中的某一个环节进行精确控制。例如，过渡和变形实现的动态效果不能实现某一个时间点的动画效果。为了实现更加丰富的动画效果，CSS3 提供了动画属性。使用动画属性可以定义具有一系列关键帧的动画，每个关键帧可以设定动画在某一时间点的样式。

CSS 中的动画属性包括 animation-name 属性、animation-duration 属性、animation-timing-function 属性、animation-delay 属性、animation-iteration-count 属性、animation-direction 属

性，以及 animation 属性。由于 animation 属性只有配合@keyframes 规则才能实现动画效果，因此在学习 animation 属性之前，要首先学习@keyframes 规则。下面将对@keyframes 规则和上述属性进行讲解。

（1）@keyframes 规则

@keyframes 规则用于创建动画。@keyframes 规则的语法格式如下。

```
@keyframes animation-name {
  keyframes-selector { css-styles; }
}
```

在上述语法格式中，@keyframes 属性包含的参数的具体含义如下。

① animation-name：表示当前动画的名称，需要和 animation-name 属性定义的名称保持一致，它将作为引用时的唯一标识，因此不能为空。

② keyframes-selector：关键帧选择器，即指定当前关键帧要应用到整个动画过程中的位置，值可以是一个百分比、from 或者 to。其中，from 和 0%效果相同，表示动画的开始；to 和 100%效果相同，表示动画的结束。当两个位置应用同一个效果时，这两个位置使用 "," 隔开，写在一起即可，如 20%,80% {opacity: 1}，表示在动画的进度为 20%和 80%时，元素的透明度为 1。

③ css-styles：定义执行到当前关键帧时对应的动画状态，由 CSS 样式属性进行定义，多个属性之间用 ";" 分隔，不能为空，如 20%,80%{opacity: 1; width: 100px;}，表示在动画的进度为 20%和 80%时，元素的透明度为 1，并且其宽度为 100px。

例如，使用@keyframes 规则定义一个淡入动画，示例代码如下。

```
@keyframes slideUp {
  0% { opacity: 0; }          /* 动画开始时的状态,完全透明 */
  100% { opacity: 1; }        /* 动画结束时的状态,完全不透明 */
}
```

在上述示例代码中，创建了一个名为 slideUp 的动画，该动画在开始时 opacity 为 0，在结束时 opacity 为 1。

上述动画效果还可以使用等效代码来实现，示例代码如下。

```
@keyframes slideUp {
  from { opacity: 0; }        /* 动画开始时的状态,完全透明 */
  to { opacity: 1; }          /* 动画结束时的状态,完全不透明 */
}
```

又如，使用@keyframes 规则定义一个淡入淡出动画，示例代码如下。

```
@keyframes appear {
  from, to { opacity: 0; }    /* 动画开始和结束时的状态,完全透明 */
  20%, 80% { opacity: 1; }    /* 动画的中间状态,完全不透明 */
}
```

在上述示例代码中，为了实现淡入淡出的效果，需要定义动画开始和结束时元素不可见，然后渐渐淡入，在动画的 20%处变得可见，然后动画进行到 80%处时，再慢慢淡出。

（2）animation-name 属性

animation-name 属性用于指定要应用的动画名称，该动画名称会被@keyframes 规则引用，其语法格式如下。

```
animation-name: keyframe-name | none;
```

在上述语法格式中，animation-name 属性的初始值为 none，适用于所有块元素和行内元素。keyframe-name 参数用于规定需要绑定到@keyframes 规则的动画名称，如果值为 none，则表示元素不应用于任何动画。

（3）animation-duration 属性

animation-duration 属性用于指定整个动画效果持续的时长。animation-duration 属性的语法格式如下。

```
animation-duration: time;
```

在上述语法格式中，animation-duration 属性的初始值为 0。time 参数是以 s 或者 ms 为单位的时间。当设置为 0 时，表示没有任何动画效果。当值为负数时，会被视为 0。

（4）animation-timing-function 属性

animation-timing-function 属性用于指定动画的速度曲线，即动画在过渡期间如何变化。animation-timing-function 属性的语法格式如下。

```
animation-timing-function: linear | ease | ease-in | ease-out | ease-in-out |
cubic-bezier(n, n, n, n);
```

在上述语法格式中，animation-timing-function 属性的取值有很多种，默认值为 ease。animation-timing-function 属性的常用属性值如表 6-7 所示。

表 6-7　animation-timing-function 属性的常用属性值

| 属性值 | 描述 |
| --- | --- |
| linear | 指定以相同速度开始至结束的动画效果 |
| ease | 指定以慢速开始、然后加快、最后慢速结束的动画效果 |
| ease-in | 指定以慢速开始然后逐渐加快的动画效果 |
| ease-out | 指定以快速开始然后逐渐减慢的动画效果 |
| ease-in-out | 指定以慢速开始和结束的动画效果 |
| cubic-bezier(n, n, n, n) | 定义用于加速或者减速的贝塞尔曲线的形状，n 值在 0～1 之间 |

例如，设置添加动画的元素以快速开始然后逐渐减慢的示例代码如下。

```
animation-timing-function: ease-out;
```

（5）animation-delay 属性

animation-delay 属性用于指定执行动画效果延迟的时间，其语法格式如下。

```
animation-delay: time;
```

在上述语法格式中，animation-delay 属性的默认值为 0，表示不会延迟动画的开始时间。参数 time 用于定义动画开始前等待的时间，以 s 或者 ms 为单位。animation-delay 属性的属性值可以为负数，当设置为负数时，动画会跳过一段时间，即从跳过后的时间点开始播放。

例如，设置添加动画的元素跳过 2s 进入动画的示例代码如下。

```
animation-delay: -2s;
```

（6）animation-iteration-count 属性

animation-iteration-count 属性用于指定动画的播放次数，其语法格式如下。

```
animation-iteration-count: number | infinite;
```

在上述语法格式中，animation-iteration-count 属性的初始值为 1。如果该属性设置为 number，则表示播放动画的次数，number 设置为多少，则循环播放多少次动画；如果该属性设置为 infinite，则指定动画无限循环播放。

例如，设置动画效果循环播放 3 次后停止的示例代码如下。

```
animation-iteration-count: 3;
```

（7）animation-direction 属性

animation-direction 属性用于指定当前动画播放的方向，即动画播放完成后是否逆向播放。animation-direction 属性的语法格式如下。

```
animation-direction: normal | alternate;
```

在上述语法格式中，animation-direction 属性的值为 normal 或 alternate。其中，normal 为默认值，表示动画会正常播放，alternate 属性值表示动画会在奇数次（1、3、5 等）正常播放，而在偶数次（2、4、6 等）逆向播放。因此，要想使 animation-direction 属性生效，首先要定义 animation-iteration-count 属性，即设置播放次数，只有动画播放次数大于或等于 2 次时，animation-direction 属性才会生效。

（8）animation 属性

animation 属性是一个复合属性，用于在一个属性中设置 animation-name、animation-duration、animation-timing-function、animation-delay、animation-iteration-count 和 animation-direction 这 6 个动画属性。animation 属性的语法格式如下。

```
animation: animation-name animation-duration animation-timing-function animation-delay animation-iteration-count animation-direction;
```

在上述语法格式中，使用 animation 属性时必须指定 animation-name 属性和 animation-duration 属性，否则将不会播放动画效果。

例如，使用 animation-name 属性、animation-duration 属性、animation-timing-function 属性、animation-delay 属性、animation-iteration-count 属性和 animation-direction 属性设置一个名称为 mymove 的动画，该动画效果的持续时长为 5s，匀速播放，在延迟 2s 后开始播放，播放次数为 3 次，且在偶数次播放时逆向播放动画，示例代码如下。

```
animation-name: mymove;
animation-duration: 5s;
animation-timing-function: linear;
animation-delay: 2s;
animation-iteration-count: 3;
animation-direction: alternate;
```

上述示例代码可以直接使用 animation 属性实现，示例代码如下。

```
animation: mymove 5s linear 2s 3 alternate;
```

**项目实现**

根据项目需求实现课程宣传页面的开发，具体实现步骤如下。

① 创建 course.html 文件，编写页面结构，具体代码如下。

```
1  <!DOCTYPE html>
2  <html>
3  <head>
4    <meta charset="UTF-8">
5    <title>课程宣传</title>
6  </head>
7  <body>
8    <div class="box">
9      <div class="cloud">
10       <img src="images/yun1.png">
11       <img src="images/yun2.png">
12       <img src="images/yun3.png">
13     </div>
14     <div class="balloon">
15       <img src="images/san.png">
16     </div>
```

```
17      <div class="jump-text">
18        <img src="images/1.png">
19        <img src="images/2.png">
20        <img src="images/3.png">
21        <img src="images/4.png">
22      </div>
23      <div class="flame">
24        <img src="images/flame.png">
25      </div>
26      <div class="text">
27        <img src="images/font.png">
28      </div>
29    </div>
30  </body>
31  </html>
```

在上述代码中，第 9~13 行代码用于定义云朵区域的结构；第 14~16 行代码用于定义热气球区域的结构；第 17~22 行代码用于定义课程特色区域的结构；第 23~25 行代码用于定义火焰区域的结构；第 26~28 行代码用于定义课程名称区域的结构。

② 在步骤①中的第 5 行代码的下方编写背景样式，具体代码如下。

```
1   <style>
2     html, body {
3       width: 100%;
4       height: 100%;
5       margin: 0;
6       padding: 0;
7     }
8     .box {
9       width: 100%;
10      height: 100%;
11      background: url("images/bg.jpg") no-repeat top center;
12      background-size: cover;
13      position: relative;
14    }
15  </style>
```

在上述代码中，第 2~7 行代码设置了整个页面的宽度和高度均为 100%，确保页面填满浏览器窗口，并设置外边距和内边距为 0；第 8~14 行代码为具有 .box 类的元素设置了样式，其宽度和高度均为 100%，实现填满父容器的效果，并使用了背景图像，设置其自适应父容器。

③ 在步骤②中的第 14 行代码的下方编写云朵区域的样式，为每个云朵元素设置动画效果，具体代码如下。

```
1   @keyframes cloud {
2     0% { transform: translateX(0px); }
3     100% { transform: translateX(40px); }
4   }
5   .cloud img {
6     position: absolute;
7     left: 50%;
8   }
9   .cloud img:nth-child(1) {
10    top: 20px;
11    margin-left: -260px;
12    animation: cloud 2s linear infinite alternate;
```

```
13 }
14 .cloud img:nth-child(2) {
15   top: 100px;
16   margin-left: 380px;
17   animation: cloud 2.5s linear infinite alternate;
18 }
19 .cloud img:nth-child(3) {
20   top: 200px;
21   margin-left: -560px;
22   animation: cloud 3s linear infinite alternate;
23 }
```

在上述代码中，第 1~4 行代码定义了一个名称为 cloud 的动画，在动画开始时，设置元素的位置保持不变，在动画结束时，设置元素沿着 x 轴向右移动 40px。第 12 行、第 17 行和第 22 行代码设置了 cloud 动画的持续时长分别为 2s、2.5s 和 3s，均匀速播放、无限循环，并且当偶数次播放时逆向播放动画。

④ 在步骤③中的第 23 行代码的下方编写热气球区域的样式，为热气球元素设置动画效果，具体代码如下。

```
1  @keyframes balloon {
2    0% { transform: translateY(0px); }
3    100% { transform: translateY(-30px); }
4  }
5  .balloon {
6    position: absolute;
7    left: 50%;
8    top: 20%;
9    margin-left: -380px;
10   animation: balloon 1.5s linear infinite alternate;
11 }
```

在上述代码中，第 1~4 行代码定义了一个名称为 balloon 的动画，在动画开始时，设置元素的位置保持不变；在动画结束时，设置元素沿着 y 轴向上移动 30px；第 10 行代码设置了 balloon 动画的持续时长为 1.5s，匀速播放，无限循环，并且当偶数次播放时逆向播放动画。

⑤ 在步骤④中的第 11 行代码的下方编写课程特色区域的样式，为课程特色元素设置动画效果，具体代码如下。

```
1  @keyframes jump-text {
2    0% { transform: translateY(0px); }
3    100% { transform: translateY(-30px); }
4  }
5  .jump-text img {
6    position: absolute;
7    left: 50%;
8    bottom: 42px;
9    width: 100px;
10 }
11 .jump-text img:nth-child(1) {
12   margin-left: -373px;
13   animation: jump-text 0.8s infinite alternate;
14 }
15 .jump-text img:nth-child(2) {
16   margin-left: -163px;
17   animation: jump-text 0.8s  0.2s infinite alternate;
18 }
19 .jump-text img:nth-child(3) {
20   margin-left: 52px;
```

```
21    animation: jump-text 0.8s 0.4s infinite alternate;
22 }
23 .jump-text img:nth-child(4) {
24   margin-left: 257px;
25   animation: jump-text 0.8s 0.6s infinite alternate;
26 }
```

在上述代码中，第 1～4 行代码定义了一个名称为 jump-text 的动画，在动画开始时，元素的位置保持不变；在动画结束时，设置元素沿着 $y$ 轴向上移动 30px。第 13 行、第 17 行、第 21 行和第 25 行代码设置了 jump-text 动画的持续时间均为 0.8s，动画延迟执行的时间分别为 0s、0.2s、0.4s 和 0.6s，采用匀速方式进行无限循环播放，并且当偶数次播放时逆向播放动画。

⑥ 在步骤⑤中的第 26 行代码的下方编写火焰区域和课程名称区域的样式，为火焰元素和课程名称元素设置动画效果，具体代码如下。

```
1 @keyframes text {
2    0% { transform: translate(-50%, -50%) scale(1); }
3    25% { transform: translate(-50%, -50%) scale(0); }
4    50% { transform: translate(-50%, -50%) scale(1.5); }
5    75% { transform: translate(-50%, -50%) scale(0.8); }
6    100% { transform: translate(-50%, -50%) scale(1); }
7 }
8 .text, .flame {
9    position: absolute;
10   left: 50%;
11   top: 40%;
12   transform: translate(-50%, -50%);
13   animation: text 1s ease alternate;
14 }
```

在上述代码中，第 1～7 行代码定义了一个名称为 text 的动画，在动画刚开始时，元素不进行缩放，保持原始大小；在动画的进度为 25% 时，设置元素缩放为不可见状态；在动画的进度为 50% 时，设置元素放大为原始大小的 1.5 倍；在动画的进度为 75% 时，设置元素缩小到原始大小的 0.8 倍；在动画结束时，将元素恢复到原始的大小。第 13 行代码设置了 text 动画的持续时长为 1s，采用从慢到快再到慢的方式进行播放。

保存上述代码，在浏览器中打开 course.html 文件，带有动画效果的课程宣传页面如图 6-23 所示。

图6-23　带有动画效果的课程宣传页面

## 本章小结

本章主要讲解了 Canvas 绘图与 CSS 动画的相关内容。首先讲解了画布的概念和如何使用画布，包括线条的绘制方法、线条的样式、路径、填充路径、绘制文本和圆或弧线的方法，然后讲解了过渡属性和变形以及它们的使用方法，最后讲解了动画属性及其使用方法。通过学习本章内容，读者应能够掌握"水果销量饼图页面""鲜花列表页面""课程宣传页面"的制作方法，并能够灵活运用画布、过渡属性、二维变形、三维变形和动画属性等实现图形和动画效果的开发。

## 课后习题

### 一、填空题

1. 在画布中，可以使用＿＿＿＿属性设置线条的描边颜色。
2. 在画布中，可以使用＿＿＿＿属性设置线条的宽度。
3. 在画布中，可以使用＿＿＿＿属性设置线条的端点形状。
4. 在画布中，可以使用＿＿＿＿方法绘制圆或弧形。
5. 在 CSS3 中，可以使用＿＿＿＿属性来指定要应用的动画名称。

### 二、判断题

1. 使用 HTML5 中的<canvas>标签可以在网页中创建画布。（　　）
2. 在画布中，可以使用 fillText()方法绘制文本。（　　）
3. 在画布中，可以使用 closePath()方法闭合路径。（　　）
4. 在 CSS3 中，可以使用 scale()函数实现元素的倾斜效果。（　　）

### 三、选择题

1. 下列关于 CSS3 中过渡属性的说法中，错误的是（　　）。
A. transition-property 属性用于指定要过渡的 CSS 属性
B. transition-duration 属性用于指定过渡效果持续的时长
C. transition-timing-function 属性用于指定过渡效果的速度曲线
D. transition-delay 属性用于指定过渡效果开始前的延迟时间，默认值为 1
2. 下列关于 transition-timing-function 属性的属性值的描述，正确的是（　　）。
A. linear 用于指定以慢速开始然后加快、最后慢速结束的过渡效果
B. ease 用于指定以慢速开始然后逐渐加快的过渡效果
C. ease-out 用于指定以快速开始然后逐渐减慢的过渡效果
D. ease-in-out 用于指定以相同速度开始至结束的过渡效果
3. 下列关于 CSS3 变形的说法中，错误的是（　　）。
A. 可以使用 rotateX()函数让指定元素围绕 x 轴旋转
B. 可以使用 rotateY()函数让指定元素围绕 y 轴旋转
C. 可以使用 rotate3d()函数同时设置元素在 x 轴、y 轴上的旋转
D. 可以使用 perspective 属性设置透视效果

4. 下列关于转换函数的说法中，正确的有（　　　）。( 多选 )

A. translateX(−10)表示将元素沿 $x$ 轴向左平移 10px

B. scaleY(1.5)表示元素在 $y$ 轴方向上相对于元素的原始大小放大 1.5 倍

C. translateY(10)表示将元素沿 $y$ 轴向上平移 10px

D. scaleZ(1)表示元素在 $z$ 轴方向上保持原始大小，即不进行缩放

**四、简答题**

请简述 CSS 中的动画属性 animation-name、animation-duration、animation-timing-function、animation-delay、animation-iteration-count 和 animation-direction 的作用。

**五、操作题**

请模拟一个热气球向上飘浮的动画效果。要求使用@keyframes 规则定义一个名称为 appear 的动画，在动画开始时元素的位置保持不变；在动画结束时，设置元素向下移动 30px。

# 第 **7** 章

# 移动Web屏幕适配

| 知识目标 | • 了解屏幕分辨率和设备像素比，能够说出屏幕分辨率的概念和设备像素比的计算方式 |
| --- | --- |
| | • 了解视口，能够说出视口的设置方法 |
| | • 掌握媒体查询的使用方法，能够根据实际情况灵活定义媒体查询 |
| | • 掌握二倍图的使用方法，能够灵活使用二倍图在高分辨率设备中显示清晰的图像 |
| | • 掌握 rem 单位的使用方法，能够使用 rem 单位根据根元素的字号设置元素的大小 |
| | • 熟悉 rem 适配方案，能够归纳使用媒体查询结合 rem 单位与使用 flexible.js 结合 rem 单位实现屏幕适配的区别 |
| | • 掌握 Less 的使用方法，能够定义变量、使用嵌套语法简化代码、进行基本运算、注释代码、导入和导出 Less 文件 |
| | • 掌握流式布局的使用方法，能够使用流式布局实现宽度自适应 |
| | • 掌握 vw 单位和 vh 单位的使用方法，能够使用 vw 单位与 vh 单位根据视口的变化自动设置元素的大小 |
| 技能目标 | • 掌握线上问诊页面的制作方法，能够完成线上问诊页面的开发 |
| | • 掌握音乐屋首页页面的制作方法，能够完成音乐屋首页页面的开发 |

　　随着移动设备和互联网技术的快速发展，移动 Web 开发技术应运而生，并成为当下非常流行的技术之一。为了提供良好的用户体验，开发人员在构建适用于不同移动设备的 Web 应用程序时，需要灵活运用适配技术和最佳实践。在移动 Web 开发中，屏幕适配起着关键作用。开发人员需要了解屏幕分辨率、设备像素比和视口等概念，并利用媒体查询技术进行样式适配。此外，开发人员还需要掌握处理高清图像素材和实现响应式布局等的技巧。本章将详细讲解移动 Web 屏幕适配的相关知识。

## 项目 7-1　线上问诊页面

### 项目需求

　　随着生活节奏的加快，人们面临越来越多的生活和工作方面的压力，健康问题逐渐引起人们的关注。然而，传统的问诊模式需要耗费大量时间和精力：需要排队等候、填写烦琐的问诊表格，还需要费心找到合适的专家。基于这个背景，某公司正在开发一个线上医疗项目，目前正在进行线上问诊页面的开发。在该页面上，用户能够在线咨询医生，获取医疗建议和诊断结果，体验更为便捷和高效的医疗服务。

本项目需要基于上述需求实现线上问诊页面的开发，线上问诊页面效果如图 7-1 所示。

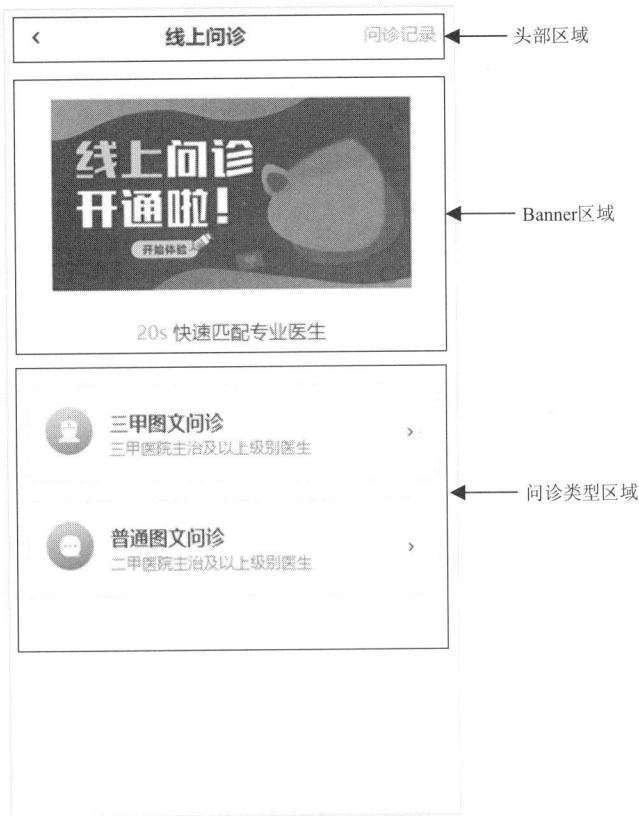

图7-1  线上问诊页面效果

## 知识储备

### 1. 屏幕分辨率和设备像素比

随着移动设备的普及以及多样化，开发人员面临着一项重要的任务：为移动应用适配各种屏幕尺寸和分辨率，以确保移动应用在不同设备中都能够提供良好的用户体验。下面将对屏幕分辨率和设备像素比进行详细讲解。

（1）屏幕分辨率

屏幕分辨率是指一块屏幕上可以显示的像素数量，通常以 px 为单位来衡量。例如，1920×1080 的分辨率表示屏幕在水平方向上含有 1920 个像素，在垂直方向上含有 1080 个像素，通过将两者相乘，可知屏幕上总共含有 2073600 个像素。

在屏幕尺寸相同的情况下，具有较高分辨率的屏幕通常可以显示更多的像素，因此它具有更高的像素密度。高像素密度的屏幕能够呈现更多的细节，使图形和文本显示更加清晰和精细，因此这种屏幕通常可以呈现更加细腻和逼真的动画。低像素密度的屏幕可能会显示出较大的像素颗粒，这会使图像和文本显示不够清晰和精细，从而影响观感和识别度。

因此，当考虑屏幕质量和显示效果时，分辨率是一个重要的考虑因素。

下面演示在屏幕尺寸相同的情况下，高分辨率屏幕与低分辨率屏幕所显示的图像的差异，如图 7-2 所示。

从图 7-2 可以看出，高分辨率屏幕显示的图像比较精细，而低分辨率屏幕显示的图像有颗粒感。

随着屏幕技术的进步，屏幕分辨率也在不断提高，这导致了一些早期设计的软件在高分辨率屏幕上显示过小的问题。导致该问题的原因是一些早期软件的宽度、高度、字号等都是固定的，这些软件适用于低分辨率屏幕，用于高分辨率屏幕时就显得非常小。为了解决这个问题，操作系统会自动将屏幕画面进行放大，使早期软件在高分辨率屏幕上也能以合适的大小显示。然而，由于屏幕画面被操作系统放大，软件识别的屏幕分辨率和实际的屏幕分辨率会有所差异。为了方便区分，将实际的屏幕分辨率和像素称为物理分辨率和物理像素，而将软件识别的屏幕分辨率和像素称为逻辑分辨率和逻辑像素。

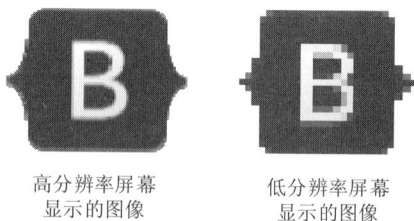

高分辨率屏幕　　　　低分辨率屏幕
显示的图像　　　　　显示的图像

图7-2　高分辨率屏幕与低分辨率屏幕
所显示的图像的差异

需要注意的是，物理分辨率是屏幕的硬件特性，是固定不变的。而逻辑分辨率是通过软件处理和调整后的虚拟概念，可以根据需要进行调整和变化。因此，在网页制作过程中，应该参考逻辑分辨率来编写代码。

设备的逻辑分辨率可以使用 JavaScript 代码在网页上进行查询，示例代码如下。

```
console.log('逻辑分辨率：' + screen.width + 'X' + screen.height);
```

在上述示例代码中，screen.width 表示屏幕宽度的逻辑像素，screen.height 表示屏幕高度的逻辑像素。

（2）设备像素比

设备像素比（Device Pixel Ratio）是指设备的物理像素与逻辑像素之间的比例。例如，当设备的物理像素宽度为 4px、逻辑像素宽度为 2px 时，则设备像素比为 2。这意味着在水平方向上一个逻辑像素由 2 个物理像素呈现。同样地，当设备的物理像素高度为 4px、逻辑像素高度为 2px 时，设备像素比仍为 2。需要注意的是，使用宽度或高度计算设备像素比的结果是相同的。设备像素比是为了适应高分辨率屏幕和提供更好的视觉效果而引入的。通过调整逻辑像素与物理像素之间的比例，可以实现在高分辨率屏幕上显示更清晰和细腻的图像。

设备像素比可以使用 JavaScript 代码在网页上进行查询，示例代码如下。

```
let devicePixelRatio = window.devicePixelRatio;
console.log('设备像素比：' + devicePixelRatio);
```

在上述示例代码中，使用 window.devicePixelRatio 属性可以获取当前设备像素比。

**2. 视口**

在移动设备普及之前，网页设计主要是针对 PC 的大屏幕进行的。移动设备出现后，许多网页在小屏幕设备上会出现显示不完整或布局混乱的情况，因为这些网页并没有适配小屏幕设备。为了解决这个问题，移动设备的浏览器通常会将整个网页以接近 PC 的宽度（通常为 980px）来渲染，然后将整个网页缩小以适应移动设备的屏幕大小。这样，用户可以通过操作水平滚动条和垂直滚动条来浏览页面内容。然而，这种操作可能会比较麻烦。

为了提供更好的移动端浏览体验，浏览器引入了视口（Viewport）的概念，并提供了通过<meta>标签进行配置的方式。其中，视口是浏览器用来显示网页的区域。通过配置视口，可以设置浏览器按照指定的大小渲染和显示网页，并控制网页的缩放程度以及是否允许用户缩放网页。

使用<meta>标签设置视口的语法格式如下。

```
<meta name="viewport" content="参数名 1=参数值 1, 参数名 2=参数值 2">
```

在上述语法格式中，name 属性用于设置网页的视口，content 属性用于设置视口参数的具体值。

content 属性的常用参数如表 7-1 所示。

表 7-1　content 属性的常用参数

| 参数 | 说明 |
| --- | --- |
| width | 设置视口宽度，可以设为正整数（单位为 px）或特殊值 device-width（设备宽度） |
| height | 设置视口高度，可以设为正整数（单位为 px）或特殊值 device-height（设备高度） |
| initial-scale | 设置初始缩放比例，取值范围为 0.0~10.0 |
| maximum-scale | 设置最大缩放比例，取值范围为 0.0~10.0 |
| minimum-scale | 设置最小缩放比例，取值范围为 0.0~10.0 |
| user-scalable | 设置用户是否可以缩放页面，默认值为 yes，表示允许用户缩放页面；若将其设为 no，则表示不允许用户缩放页面。此外，也可以使用数字 1 表示允许用户缩放页面，使用数字 0 表示不允许用户缩放页面 |

下面演示视口的设置方法，示例代码如下。

```
<meta name="viewport" content="width=device-width, initial-scale=1.0, user-scalable=no">
```

在上述示例代码中，width=device-width 表示将视口宽度设置为设备宽度，initial-scale=1.0 表示指定初始缩放比例为 1.0，user-scalable=no 表示不允许用户缩放页面。

**3. 媒体查询**

随着移动设备的普及和多样化，用户使用不同尺寸和分辨率的设备浏览网页的需求也呈现多样化。为了满足这种需求，使用媒体查询来实现响应式设计已经成为一个重要的前端开发手段。

所谓响应式，是指网页能够自动适应不同设备（如手机、平板、计算机）的屏幕大小和分辨率，为用户提供舒适的浏览体验。

媒体查询（Media Query）是 CSS3 中实现响应式设计的关键技术之一，它可以根据不同的媒体类型或视口大小应用不同的样式。在 CSS 中，媒体查询的代码书写位置与其他 CSS 代码的书写位置相同，既可以写在<style>标签中，也可以写在单独的 CSS 文件中，然后通过<link>标签引入 CSS 文件。

定义媒体查询的语法格式如下。

```
@media 媒体类型 逻辑操作符 (媒体特性) {
  选择器 {
    CSS 代码
  }
}
```

下面对上述语法格式中的组成部分进行讲解。

① @media：用于声明媒体查询。

② 媒体类型：用于指定媒体查询的媒体类型，常见的媒体类型有 screen（屏幕设备）、print

（打印机）、speech（屏幕阅读器）。若未指定媒体类型，则默认值为 all，表示所有设备。

　　③ 逻辑操作符：用于连接多个媒体特性以构建复杂的媒体查询，常见的逻辑操作符有 and（将多个媒体特性联合在一起）、only（指定特定的媒体特性）、not（排除某个媒体特性）。若未指定逻辑操作符，则默认值为 and。

　　④ 媒体特性：用于指定媒体查询条件，由"属性: 值"的形式组成。常用的媒体特性的属性包括 width（视口宽度）、min-width（视口最小宽度）、max-width（视口最大宽度）等。若未指定媒体特性，则媒体查询会被应用于所有设备和视口。

　　⑤ 选择器：用于设置在指定设备中满足媒体特性的选择器，以确定哪些元素将受到媒体查询的影响。

　　⑥ CSS 代码：用于设置在指定设备中当满足媒体特性时，对应选择器所应用的 CSS 代码。

　　例如，当视口宽度小于或等于 768px 时，设置 body 元素的背景颜色为#ccc，示例代码如下。

```
@media (max-width: 768px) {
  body {
    background-color: #ccc;
  }
}
```

　　在上述示例代码中，max-width: 768px 表示视口最大宽度为 768px，即当视口宽度小于或等于 768px 时，符合媒体查询条件，此时将 body 元素的背景颜色设置为#ccc。

　　当视口宽度大于或等于 500px 且小于或等于 800px 时，设置 body 元素的背景颜色为#ccc，示例代码如下。

```
@media screen and (min-width: 500px) and (max-width: 800px) {
  body {
    background-color: #ccc;
  }
}
```

　　在上述示例代码中，使用 and 将 2 个媒体特性联合在一起。min-width: 500px 表示视口最小宽度为 500px，max-width: 800px 表示视口最大宽度为 800px，即当视口宽度大于或等于 500px 且小于或等于 800px 时，符合媒体查询条件，此时将 body 元素的背景颜色设置为#ccc。

　　下面通过代码演示如何使用媒体查询实现网页在视口宽度小于或等于 768px 时隐藏左侧列表区域，在视口宽度大于 768px 时显示左侧列表区域和右侧内容区域，示例代码如下。

```
1   <head>
2     <meta name="viewport" content="width=device-width, initial-scale=1.0">
3     <style>
4       .sidebar {
5         width: 250px;
6         height: 200px;
7         float: left;
8         border-right: 1px dashed black;
9       }
10      .content {
11        text-align: center;
12      }
13      @media (max-width: 768px) {
14        .sidebar {
15          display: none;
16        }
17      }
18    </style>
```

```
19  </head>
20  <body>
21    <div class="sidebar">
22      <h4>孟郊-主要作品</h4>
23      <ul>
24        <li>《游子吟》</li>
25        <li>《登科后》</li>
26        <li>《劝学》</li>
27      </ul>
28    </div>
29    <div class="content">
30      <h4>游子吟</h4>
31      <p>〔唐〕孟郊</p>
32      <p>慈母手中线，游子身上衣。</p>
33      <p>临行密密缝，意恐迟迟归。</p>
34      <p>谁言寸草心，报得三春晖。</p>
35    </div>
36  </body>
```

在上述示例代码中，第 13～17 行代码用于指定在视口宽度小于或等于 768px 时隐藏左侧列表区域，即隐藏具有.sidebar 类的元素；第 21～28 行代码用于定义左侧列表区域的结构；第 29～35 行代码用于定义右侧内容区域的结构。

上述示例代码运行后，打开开发者工具，进入移动设备调试模式，将移动设备的视口宽度设置为 769px，页面效果如图 7-3 所示。

图7-3　视口宽度为769px时的页面效果

从图 7-3 可以看出，当视口宽度为 769px 时，左侧列表区域和右侧内容区域均显示。将移动设备的视口宽度设置为 768px 时，页面效果如图 7-4 所示。

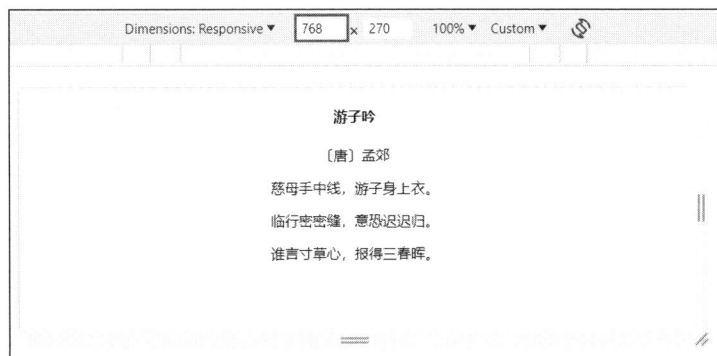

图7-4　视口宽度为768px时的页面效果

　　从图 7-4 可以看出，当视口宽度为 768px 时，左侧列表区域被隐藏，右侧内容区域得以显示。

　　通过媒体查询，可以根据不同设备的屏幕尺寸为用户提供更好的体验。在开发中，我们应该考虑不同用户的需求和背景，确保所有用户都能获得良好的访问体验。因此，在设计界面和提供服务时，应以用户为中心，关注每个用户的需求。

### 4. 二倍图

　　在移动 Web 开发中，为了确保网页中的图像在不同屏幕尺寸的设备中都能够完美呈现，需要解决设备像素比大于 1 时带来的图像模糊问题。当设备像素比大于 1 时，网页在这些设备中会被放大显示，如果网页中图像的分辨率过低，图像会模糊。为了在高分辨率屏幕上显示更加清晰、更高质量的图像，可以使用二倍图。

　　二倍图是一种宽度和高度均为原图二倍的图像。通常在二倍图的文件名后面会加上 @2x，以示区分。这种图像适用于高分辨率屏幕，因为高分辨率屏幕通常具有更高的像素密度。如果只使用原图，在高分辨率屏幕上会出现图像模糊、失真或变形的情况。因此，在实际开发中，为了适应不同设备像素比的要求，通常需要同时准备原图及其二倍图。原图用于一般分辨率的屏幕显示，而二倍图则用于高分辨率的屏幕显示。这样，无论是普通屏幕还是高分辨率屏幕，都能够获得较好的图像显示效果。

　　考虑到移动端屏幕的设备像素比多种多样，为每一种设备像素比的设备都制作相应的图像是不现实的。因此，在实际开发中，为了平衡图像的质量和性能，通常会选择使用二倍图作为通用图像的解决方案。

　　在网页中，可使用<img>标签插入二倍图或者设置元素的背景图像的二倍图，两种设置方法是不同的，下面将分别进行讲解。

　　（1）使用<img>标签插入二倍图

　　使用<img>标签插入二倍图是指，通过将 width 属性和 height 属性设置为实际图像尺寸的一半，来实现二倍图的显示效果。例如，二倍图 image@2x.png 的分辨率为 200×200，则应将<img>标签的 width 属性和 height 属性均设置为 100px，示例代码如下。

```
<img width="100" height="100" src="image@2x.png">
```

　　（2）设置元素的背景图像的二倍图

　　对于使用背景图像的元素，可以通过将其 background-size 属性设置为实际图像尺寸的一半，来作为背景图像的显示大小。例如，原始图像 bg.png 的分辨率为 200×200，则应将其对应的二倍图 bg@2x.png 的 background-size 属性设置为"100px 100px"，示例代码如下。

```
div {
  width: 100px;
  height: 100px;
  background: url("bg@2x.png") no-repeat;
  background-size: 100px 100px;
}
```

　　下面演示如何使用二倍图，示例代码如下。

```
1  <head>
2    <style>
3      div {
4        width: 50px;
5        height: 41px;
6        background: url("images/logo@2x.png") no-repeat;
7        background-size: 50px 41px;
```

```
8        }
9    </style>
10  </head>
11  <body>
12    <img src="images/logo.png" alt="原图">
13    <img src="images/logo@2x.png" alt="二倍图" width="50" height="41">
14    <div></div>
15  </body>
```

在上述示例代码中，第 3~8 行代码为 div 元素设置宽度为 50px、高度为 41px，并指定了背景图像的路径和背景图像不重复显示，同时设置背景图像的宽度为 50px、高度为 41px。

第 12 行代码用于展示原图；第 13 行代码用于展示二倍图；第 14 行代码用于展示背景图像的二倍图。

上述示例代码运行后，打开开发者工具，进入移动设备调试模式，将移动设备的视口宽度设置为 375px。为了方便对比图像的区别，将缩放设置为 200%，图像显示效果如图 7-5 所示。

在图 7-5 中，第 1 行中左侧图像显示的是原图，右侧图像显示的是二倍图，第 2 行中的图像显示的也是二倍图。由此可见，二倍图在页面中的显示效果更加清晰。

图7-5　图像显示效果

在开发项目时，合理运用图像能够吸引用户的关注，增加页面的吸引力，提高用户的点击率和参与度。然而，在使用和分享图像时，我们必须时刻具备版权意识。随着互联网技术的发展，许多提供图像素材的网站也层出不穷，为了确保不侵犯他人的著作权和肖像权，我们不能随意在网络上传播未经授权的图像。作为开发者，我们应该自律自制，承担社会责任，维护良好的网络环境。

### 5. rem 单位

rem 是 CSS3 中引入的一种相对单位。当使用 rem 单位时，它的大小取决于根元素的字号（font-size），换算方式为 1rem 等于 1 倍根元素的字号。例如，根元素的 font-size 为 12px，非根元素的 width 为 2rem，2rem 换算成以 pc 为单位的值 24px。

使用 rem 单位的优势在于，只需调整根元素的字号，就能同时改变整个页面中所有使用 rem 单位的元素的大小，这样可以确保元素在不同设备中不会变形或失真，从而提供一致的视觉体验。

rem 单位的基本使用方法如下。

① 编写页面结构，示例代码如下。

```
<div></div>
```

② 设置根元素的字号，示例代码如下。

```
:root {
  font-size: 14px;
}
```

在上述示例代码中，设置根元素的字号为 14px。

③ 使用 rem 单位设置 div 元素的宽度和高度，示例代码如下。

```
1  div {
2    width: 5rem;
```

```
3      height: 5rem;
4      background-color: #ccc;
5    }
```

在上述示例代码中，第 2～3 行代码用于设置 div 元素的宽度和高度都为 5rem。由于 5rem 等于 5 倍根元素的字号，可以得出 div 元素最终的宽度和高度都为 70px。

### 6. rem 适配方案

在进行屏幕适配时，rem 适配方案是一种常见的屏幕适配方式。它利用相对单位 rem 设置元素大小，并根据根元素的字号进行计算，从而实现在不同设备屏幕尺寸下的元素等比例缩放。rem 适配方案既可以适配不同屏幕宽度，又可以保证页面元素在高度和宽度上的等比例缩放，使得页面更加美观和易于阅读。

rem 适配方案常见的实现方式包括使用媒体查询结合 rem 单位和使用 flexible.js 结合 rem 单位，下面分别进行讲解。

（1）使用媒体查询结合 rem 单位

使用媒体查询根据不同设备屏幕尺寸设置根元素的字号，然后使用 rem 单位设置页面元素的大小，即可实现元素在不同设备屏幕尺寸下的等比例缩放。

下面演示如何使用媒体查询结合 rem 单位的方式实现元素的等比例缩放，示例代码如下。

```
1   <head>
2     <meta name="viewport" content="width=device-width, initial-scale=1.0">
3     <style>
4       @media (min-width: 375px) {
5         :root {
6           font-size: 37.5px;
7         }
8       }
9       @media (min-width: 414px) {
10        :root {
11          font-size: 41.4px;
12        }
13      }
14      div {
15        width: 5rem;
16        height: 3rem;
17        background-color: #ccc;
18      }
19    </style>
20  </head>
21  <body>
22    <div></div>
23  </body>
```

在上述示例代码中，第 4～8 行代码用于设置当视口宽度大于或等于 375px 时，根元素的字号为 37.5px；第 9～13 行代码用于设置当视口宽度大于或等于 414px 时，根元素的字号为 41.4px；第 14～18 行代码用于将 div 元素的宽度设置为 5rem、高度设置为 3rem、背景颜色设置为#ccc。

上述示例代码运行后，打开开发者工具，进入移动设备调试模式，将移动设备的视口宽度分别设置为 375px 和 414px，页面效果如图 7-6 所示。

从图 7-6 可以看出，当视口宽度为 375px 时，div 元素的宽度为 187.5px、高度为 112.5px；当视口宽度设置为 414px 时，div 元素的宽度为 207px、高度为 124.19px。

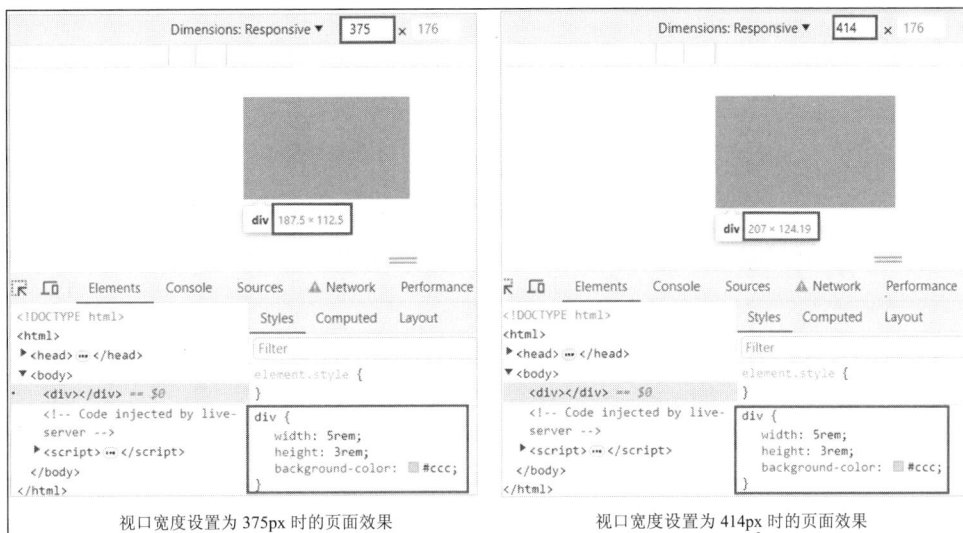

图7-6　视口宽度分别设置为375px和414px时的页面效果

需要说明的是，当视口宽度设置为 414px 时，根元素的字号为 41.4px，div 元素的高度为 124.19px。如果手动计算 3rem 的大小，则 3 × 41.4px = 124.2px，该结果与 124.19px 略有差异，这是因为浏览器在进行浮点数运算时出现了精度损失。这个微小的差异通常对大多数网页设计没有影响。

（2）使用 flexible.js 结合 rem 单位

flexible.js 是一个用于移动端屏幕适配的 JavaScript 文件，它会根据视口宽度动态计算出根元素的字号，从而实现页面元素的等比例缩放。通常情况下，flexible.js 会将根元素的字号设置为视口宽度的十分之一。例如，设备屏幕宽度为 375px，那么根元素的字号将会是 37.5px。读者可自行获取 flexible.js 文件，或者从本书配套源码中获取。

下面演示如何使用 flexible.js 结合 rem 单位的方式实现元素的等比例缩放，示例代码如下。

```
1  <head>
2    <meta name="viewport" content="width=device-width, initial-scale=1.0">
3    <style>
4      div {
5        width: 2rem;
6        height: 2rem;
7        background-color: #ccc;
8      }
9    </style>
10 </head>
11 <body>
12   <div></div>
13   <script src="flexible.js"></script>
14 </body>
```

在上述示例代码中，第 5 ~ 6 行代码使用 rem 单位设置元素的宽度和高度都为 2rem；第 13 行代码引入了 flexible.js 文件。

上述示例代码运行后，打开开发者工具，进入移动设备调试模式，将移动设备的视口宽度分别设置为 375px 和 750px，页面效果如图 7-7 所示。

从图 7-7 可以看出，当视口宽度为 375px 时，根元素的字号为 37.5px，div 元素的宽度为 75px、高度为 75px；当视口宽度为 750px 时，根元素的字号为 75px，div 元素的宽度为

150px、高度为 150px。

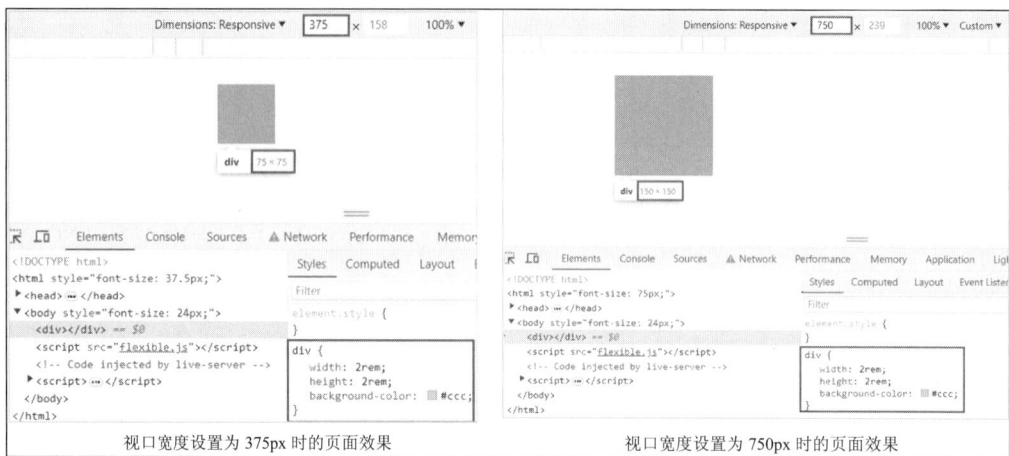

图7-7　视口宽度分别设置为375px和750px时的页面效果

综上所述，使用媒体查询结合 rem 单位的方式与使用 flexible.js 结合 rem 单位的方式都可以实现元素的等比例缩放。但是前者需要为每个媒体查询设置不同的根元素字号，从而控制元素的大小。相比之下，后者能够更灵活地实现响应式布局，无须手动设置多个媒体查询。在实际开发中，可以根据实际情况进行选择。

### 7. Less

为了提升 CSS 代码的表达力和可维护性，开发者可以选择使用 CSS 预处理器。Less 是一个常用的 CSS 预处理器，它通过引入额外的功能和语法，使 CSS 代码变得更加强大和灵活。

与 CSS 相比，Less 具有以下特点。

① Less 不仅支持变量，而且具有更灵活的变量语法，可以定义并重用变量以管理样式属性，这样在需要修改整个样式表时只需更改变量的值。

② Less 允许使用嵌套规则，这样可以通过减少重复的选择器名称来简化样式表的书写。

③ Less 支持混入（Mixins）功能，可以将一组样式属性封装起来，并在需要时通过调用一个已定义的混入来重复使用其中封装的样式属性。这样可以避免在多个地方重复编写相同的样式代码，减少了代码的冗余，提高了代码的复用性和可维护性。

为了和 CSS 文件区分，通常将 Less 代码保存在扩展名为.less 的文件中。由于浏览器无法直接解析 Less 代码，因此需要将 Less 代码先编译成 CSS 代码，然后将编译后的 CSS 代码引入页面。

在 VS Code 编辑器中，借助 Easy LESS 扩展可以编译 Less 代码。安装该扩展后，每当保存 Less 文件时，Easy LESS 扩展会自动将 Less 代码编译成对应的 CSS 文件。

在 VS Code 编辑器中搜索 Easy LESS 即可找到 Easy LESS 扩展，如图 7-8 所示。

在图 7-8 中，找到 Easy LESS 扩展后，单击"安装"按钮进行安装即可。

Less 的常用语法包括 Less 变量和 Less 嵌套规则，下面分别进行讲解。

（1）Less 变量

Less 变量的作用与 CSS 变量类似，但它不需要定义在选择器的规则块中。定义 Less 变量的语法格式如下。

```
@变量名：变量值；
```

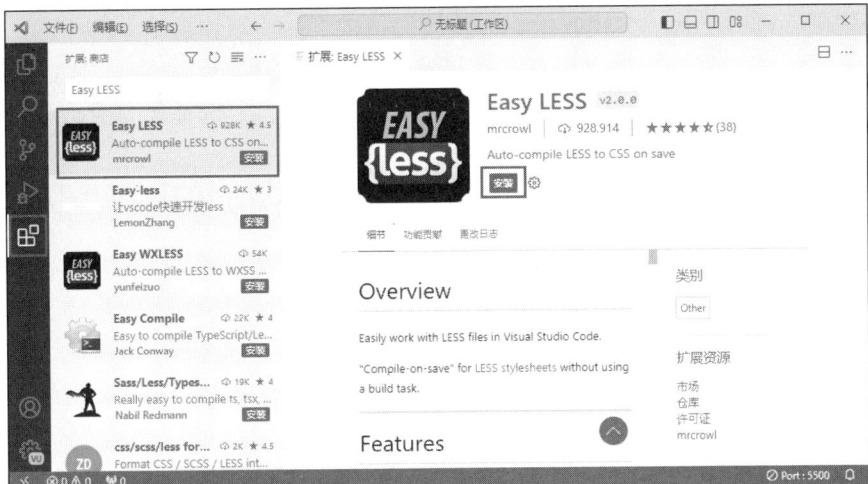

图7-8　Easy LESS扩展

　　在上述语法格式中，变量的定义需要使用@符号作为前缀，后跟变量名和变量值。变量名可以包含字母、数字、下划线（_）和连字符（-），但不能以数字开头且大小写敏感。而变量值可以是任意符合规定的 CSS 属性值，如十六进制颜色值、字符串等。例如 "@color: #ff0000;" 表示定义一个名为@color 的变量，并将其值设置为#ff0000（红色）。

　　下面演示如何定义和使用 Less 变量，创建 myLess.less 文件，示例代码如下。

```
1  @color: pink;
2  @font14: 14px;
3  body {
4    background-color: @color;
5  }
6  div {
7    color: @color;
8    font-size: @font14;
9  }
```

　　在上述示例代码中，第 1~2 行代码定义了两个变量，分别为@color 和@font14；第 4 行代码用于将 body 元素的 background-color 属性值设置为变量@color 的值；第 6~9 行代码用于将 div 元素的 color 属性值设置为变量@color 的值，同时将 font-size 属性值设置为变量@font14 的值。

　　保存 myLess.less 文件后，VS Code 编辑器会自动在该文件的同目录下生成 myLess.css 文件。myLess.css 文件的代码如下。

```
1  body {
2    background-color: pink;
3  }
4  div {
5    color: pink;
6    font-size: 14px;
7  }
```

　　从上述代码可以看出，VS Code 编辑器成功将 myLess.less 文件中的@color 变量的值设置为 pink，将@font14 变量的值设置为 14px。

　　（2）Less 嵌套规则

　　Less 允许开发者在一个选择器的规则块内部嵌套另一个规则块，称为嵌套规则。通过使用嵌套规则，可以显著减少代码量，并使代码结构更加清晰和易读。

在 Less 中，当内层选择器需要与父选择器组成交集、伪类或伪元素选择器时，需要在内层选择器的前面添加 "&" 符号，这样做可以将其解析为父选择器自身或父选择器的伪类。如果不加 "&" 符号，则会被解析为父选择器的后代。

下面演示 Less 嵌套规则的使用方法，在 myLess.less 文件中编写如下代码。

```
1   ……（原有代码）
2   .content {
3     article {
4       h1 {
5         color: blue;
6         &:hover {
7           color: green;
8         }
9       }
10      p {
11        padding: 10px;
12      }
13    }
14    aside {
15      background-color: #ccc;
16    }
17  }
```

在上述代码中，第 6 行代码中的 "&" 符号可以将:hover 伪类选择器解析为 h1:hover，以实现当鼠标指针悬停在 h1 元素上时，文本颜色被设置为绿色。

保存上述代码，打开自动生成的 myLess.css 文件，编译后的代码如下。

```
1   ……（原有代码）
2   .content article h1 {
3     color: blue;
4   }
5   .content article h1:hover {
6     color: green;
7   }
8   .content article p {
9     padding: 10px;
10  }
11  .content aside {
12    background-color: #ccc;
13  }
```

从上述代码可以看出，VS Code 编辑器成功将 Less 嵌套规则的语法转换成普通的 CSS 语法。

（3）Less 运算

Less 支持数学运算，支持加（+）、减（-）、乘（*）、除（/）运算符，任何数字、颜色名称或者变量都可以参与运算。

在使用时，需要注意以下事项。

① 运算符左右两侧需要留有空格，例如 1px + 5。

② 加、减、乘运算可以直接书写计算表达式，例如 width: 100px + 50px。

③ 除运算需要添加小括号或在/运算符前添加 "." 符号，例如 width: (100px / 4);或 width: 100px ./ 4。

④ 如果运算涉及两个具有不同单位的值，运算结果将采用第一个值的单位。

⑤ 如果运算涉及两个值，其中只有一个值具有单位，运算结果将采用具有单位的那个值的单位。

（4）Less 注释

在日常开发中，为了增强代码的可读性，可以给代码添加注释，注释在程序解析时会被忽略，不会对代码的运行产生任何影响。

Less 中可以使用单行注释和多行注释，单行注释以 "//" 开始，到该行结束之前的内容都是注释，示例代码如下。

```
h1 {
  color: blue;   // 设置颜色为蓝色
}
```

在上述示例代码中，"//" 和后面的 "设置颜色为蓝色" 是一个单行注释。

多行注释以 "/*" 开始，以 "*/" 结束。多行注释中可以嵌套单行注释，但不能嵌套多行注释，示例代码如下。

```
/*
这是 h1 标题的样式规则。
可以在这里添加更多的说明。
*/
h1 {
  color: blue;
}
```

（5）Less 导入

在 Less 中，使用@import 指令可以导入其他 Less 文件，该指令通常用于引入公共样式文件。使用@import 指令导入 Less 文件的语法格式如下。

```
@import '文件路径';
```

在上述语法格式中，文件路径可以指定为相对路径或绝对路径，如果要导入的文件是 Less 文件，则可以省略文件扩展名。

例如，导入当前目录下的 base.less 文件和 common.less 文件，示例代码如下。

```
@import 'base.less';
@import 'common';
```

以上演示了不省略扩展名和省略了扩展名的两种写法。

（6）Less 导出与禁止导出

通过前面的学习可知，当保存 Less 文件后，VS Code 编辑器会自动在该文件同目录下生成同名的 CSS 文件。如果想要将编译后的 CSS 文件导出到当前目录下的指定文件或者指定目录，可以通过下面两种方式实现。

① 将编译后的 CSS 文件导出到当前目录下的 index.css 文件中，示例代码如下。

```
// out: index.css
```

在上述示例代码中，在 Less 文件中添加注释 "// out: index.css"，这样编译后的 CSS 文件将命名为 index.css，并保存在当前目录下。

② 将编译后的 CSS 文件导出到当前目录下的名为 css 的文件夹中，示例代码如下。

```
// out: css/
```

在上述示例代码中，在 Less 文件中添加注释 "// out: css/"，这样编译后的 CSS 文件将保存在当前目录下的名为 css 的文件夹内。

若想要禁止导出编译后的 CSS 文件，则可以在 Less 文件的第一行添加注释 "// out: false"，示例代码如下。

```
// out: false
```
需要注意的是，这种导出机制通常是由 VS Code 扩展实现的。

### 项目实现

根据项目需求实现线上问诊页面的开发，具体实现步骤如下。

① 创建 D:\code\chapter07 目录，将本章配套源码中的 js 文件夹、iconfont 文件夹和 images 文件夹复制到该目录下，并使用 VS Code 编辑器打开该目录。

② 创建 less\base.less 文件，该文件用于保存公共样式的代码。

③ 创建 less\consultation.less 文件，该文件用于保存线上问诊页面的样式代码。

④ 创建 consultation.html 文件，编写线上问诊页面的结构并引入 iconfont 目录下的 iconfont.css 文件、css 目录下的 consultation.css 文件和 js 目录下的 flexible.js 文件，具体代码如下。

```html
1  <!DOCTYPE html>
2  <html>
3  <head>
4    <meta charset="UTF-8">
5    <meta name="viewport" content="width=device-width, initial-scale=1.0">
6    <title>线上问诊</title>
7    <link rel="stylesheet" href="iconfont/iconfont.css">
8    <link rel="stylesheet" href="css/consultation.css">
9  </head>
10 <body>
11   <header>
12     <a href="#" class="back"><span class="iconfont icon-left"></span></a>
13     <h3>线上问诊</h3>
14     <a href="#" class="note">问诊记录</a>
15   </header>
16   <div class="banner">
17     <img src="images/entry.png">
18     <p><span>20s</span>快速匹配专业医生</p>
19   </div>
20   <div class="type">
21     <ul>
22       <li>
23         <a href="#">
24           <div class="pic">
25             <img src="images/type01@2x.png">
26           </div>
27           <div class="txt">
28             <h4>三甲图文问诊</h4>
29             <p>三甲医院主治及以上级别医生</p>
30           </div>
31           <span class="iconfont icon-right"></span>
32         </a>
33       </li>
34       <li>
35         <a href="#">
36           <div class="pic">
37             <img src="images/type02@2x.png">
38           </div>
39           <div class="txt">
40             <h4>普通图文问诊</h4>
41             <p>二甲医院主治及以上级别医生</p>
```

```
42          </div>
43          <span class="iconfont icon-right"></span>
44        </a>
45      </li>
46    </ul>
47  </div>
48  <script src="js/flexible.js"></script>
49 </body>
50 </html>
```

在上述代码中，引入了 iconfont.css 文件、consultation.css 文件和 flexible.js 文件。第 11 ~ 15 行代码用于设置线上问诊页面头部区域的结构；第 16 ~ 19 行代码用于设置线上问诊页面 Banner 区域的结构；第 20 ~ 47 行代码用于设置线上问诊页面问诊类型区域的结构。

⑤ 在 base.less 文件中编写公共样式的代码，具体代码如下。

```
1  // out: false
2  *, ::after, ::before {
3    box-sizing: border-box;
4  }
5  body, ul, p, h1, h2, h3, h4, h5, h6 {
6    padding: 0;
7    margin: 0;
8  }
9  body {
10   font-family: "Microsoft YaHei", Arial, sans-serif;
11   font-size: 14px;
12   color: #333;
13 }
14 ul {
15   list-style-type: none;
16 }
17 a {
18   color: #333;
19   text-decoration: none;
20 }
```

在上述代码中，第 1 行代码用于设置在保存 base.less 文件时，禁止导出编译后的 base.css 文件。

⑥ 在 consultation.less 文件中编写线上问诊页面的样式代码，具体代码如下。

```
1  // out: ../css/
2  @import 'base.less';
3  @rootSize: 37.5rem;
4  header {
5    display: flex;
6    justify-content: space-between;
7    padding: 0 (15 / @rootSize);
8    height: (44 / @rootSize);
9    line-height: (44 / @rootSize);
10   .icon-left {
11     font-size: (22 / @rootSize);
12   }
13   h3 {
14     font-size: (17 / @rootSize);
15   }
```

```
16    .note {
17      font-size: (15 / @rootSize);
18      color: #2CB5A5;
19    }
20  }
21  .banner {
22    margin-top: (30 / @rootSize);
23    margin-bottom: (34 / @rootSize);
24    text-align: center;
25    img {
26      margin-bottom: (18 / @rootSize);
27      width: (300 / @rootSize);
28      height: (157 / @rootSize);
29    }
30    p {
31      font-size: (16 / @rootSize);
32      span {
33        color: #16C2A3;
34      }
35    }
36  }
37  .type {
38    padding: 0 (15 / @rootSize);
39    li {
40      margin-bottom: (15 / @rootSize);
41      padding: 0 (15 / @rootSize);
42      height: (78 / @rootSize);
43      border: 1px solid #EDEDED;
44      border-radius: (4 / @rootSize);
45      a {
46        display: flex;
47        align-items: center;
48        height: (78 / @rootSize);
49        img {
50          margin-right: (14 / @rootSize);
51          width: (40 / @rootSize);
52          height: (40 / @rootSize);
53        }
54        .txt {
55          flex:1;
56          h4 {
57            font-size: (16 / @rootSize);
58            color: #3C3E42;
59            line-height: (24 / @rootSize);
60          }
61          p {
62            font-size: (13 / @rootSize);
63            color: #848484;
64          }
65        }
66        .iconfont {
67          font-size: (16 / @rootSize);
68        }
69      }
```

```
70    }
71  }
```

在上述代码中，第 1 行代码用于设置在保存 consultation.less 文件时，将编译后的 consultation.css 文件导出到项目根目录的 css 子目录中；第 2 行代码使用@import 指令导入 base.less 文件；第 3 行代码定义了一个变量@rootSize，变量的值为 37.5rem，后续代码使用该变量来根据需要进行计算或设置样式值。

保存上述代码，在浏览器中打开 consultation.html 文件，打开开发者工具，进入移动设备调试模式，将移动设备的视口宽度设置为 375px，线上问诊页面的效果如图 7-9 所示。

图7-9　线上问诊页面的效果

# 项目 7-2　音乐屋首页页面

## 项目需求

对于大多数人来说，音乐是生活中不可或缺的一部分。不论是在清晨醒来时，还是在工作中需要缓解疲惫时，甚至是在晚上放松时，音乐都扮演着重要的角色。

某多媒体公司正在开发一个音乐屋移动 Web 项目，当前正在进行首页的开发，这个首页将作为用户进入应用的入口。

本项目需要基于上述需求实现音乐屋首页页面的开发，音乐屋首页页面效果如图 7-10 所示。

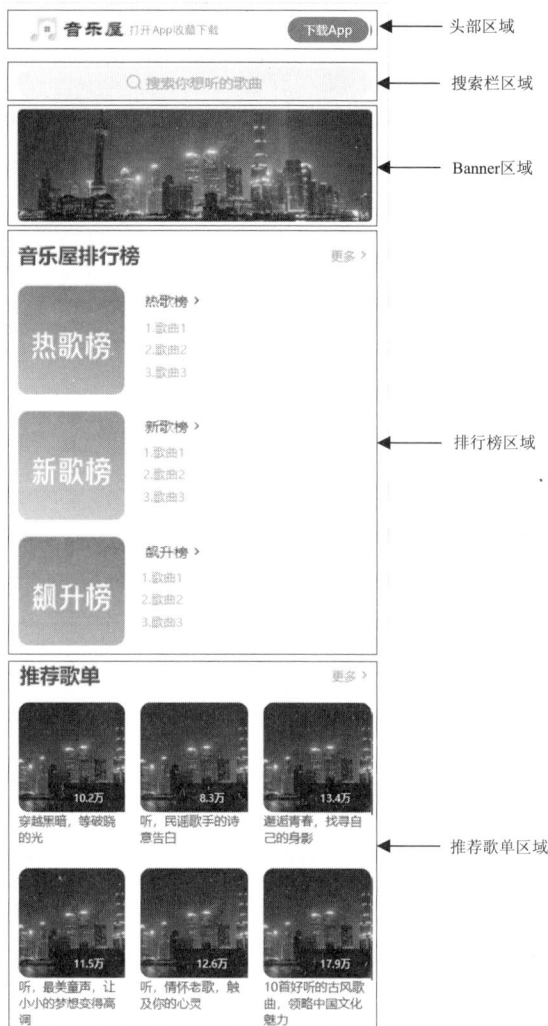

图7-10　音乐屋首页页面效果

## 知识储备

### 1. 流式布局

在实现响应式布局时，通常采用宽度适配方式，即通过设置网页的宽度来自动适应不同屏幕尺寸的设备，以确保用户在不同设备上获得最佳的浏览体验。

流式布局（也称为百分比布局）是一种常用的宽度适配方式，它使用百分比设置元素的宽度。设置后，页面中的各个元素会根据设备屏幕的尺寸进行相应缩放，以适应不同的屏幕宽度。

实现流式布局的方法是将 CSS 中的固定像素宽度换算为百分比宽度。这样，元素的宽度会按照其相对父容器的比例进行计算，元素的宽度能够实现自适应，从而使元素能够在不同屏幕尺寸的设备中自动调整大小。

流式布局的换算公式如下。

$$百分比宽度 = (目标元素宽度 / 父容器宽度) \times 100\%$$

　　例如，假设有一个元素的宽度为 300px，而父容器的宽度为 1200px，则根据上述公式，该元素的百分比宽度应为 25%。

### 2. vw 单位和 vh 单位

　　vw 和 vh 是相对单位，它们以视口的宽度和高度作为参考。当使用 vw 单位和 vh 单位时，浏览器会将视口的宽度和高度分成 100 份，1vw 占据视口宽度的 1%，1vh 占据视口高度的 1%。如果视口宽度为 375px，那么 1vw 就等于 3.75px，即 375px ÷ 100。

　　通过使用 vw 和 vh 单位，可以使元素的大小和位置能够根据视口的变化而自动调整，以适应不同屏幕尺寸的设备。

　　需要注意的是，在设置元素的宽度和高度时，如果混合使用 vw 单位和 vh 单位来设置元素的宽度和高度，屏幕宽高比的变化可能会导致元素在某些情况下出现变形。例如，假设一个元素使用 vw 单位来设置宽度，使用 vh 单位来设置高度，在宽高比为 16∶9 的屏幕上，元素的宽度和高度比例是正确的，但当屏幕切换到宽高比为 4∶3 的屏幕时，由于 vw 单位和 vh 单位的计算结果会相应变化，元素可能会显示出不正确的比例或出现变形。

　　下面演示 vh 单位的使用方法，示例代码如下。

```
1  <head>
2    <meta name="viewport" content="width=device-width, initial-scale=1.0">
3    <style>
4      .container {
5        height: 100vh;
6        display: flex;
7        justify-content: center;
8        align-items: center;
9      }
10     .box {
11       width: 50vh;
12       height: 50vh;
13       background-color: #666;
14     }
15     h1 {
16       font-size: 5vh;
17       color: white;
18       text-align: center;
19       padding: 10px;
20     }
21   </style>
22 </head>
23 <body>
24   <div class="container">
25     <div class="box">
26       <h1>Hello, World!</h1>
27     </div>
28   </div>
29 </body>
```

　　在上述示例代码中，第 5 行代码用于设置具有.container 类的元素的高度为 100vh，表示容器高度为视口高度的 100%；第 11 行代码用于设置具有.box 类的元素的宽度为 50vh，表示盒子宽度为视口宽度的 50%；第 12 行代码用于设置具有.box 类的元素的高度为 50vh，表示盒子高度为视口高度的 50%；第 16 行代码用于设置 h1 元素的字号为 5vh，表示字号为视口高度的 5%。

　　运行上述示例代码后，打开开发者工具，进入移动设备调试模式。为了方便对比元素随视口高度的变化，将移动设备的视口高度分别设置为 300px 和 500px，页面效果如图 7-11 所示。

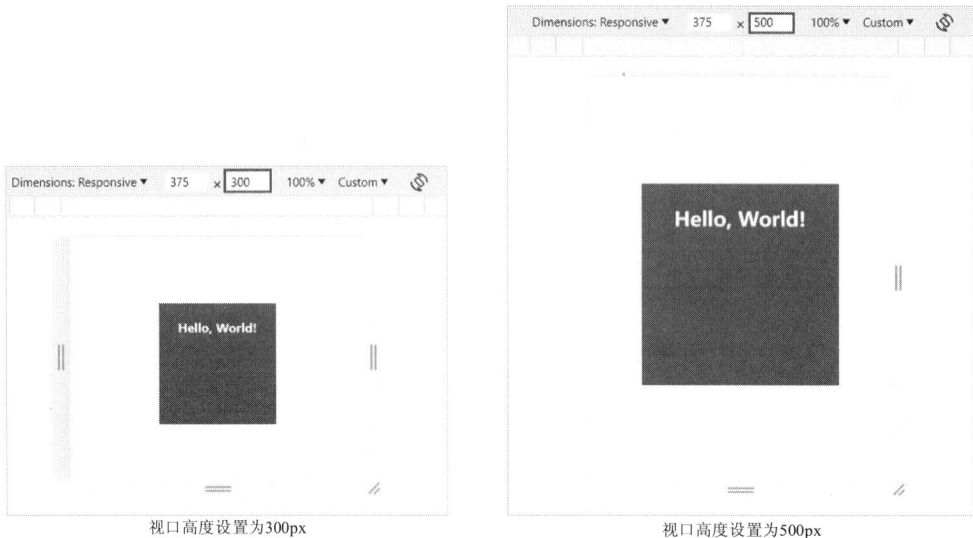

视口高度设置为300px　　　　　　　　　　　视口高度设置为500px

图7-11　移动设备的视口高度分别设置为300px和500px时的页面效果

　　从图 7-11 可以看出，元素会随着视口高度的变化而变化，并按照相应的比例进行了调整，说明使用 vh 单位成功设置了元素的宽度、高度以及字号。

### 项目实现

　　根据项目需求实现音乐屋首页页面的开发，具体实现步骤如下。

　　① 创建 less\music.less 文件，该文件用于保存音乐屋首页页面的样式代码。

　　② 创建 music.html 文件，编写音乐屋首页的结构并引入 iconfont 目录下的 iconfont.css 文件和 css 目录下的 music.css 文件，具体代码如下。

```
1  <!DOCTYPE html>
2  <html>
3  <head>
4    <meta charset="UTF-8">
5    <meta name="viewport" content="width=device-width, initial-scale=1.0">
6    <title>音乐屋</title>
7    <link rel="stylesheet" href="iconfont/iconfont.css">
8    <link rel="stylesheet" href="css/music.css">
9  </head>
10 <body>
11   <header>
12     <div class="left"></div>
13     <a href="#">下载 APP</a>
14   </header>
15   <div class="search">
16     <div class="txt">
17       <span class="iconfont icon-sousuo"></span>
18       <span>搜索你想听的歌曲</span>
19     </div>
20   </div>
```

```
21    <div class="banner">
22      <ul>
23        <li><a href="#"><img src="images/banner.jpg"></a></li>
24      </ul>
25    </div>
26  </body>
27  </html>
```

　　在上述代码中，第 11～14 行代码用于设置音乐屋首页头部区域的结构；第 15～20 行代码用于设置音乐屋首页搜索栏区域的结构；第 21～25 行代码用于设置音乐屋首页 Banner 区域的结构。

　　③ 在 music.less 文件中编写头部区域、搜索栏区域和 Banner 区域的样式，具体代码如下。

```
1   // out: ../css/
2   @import 'base.less';
3   body {
4     background-color: #f9fafb;
5   }
6   @vw: 3.75vw;
7   header {
8     position: fixed;
9     left: 0;
10    top: 0;
11    display: flex;
12    justify-content: space-between;
13    align-items: center;
14    padding: 0 (15 / @vw);
15    width: 100%;
16    height: (50 / @vw);
17    background-color: #fff;
18    .left {
19      width: (235 / @vw);
20      height: (50 / @vw);
21      background: url("../images/head.png") no-repeat;
22      background-size: contain;
23    }
24    a {
25      width: (80 / @vw);
26      height: (25 / @vw);
27      line-height: (25 / @vw);
28      background-color: #ff6100;
29      border-radius: (15 / @vw);
30      text-align: center;
31      font-size: (12 / @vw);
32      color: #fff;
33    }
34  }
35  .search {
36    margin-top: (50 / @vw);
37    padding: (10 / @vw) (15 / @vw);
38    height: (52 / @vw);
39    .txt {
40      height: (32 / @vw);
41      background-color: #f2f4f5;
42      border-radius: (16 / @vw);
43      text-align: center;
44      line-height: (32 / @vw);
```

```
45      color: #a1a4b3;
46      font-size: (14 / @vw);
47      .iconfont {
48        font-size: (16 / @vw);
49      }
50    }
51  }
52  .banner {
53    padding: 0 (15 / @vw);
54    height: (108 / @vw);
55    ul {
56      li {
57        width: (345 / @vw);
58        height: (108 / @vw);
59        img {
60          width: 100%;
61          height: 100%;
62          object-fit: cover;
63          border-radius: (5 / @vw);
64        }
65      }
66    }
67  }
```

在上述代码中，第 6 行代码定义了一个变量@vw，变量的值为 3.75vw，后续代码使用该变量来根据需要进行计算或设置样式值；第 7~34 行代码用于设置头部区域的样式；第 35~51 行代码用于设置搜索栏区域的样式；第 52~67 行代码用于设置 Banner 区域的样式。

④ 在步骤②中的第 25 行代码的下方编写排行榜区域的页面结构，具体代码如下。

```
1   <div class="list">
2     <div class="title">
3       <h4>音乐屋排行榜</h4>
4       <a href="#">更多<span class="iconfont icon-right"></span></a>
5     </div>
6     <div class="content">
7       <ul>
8         <li>
9           <div class="pic"><img src="images/hot.png" alt=""></div>
10          <div class="txt">
11            <a href="#" class="more">热歌榜<span class="iconfont icon-right">
</span></a>
12            <a href="#">1.歌曲 1</a>
13            <a href="#">2.歌曲 2</a>
14            <a href="#">3.歌曲 3</a>
15          </div>
16        </li>
17        ……（此处省略 2 个<li>标签）
18      </ul>
19    </div>
20  </div>
```

在上述代码中，第 2~5 行代码用于设置排行榜区域的标题部分；第 6~19 行代码用于设置排行榜区域的内容部分。

⑤ 在步骤③中的第 67 行代码的下方编写排行榜区域的样式，具体代码如下。

```
1   .title {
2     display: flex;
3     justify-content: space-between;
```

```
4      margin-bottom: (16 / @vw);
5      line-height: (25 / @vw);
6      h4 {
7        font-size: (20 / @vw);
8      }
9      a {
10       font-size: (12 / @vw);
11       color: #a1a4b3;
12     }
13   }
14   .list {
15     margin-top: (20 / @vw);
16     padding: 0 (15 / @vw);
17     li {
18       display: flex;
19       margin-bottom: (16 / @vw);
20       height: (105 / @vw);
21       background-color: #fff;
22       border-radius: (10 / @vw);
23       .pic {
24         margin-right: (20 / @vw);
25         img {
26           width: (105 / @vw);
27           height: (105 / @vw);
28           border-radius: (10 / @vw);
29         }
30       }
31       .txt {
32         a {
33           display: block;
34           font-size: (12 / @vw);
35           color: #a1a4b3;
36           line-height: 1.8;
37         }
38         .more {
39           font-size: (14 / @vw);
40           color: #333;
41           .iconfont {
42             font-size: (16 / @vw);
43           }
44         }
45       }
46     }
47   }
```

上述代码中，第 1~13 代码用于设置排行榜区域的标题样式；第 14~47 行代码用于设置排行榜区域的内容样式。

⑥　在步骤④中的第 20 行代码的下方编写推荐歌单区域的页面结构，具体代码如下。

```
1   <div class="recommend">
2     <div class="title">
3       <h4>推荐歌单</h4>
4       <a href="#">更多<span class="iconfont icon-right"></span></a>
5     </div>
6     <div class="content">
7       <ul>
8         <li>
```

```
9            <div class="pic">
10             <img src="images/song.jpg" alt="">
11             <div class="cover">10.2 万</div>
12           </div>
13           <div class="txt">穿越黑暗，等破晓的光</div>
14        </li>
15        ……（此处省略 5 个<li>标签）
16      </ul>
17    </div>
18  </div>
```

在上述代码中，第 2~5 行代码用于设置推荐歌单区域的标题部分；第 6~17 行代码用于设置推荐歌单区域的内容部分。

⑦ 在步骤⑤中的第 47 行代码的下方编写推荐歌单区域的样式，具体代码如下。

```
1   .recommend {
2     padding: 0 (15 / @vw);
3     ul {
4       display: flex;
5       flex-wrap: wrap;
6       justify-content: space-between;
7       li {
8         margin-bottom: (16 / @vw);
9         width: (105 / @vw);
10        height: (143 / @vw);
11        .pic {
12          position: relative;
13          width: (105 / @vw);
14          height: (105 / @vw);
15          img {
16            width: 100%;
17            height: 100%;
18            object-fit: cover;
19            border-radius: (10 / @vw);
20          }
21          .cover {
22            position: absolute;
23            right: 0;
24            bottom: 0;
25            width: (70 / @vw);
26            height: (28 / @vw);
27            line-height: (28 / @vw);
28            background-color: rgba(0,0,0,0.8);
29            border-radius: 0 (10 / @vw) 0 (10 / @vw);
30            text-align: center;
31            color: #fff;
32            font-size: (10 / @vw);
33          }
34        }
35        .txt {
36          font-size: (12 / @vw);
37        }
38      }
39    }
40  }
```

在上述代码中，设置了列表项、图片和文本内容的样式。

保存上述代码，在浏览器中打开 music.html 文件，打开开发者工具，进入移动设备调试模式，将移动设备的视口宽度设置为 375px，此时的音乐屋首页页面效果如图 7-12 所示。

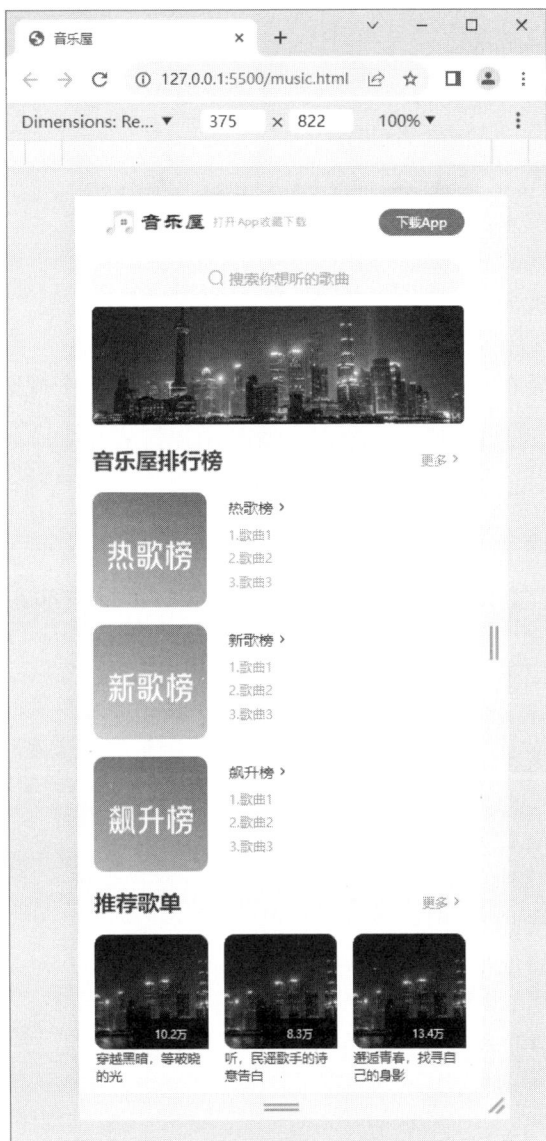

图7-12　音乐屋首页页面效果

## 本章小结

本章主要讲解了移动 Web 屏幕适配的相关技术，包括屏幕分辨率、设备像素比、视口、媒体查询、二倍图、rem 单位、rem 适配方案、Less、流式布局、vw 单位和 vh 单位。通过本章的学习，读者应能够掌握"线上问诊页面""音乐屋首页页面"的制作方法，并能够灵活运用移动 Web 屏幕适配的相关技术，为后续学习打下坚实的基础。

## 课后习题

**一、填空题**

1. 10vw 占据视口宽度的_____%。
2. 当设备的物理像素宽度为 8px、逻辑像素宽度为 4px 时，设备像素比为_____。
3. 1rem 等于_____倍根元素的字号。
4. 定义 Less 变量时，变量名前需要添加_____符号。
5. 浏览器允许开发人员通过_____标签对视口进行配置。

**二、判断题**

1. Less 文件的扩展名为.css。（　　）
2. $color 是合法的 Less 变量名。（　　）
3. Less 允许开发者在一个选择器的规则块内部嵌套另一个规则。（　　）
4. 在 Less 中，使用@import 指令可以导出其他 Less 文件。（　　）
5. 流式布局使用 rem 单位来实现网页在不同设备中的自适应性。（　　）

**三、选择题**

1. 下列选项中，用于设置视口初始缩放比例的属性是（　　）。
A．user-scalable　　　　　　　　　B．initial-scale
C．minimum-scale　　　　　　　　D．maximum-scale
2. 下列选项中，用于设置视口的标签是（　　）。
A．<meta>　　　　B．<title>　　　　C．<script>　　　D．<link>
3. 下列选项中，关于 Less 的说法错误的是（　　）。
A．Less 是常用的 CSS 预处理器之一
B．Less 不支持嵌套规则
C．Less 支持混入功能
D．Less 变量不需要定义在选择器的规则块中
4. 下列选项中，根据根元素的字号计算结果的单位是（　　）。
A．rem　　　　　B．百分比　　　　C．vw　　　　D．vh
5. 下列选项中，常见的媒体类型不包括（　　）。
A．screen　　　　B．print　　　　C．speech　　　D．projection

**四、简答题**

1. 请简述 Less 的特点。
2. 请简述流式布局的实现方法及计算方式。

**五、操作题**

使用流式布局实现一个底部标签栏，效果如图 7-13 所示。

图7-13　底部标签栏效果

# 第 **8** 章

# Bootstrap基础入门

学习目标

| | |
|---|---|
| 知识目标 | • 了解 Bootstrap 的概念，能够说出什么是 Bootstrap<br>• 熟悉 Bootstrap 的特点和组成，能够总结 Bootstrap 的特点和组成<br>• 掌握 Bootstrap 的下载和引入，能够独立完成 Bootstrap 的下载和引入<br>• 掌握 Bootstrap 布局容器的使用方法，能够使用容器类创建不同特征的布局容器<br>• 掌握 Bootstrap 栅格系统的使用方法，能够运用栅格系统创建页面布局<br>• 掌握 Bootstrap 工具类的使用方法，能够运用工具类根据不同的设备自动应用特定的样式<br>• 掌握表单控件样式类的使用方法，能够灵活设置输入框、下拉菜单、单选按钮、复选框和输入组的样式<br>• 掌握表单布局方式，能够实现行内表单、水平表单和响应式表单布局效果<br>• 掌握文本格式类和文本颜色类的使用方法，能够设置文本的格式和颜色<br>• 掌握背景颜色类和边框样式类的使用方法，能够为元素设置背景颜色和边框样式 |
| 技能目标 | • 掌握需求定制列表页面的制作方法，能够完成需求定制列表页面的开发<br>• 掌握用户注册页面的制作方法，能够完成用户注册页面的开发 |

在使用 Bootstrap 进行响应式网页开发之前，首先要学习下载和引入 Bootstrap，然后学习 Bootstrap 的布局容器、栅格系统和工具类等知识。只有对这些知识有深入的理解，才能充分发挥 Bootstrap 的优势，并在实际项目中实现灵活且高效的开发。本章将详细讲解 Bootstrap 的基础知识以及如何应用表单控件的样式和布局等内容。

## 项目 8-1　需求定制列表页面

### 项目需求

随着科技的不断进步和经济的发展，旅游行业越来越多地采用数字技术和互联网平台来提供更便捷和个性化的服务。某旅游公司正在使用 Bootstrap 开发一个旅游平台，当前正在进行需求定制列表的开发。制作需求定制列表页面的具体要求如下。

① 需求定制列表布局：在中型及以上设备（视口宽度≥768px）中每行呈现 3 个列表项，在小型设备（576px≤视口宽度<768px）中每行呈现 2 个列表项。

② 列表项内容：每个列表项包含一个定制服务的图像、标题、介绍信息以及一个超链接。

③ 鼠标指针悬停效果：当鼠标指针悬停在列表项上时，将图像的颜色进行反转（例如，白色变成黑色，黑色变成白色。），将介绍信息的文本颜色设置为白色，将超链接的文本颜色和边框颜色设置为白色。

④ 动画过渡效果：鼠标指针悬停效果的触发和恢复都应该有平滑的动画过渡，确保视觉效果的连贯性和流畅性。

初始页面和鼠标指针移入列表项的效果如图8-1所示。

图8-1　初始页面和鼠标指针移入列表项的效果

## 知识储备

### 1. Bootstrap 概述

Bootstrap 是一款开源的前端 UI（User Interface，用户界面）框架，用于构建响应式、移动设备优先的项目，因其具有学习成本低、容易上手等优势，深受开发者的欢迎。Bootstrap 提供了一套 CSS 样式和 JavaScript 插件，可以帮助开发者快速搭建具有统一外观的响应式页面。这里所说的响应式页面是一种能够在不同设备中自动适应屏幕尺寸和设备特性的网页，它能够以一种优雅且一致的方式在各种设备上呈现。无论屏幕大小如何变化，响应式页面都能呈现良好的显示效果。

Bootstrap 于 2011 年 8 月在 GitHub 上发布，一经发布就受到了开发者广泛的欢迎。在其发展过程中，Bootstrap 经历了 5 个重大版本更新，具体如下。

① 1.x 版本：初始版本，具有基本的 CSS 样式，为开发者提供一些常用的组件和布局工具。

② 2.x 版本：将响应式功能添加到整个框架中。

③ 3.x 版本：重写了整个框架，并将"移动设备优先"这一理念深刻融入整个框架。

④ 4.x 版本：重写了框架，其有两个架构方面的关键改变，一个是使用 Sass 编写代码，另一个是采用弹性盒布局。

⑤ 5.x 版本：通过尽量少的代码来改进 4.x 版本。此外，5.x 版本放弃了对老旧浏览器的支持，仅支持较新的浏览器，而且不再依赖 jQuery（对于浏览器新旧的界定，读者可查阅 Bootstrap 源代码中的.browserslistrc 文件，该文件列举了 Bootstrap 支持的浏览器版本，低于这些版本的浏览器即为老旧浏览器）。

截至本书成稿时，Bootstrap 的最新版本为 5.3.2。因此，本书基于 5.3.2 版本进行讲解。

### 2. Bootstrap 的特点

Bootstrap 主要具有如下 6 个特点。

（1）移动设备优先

Bootstrap 的默认样式针对移动设备进行了优化，使响应式页面能在移动设备上展示更好的效果。在开发过程中，首先需要考虑和优化的是响应式页面在移动设备中的布局和功能。

（2）浏览器支持广泛

Bootstrap 支持主流的浏览器，包括 PC 端浏览器和移动端浏览器，以确保在各个浏览器中获得一致的显示效果。

（3）学习成本低、容易上手

开发者只需具备 HTML、CSS 和 JavaScript 的基础知识，即可学习 Bootstrap。

（4）响应式设计

Bootstrap 支持响应式设计。响应式设计是一种理念和方法，旨在使网页能够根据不同的用户设备和屏幕尺寸，自动调整和适配其布局、内容和功能。

（5）快速开发

Bootstrap 提供了大量的样式和组件，可以快速构建出美观的页面。开发者无须从头开始编写 CSS 或 JavaScript 代码，使用 Bootstrap 编写代码可以降低页面的开发难度和时间成本。

（6）易于定制

Bootstrap 具有高可定制性，开发者可以根据项目需求和设计要求，选择需要的组件和样式进行自定义。通过定制，开发者可以自由地调整 Bootstrap 的样式和组件，以实现更好的视觉效果。

### 3. Bootstrap 的组成

Bootstrap 主要由 CSS 样式表、组件、JavaScript 插件和图标库组成，具体说明如下。

（1）CSS 样式表

CSS 样式表包含大量的样式规则和类，用于快速设置页面元素的外观和布局。

（2）组件

Bootstrap 提供了一系列常用的组件，例如按钮、下拉菜单、导航栏、警告框等组件，这些组件可以方便地添加到网页中，使其具备常用的样式和交互功能。

（3）JavaScript 插件

Bootstrap 提供了一系列能实现交互功能的 JavaScript 插件，用于实现模态框、下拉菜单、轮播图等，这些插件能够提高网页的交互性，并且可以根据需要进行定制和配置。

（4）图标库

Bootstrap 拥有开源的图标库。图标文件使用 SVG 格式，可以在任何屏幕尺寸下保持清晰度和质量。开发者只需在网页中引入 CSS 文件并添加相应的类名，即可轻松地使用这些图标，并通过 CSS 设置和定制样式。

### 4. Bootstrap 的下载和引入

在开始使用 Bootstrap 开发项目之前，我们需要完成准备工作，即下载 Bootstrap 并在项目中引入 Bootstrap。本节将对 Bootstrap 下载和引入进行详细讲解。

（1）下载 Bootstrap

下载 Bootstrap 的具体步骤如下。

① 通过浏览器访问 Bootstrap 官方网站，Bootstrap 官方网站首页如图 8-2 所示。

② 单击图 8-2 所示的"Docs"链接，跳转到 Bootstrap 官方文档页面，如图 8-3 所示。

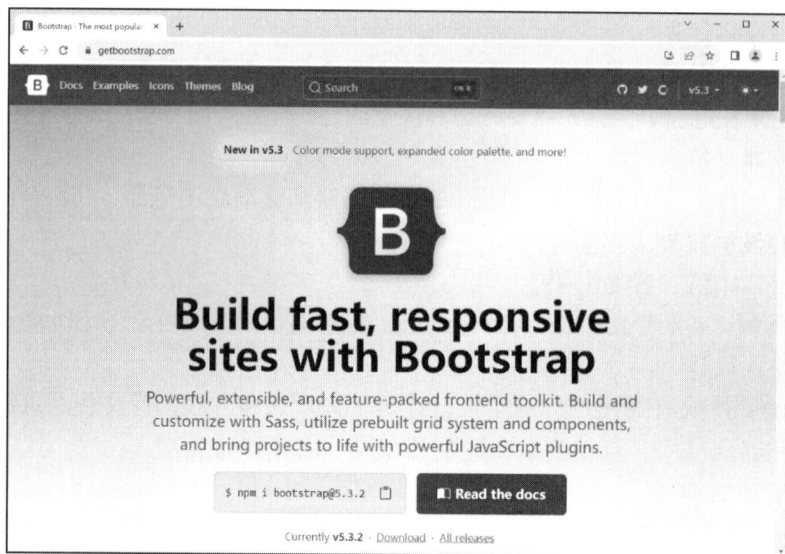

图8-2　Bootstrap官方网站首页

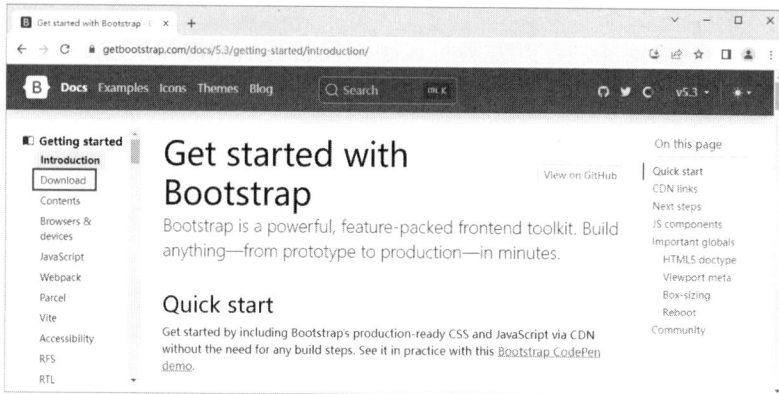

图8-3　Bootstrap官方文档页面

③ 单击图 8-3 所示的"Download"链接，进入 Bootstrap 下载页面，如图 8-4 所示。

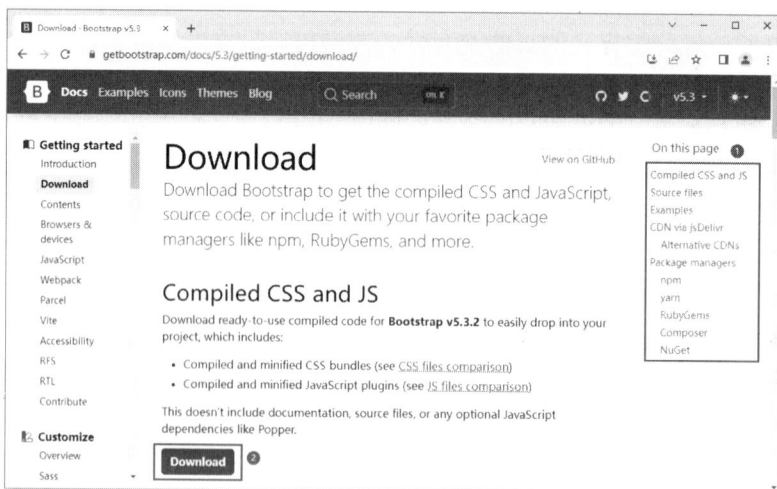

图8-4　Bootstrap下载页面

在图 8-4 中，序号①线框内的内容表示 Bootstrap 的不同下载方式的链接，具体解释如下。

- Compiled CSS and JS：单击该链接可以跳转到下载 Bootstrap 预编译文件的区域，预编译文件中包含已编译的 CSS 文件和 JavaScript 文件。
- Source files：单击该链接可以跳转到下载 Bootstrap 源码文件的区域。
- Examples：单击该链接可以跳转到下载 Bootstrap 示例文件的区域。
- CDN via jsDelivr：单击该链接可以跳转到获取内容分发网络（Content Delivery Network，CDN）链接的区域。
- Package managers：单击该链接可以跳转到通过常见的包管理器（例如 npm、yarn 等）下载 Bootstrap 的方法的区域。

本书基于 Compiled CSS and JS 下载方式进行讲解，因为这种方式下载的是编译后的 CSS 文件和 JavaScript 文件，使用起来比较简单，适用于不需要进行自定义和定制化开发的场景。需要注意的是，预编译文件不包含示例文件和最初的源码文件。

另外，读者在实际项目中可以根据自身需求选择合适的下载方式。例如，如果需要进行自定义和定制化开发，可以选择下载 Bootstrap 的源码文件；如果需要参考示例来理解如何使用 Bootstrap，可以选择下载示例文件。

④ 单击图 8-4 所示序号❷线框内的 "Download" 按钮，将 Bootstrap 下载至本地。下载完成后，在下载目录中找到一个名为 bootstrap-5.3.2-dist.zip 的压缩包文件，如图 8-5 所示。

**bootstrap-5.3.2
-dist.zip**

图8-5　Bootstrap的压缩包

至此，Bootstrap 下载完成。

将 bootstrap-5.3.2-dist.zip 压缩包进行解压缩，保存到 bootstrap 目录，解压缩后的目录结构如下所示。

```
bootstrap/
├── css/
└── js/
```

在 bootstrap 的目录结构中，有两个文件夹，即 css 和 js，具体解释如下。

① css：用于存放 Bootstrap 的 CSS 文件。这些文件包含对各种常见 HTML 元素的样式定义，包括按钮、表格、表单等。通过引入 CSS 文件，可以快速地为 HTML 元素应用预定义的样式类，从而使得网页具有统一的外观和风格。

② js：用于存放 Bootstrap 的 JavaScript 文件。这些文件提供一些组件的交互功能，例如导航栏、模态框、下拉菜单等。通过引入相应的 JavaScript 文件，可以使用组件的交互功能来提高网页的交互性。

css 文件夹和 js 文件夹中的文件分别如图 8-6 和图 8-7 所示。

下面对 css 文件夹和 js 文件夹中常用的文件进行介绍。

① bootstrap.css、bootstrap.js：未压缩的 CSS 文件、JavaScript 文件。

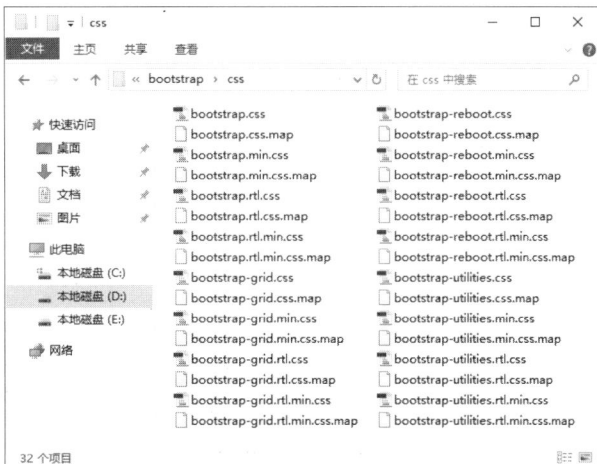

图8-6　css文件夹中的文件

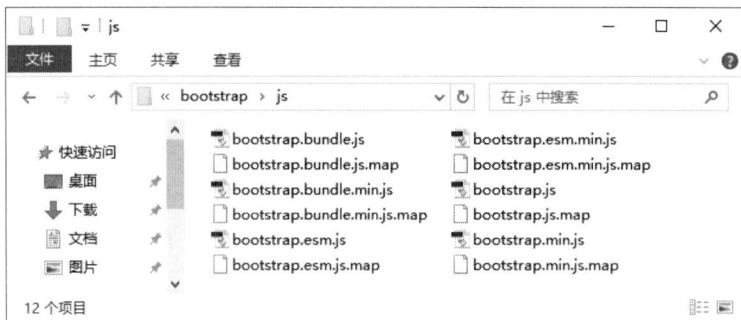

图8-7　js文件夹中的文件

② bootstrap.css.map、bootstrap.js.map：CSS 源码映射表文件、JavaScript 源码映射表文件。

③ bootstrap.min.css、bootstrap.min.js：压缩后的 CSS 文件、JavaScript 文件。

④ bootstrap.min.css.map、bootstrap.min.js.map：压缩后的 CSS 源码映射表文件、JavaScript 源码映射表文件。

⑤ bootstrap.bundle.js：该文件是捆绑了 Bootstrap 和 Popper.js 的 JavaScript 文件。其中，Popper.js 文件用于计算相对定位或绝对定位元素的位置，在 Bootstrap 中主要用于实现组件的弹出式效果。

⑥ bootstrap.bundle.min.js：压缩后的捆绑了 Bootstrap 和 Popper.js 的 JavaScript 文件。

（2）引入 Bootstrap

在下载完 Bootstrap 后，需要将其引入项目。为了让网页加载速度更快，建议引入压缩后的文件，例如 bootstrap.min.css、bootstrap.min.js 和 bootstrap.bundle.min.js 等。这些文件体积较小，加载速度较快。

在 HTML 中引入 Bootstrap 文件时，需要注意以下 3 种情况。

① 如果只需要进行页面样式设置，只需引入 bootstrap.min.css 文件即可。

② 如果需要使用具有交互功能的组件，例如轮播图、导航栏等，则需要同时引入 bootstrap.min.css 和 bootstrap.min.js 文件。

③ 如果需要使用具有弹出式效果的组件，例如下拉菜单、工具提示框、弹出提示框等，则需要同时引入 bootstrap.min.css 和 bootstrap.bundle.min.js 文件。

下面讲解在项目中引入 Bootstrap 的方法，具体如下。

① 使用<link>标签引入 bootstrap.min.css 文件，示例代码如下。

```
<head>
  <link rel="stylesheet" href="bootstrap/css/bootstrap.min.css">
</head>
```

在上述示例代码中，href 属性用于指定要引入的文件路径。引入 bootstrap.min.css 文件后，可以在 HTML 文件中使用 Bootstrap 提供的样式类来实现不同的样式效果。

② 使用<script>标签引入 bootstrap.min.js 文件，示例代码如下。

```
<body>
  <script src="bootstrap/js/bootstrap.min.js"></script>
</body>
```

在上述示例代码中，src 属性用于指定要引入的文件路径。引入 bootstrap.min.js 文件后，可以在 HTML 文件中实现 Bootstrap 的交互效果。引入 bootstrap.bundle.min.js 文件的方式与引入 bootstrap.min.js 文件的方式相同，只需使用 src 属性来指定要引入的文件路径即可。

至此，已经成功在项目中引入 Bootstrap。

### 5. Bootstrap 布局容器

通过前面的学习，可知媒体查询可以用来检测视口宽度的变化，并根据不同的宽度应用不同的样式或布局。然而，手动编写媒体查询代码可能会增加开发的复杂度和工作量。为了提高开发效率，Bootstrap 提供了布局容器。布局容器利用 CSS 媒体查询针对不同的视口宽度进行自动适配，从而实现响应式布局。

在 Bootstrap 中，布局容器用于包裹网页的内容元素。通过 Bootstrap 提供的容器类可以创建布局容器。容器类中定义了预设的样式，例如宽度和边距。因此，通过使用不同的容器类创建的布局容器可以轻松地控制宽度和边距。

Bootstrap 提供了 3 种内置容器类，具体如下。

① .container 类：用于创建默认布局容器。默认布局容器具有固定的宽度，并且会根据视口宽度自动调整宽度。

② .container-fluid 类：用于创建流式布局容器。流式布局容器会占据整个视口宽度，即容器宽度为 100%视口宽度。

③ .container-{sm|md|lg|xl|xxl}类：用于创建响应式布局容器，其中，sm、md、lg、xl 和 xxl 统称为类中缀，用于表示不同的断点。

Bootstrap 中的断点有超小、小、中、大、特大和超大之分，这些断点用于根据不同的视口宽度划分设备类型。Bootstrap 中的断点与设备类型、类中缀和视口宽度的关系如表 8-1 所示。

表 8-1　Bootstrap 中的断点与设备类型、类中缀和视口宽度的关系

| 断点 | 设备类型 | 类中缀 | 视口宽度 |
| --- | --- | --- | --- |
| 超小 | 超小型设备 | 无 | 小于 576px |
| 小 | 小型设备 | sm | 大于或等于 576px 且小于 768px |
| 中 | 中型设备 | md | 大于或等于 768px 且小于 992px |
| 大 | 大型设备 | lg | 大于或等于 992px 且小于 1200px |
| 特大 | 特大型设备 | xl | 大于或等于 1200px 且小于 1400px |
| 超大 | 超大型设备 | xxl | 大于或等于 1400px |

从表 8-1 可以看出，类中缀 sm、md、lg、xl 和 xxl 分别对应小、中、大、特大和超大断点。超小断点没有对应的类中缀，这是因为 Bootstrap 遵循移动设备优先的原则，超小断点被认为是默认的断点，不需要特定的类中缀来指定超小断点下的样式和布局。

容器类在不同设备中设定的宽度如表 8-2 所示。

表 8-2　容器类在不同设备中设定的宽度

| 容器类 | 超小型设备 | 小型设备 | 中型设备 | 大型设备 | 特大型设备 | 超大型设备 |
| --- | --- | --- | --- | --- | --- | --- |
| .container | 100% | 540px | 720px | 960px | 1140px | 1320px |
| .container-sm | 100% | 540px | 720px | 960px | 1140px | 1320px |
| .container-md | 100% | 100% | 720px | 960px | 1140px | 1320px |
| .container-lg | 100% | 100% | 100% | 960px | 1140px | 1320px |
| .container-xl | 100% | 100% | 100% | 100% | 1140px | 1320px |
| .container-xxl | 100% | 100% | 100% | 100% | 100% | 1320px |
| .container-fluid | 100% | 100% | 100% | 100% | 100% | 100% |

从表 8-2 可以看出，当设备的宽度未达到指定的断点的宽度时，容器类设定的宽度为

100%；一旦设备的宽度达到指定的断点的宽度，容器类会设定一个固定宽度，如 540px、720px、960px 等。

### 6. Bootstrap 栅格系统

在开发响应式网页时，通常会同时使用 Bootstrap 的布局容器和栅格系统（Grid System）。Bootstrap 栅格系统是基于 12 列布局的系统，通过行（Row）和列（Column）的组合来创建页面布局。通过将内容分配到列上，开发者可以灵活地控制页面的布局。当视口宽度减小时，列的宽度会相应地减小，这样可以确保页面内容能够自动适应不同设备的宽度，从而实现响应式的布局效果。

Bootstrap 栅格系统提供了一组类来定义行容器和列容器，将这些类添加到<div>标签中，可以实现不同视口宽度下的灵活布局。

定义行容器的类为.row 类，它主要用于将元素组合成行。除了.row 类之外，Bootstrap 还提供了.row-cols 类，用于定义行容器中元素的列布局，语法格式如下。

```
.row-cols-{sm|md|lg|xl|xxl}-{value}
```

针对上述语法格式的介绍如下。

① row：表示行。

② cols：表示列。

③ {sm|md|lg|xl|xxl}：表示断点的类中缀，用于为特定设备设置列。使用超小断点时，应省略类中缀及其前面的 "–"。

④ {value}：表示每个行容器中列的数量，取值为 auto 或 1~6 的整数。当设置为 auto 时，列的宽度会根据内容自动调整。当设置为整数时，表示每个行容器的固定列数。例如，当取值为 1 时，表示每行只有一个列，值为 2 表示每行有两个列，以此类推。

在 Bootstrap 栅格系统中，可以同时使用多个类来指定行容器中列的个数，例如.row-cols-{value}、.row-cols-sm-{value}、.row-cols-md-{value}、.row-cols-lg-{value}、.row-cols-xl-{value}和.row-cols-xxl-{value}类。当同时设置多个类时，程序会根据当前视口宽度来使相应的类生效，从而实现在不同设备中展示不同的页面布局。

如果没有为当前设备设置相应的类，Bootstrap 会自动使用宽度小于当前设备的类中最接近当前设备宽度的类。例如，当同时设置.row-cols-{value}类和.row-cols –md-{value}类时，如果当前设备是小型设备，则.row-cols-{value}类将会生效。

下面演示创建一个具有响应式布局的行容器，并在其中添加列容器，示例代码如下。

```
<div class="container">
  <div class="row row-cols-2 row-cols-sm-3 row-cols-md-4 row-cols-lg-6">
    <div class="col">1</div>
    <div class="col">2</div>
    <div class="col">3</div>
    <div class="col">4</div>
    <div class="col">5</div>
    <div class="col">6</div>
  </div>
</div>
```

在上述示例代码中，使用.container 类创建了一个布局容器，并在其中定义了一个使用.row 类创建的行容器，为了在不同视口宽度中显示不同列数，使用.row-cols-*类来指定每个行容器的列数。.row-cols-2 类表示在超小型设备中每个行容器显示 2 列，.row-cols-sm-3 类表示在小型设备中每个行容器显示 3 列，.row-cols-md-4 类表示在中型设备中每个行容器显示 4 列，.row-cols-lg-6 类表示在大型设备及以上设备中每个行容器显示 6 列。

定义列容器的类的语法格式如下。

```
.col-{sm|md|lg|xl|xxl}-{value}
```

针对上述语法格式的介绍如下。

① col：表示列。

② {sm|md|lg|xl|xxl}：表示断点的类中缀，用于为特定设备设置列。使用超小断点时，应省略类中缀及其前面的 "-"。

③ {value}：表示元素在一行中所占的列数，取值为 auto 或 1～12。当取值为 auto 时，列的宽度会根据内容自动调整。当取值为 1～12 时，列会被固定为等宽的列。其中，12 表示一整行的宽度。如果一行中的列总数超过 12，超出的列会自动进行换行处理，以确保布局能正确显示。

在 Bootstrap 栅格系统中，可以同时使用多个类来定义列容器的宽度，例如.col-{value}、.col-sm-{value}、.col-md-{value}、.col-lg-{value}、.col-xl-{value}和.col-xxl-{value}类。当同时设置多个类时，程序会根据当前视口宽度来使相应的类生效，从而实现在不同设备中展示不同的页面布局。

如果没有为当前设备设置相应的类，Bootstrap 会自动使用设定宽度小于当前设备宽度的类中最接近当前设备宽度的类。例如，当同时设置.col-{value}类和.col-md-{value}类时，如果当前设备是小型设备，则.col-{value}类将会生效。

下面演示在布局容器中创建一个行容器，并在其中添加具有响应式布局的列容器，示例代码如下。

```
<div class="container">
  <div class="row">
    <div class="col-md-4 col-lg-3">1</div>
    <div class="col-md-4 col-lg-3">2</div>
    <div class="col-md-4 col-lg-3">3</div>
    <div class="col-md-4 col-lg-3">4</div>
  </div>
</div>
```

在上述示例代码中，在<div>标签中添加了.row 类来定义一个行容器，在行容器的内部有 4 个<div>标签，表示 4 个列容器，均添加了.col-md-4 类和.col-lg-3 类。其中，.col-md-4 类表示列容器在中型设备中占据行容器 4 列的宽度，即每个行容器显示 3 列；.col-lg-3 类表示列容器在大型设备及以上设备中占据行容器 3 列的宽度，即每个行容器显示 4 列。

Bootstrap 栅格系统支持在列容器中嵌套行容器，示例代码如下。

```
<div class="row">
  <div class="col-3">
    <div class="row">
      <div class="col-6"></div>
      <div class="col-6"></div>
    </div>
  </div>
</div>
```

在上述示例代码中，.col-3 类的列容器中嵌套了行容器，该行容器内包含两个.col-6 类的列容器，表示每个列容器占据行容器宽度的 50%。

除此之外，Bootstrap 栅格系统还提供.offset-{sm|md|lg|xl|xxl}-{value}类，用于将列容器向

右侧偏移。该类主要通过增加当前元素的左外边距（margin-left）来实现向右侧偏移，value 的取值范围为 1~12，表示偏移的列数。

通过学习 Bootstrap 栅格系统，我们明白了通过设置不同列可以调整网页布局，确保在不同设备上都能呈现出良好的效果。在团队中，每个成员都有自己的专长和责任，就像栅格系统中的列一样。通过合理分配和协调工作任务，团队成员可以充分发挥各自的能力，形成一个高效的工作流程。团队成员之间的协作和沟通至关重要，这有助于促进信息共享、问题解决和决策制定。相互支持和配合有助于应对团队面临的挑战，并取得更好的工作结果。

### 7. Bootstrap 工具类

在 Bootstrap 中，工具类用于使设备的视口宽度自动应用特定的样式。常用的 Bootstrap 工具类有显示方式工具类、边距工具类和弹性盒布局工具类。下面将对这 3 种工具类进行详细讲解。

（1）显示方式工具类

在屏幕尺寸较大的设备中，因设备拥有较大的屏幕，所以可以显示更多的信息；而在屏幕尺寸较小的设备中，展示过多的信息会导致页面过于"拥挤"。因此，在进行响应式页面开发时，常常需要根据不同的设备类型控制元素的显示与隐藏，这时可以借助显示方式工具类来实现。

显示方式工具类的语法格式如下。

```
.d-{sm|md|lg|xl|xxl}-{value}
```

针对上述语法格式的介绍如下。

① d：表示 display，它的名称取自 display 的首字母，以便理解和记忆。

② {sm|md|lg|xl|xxl}：表示断点的类中缀，用于为特定设备设置显示方式。使用超小断点时，应省略类中缀及其前面的"-"。

③ {value}：表示 d 的不同取值，包括 none（隐藏）、block（块）、inline（行内）、inline-block（行内块）、flex（Flex 容器）、inline-flex（内联的 Flex 容器）等。

根据显示方式工具类的命名格式，可以选取不同的类中缀和值来使用显示方式工具类。例如，.d-none 类表示在所有设备中隐藏元素，.d-sm-none 类表示在小型及以上设备中隐藏元素，.d-md-none 类表示在中型及以上设备中隐藏元素。

通过显示方式工具类可以轻松控制元素在特定设备中的显示方式。控制元素在特定设备中隐藏和显示的示例分别如表 8-3 和表 8-4 所示。

表 8-3 控制元素在特定设备中隐藏的示例

| 示例 | 超小型设备 | 小型设备 | 中型设备 | 大型设备 | 特大型设备 | 超大型设备 |
|---|---|---|---|---|---|---|
| .d-none .d-sm-block | 隐藏 | 显示 | 显示 | 显示 | 显示 | 显示 |
| .d-sm-none .d-md-block | 显示 | 隐藏 | 显示 | 显示 | 显示 | 显示 |
| .d-md-none .d-lg-block | 显示 | 显示 | 隐藏 | 显示 | 显示 | 显示 |
| .d-lg-none .d-xl-block | 显示 | 显示 | 显示 | 隐藏 | 显示 | 显示 |
| .d-xl-none .d-xxl-block | 显示 | 显示 | 显示 | 显示 | 隐藏 | 显示 |
| .d-xxl-none | 显示 | 显示 | 显示 | 显示 | 显示 | 隐藏 |

表 8-4 控制元素在特定设备中显示的示例

| 示例 | 超小型设备 | 小型设备 | 中型设备 | 大型设备 | 特大型设备 | 超大型设备 |
|---|---|---|---|---|---|---|
| .d-sm-none | 显示 | 隐藏 | 隐藏 | 隐藏 | 隐藏 | 隐藏 |
| .d-none .d-sm-block .d-md-none | 隐藏 | 显示 | 隐藏 | 隐藏 | 隐藏 | 隐藏 |
| .d-none .d-md-block .d-lg-none | 隐藏 | 隐藏 | 显示 | 隐藏 | 隐藏 | 隐藏 |

续表

| 示例 | 超小型设备 | 小型设备 | 中型设备 | 大型设备 | 特大型设备 | 超大型设备 |
|---|---|---|---|---|---|---|
| .d-none .d-lg- block .d-xl-none | 隐藏 | 隐藏 | 隐藏 | 显示 | 隐藏 | 隐藏 |
| .d-none .d-xl- block .d-xxl-none | 隐藏 | 隐藏 | 隐藏 | 隐藏 | 显示 | 隐藏 |
| .d-none .d-xxl-block | 隐藏 | 隐藏 | 隐藏 | 隐藏 | 隐藏 | 显示 |

（2）边距工具类

在 CSS 中，通常使用 margin 属性和 padding 属性来设置元素的外边距和内边距，其中，margin 属性用于设置元素与其相邻外部元素之间的距离，而 padding 属性用于设置元素与其内部子元素之间的距离。Bootstrap 中也提供了一系列用于设置外边距和内边距的工具类。

边距工具类的语法格式如下。

```
.{property}{sides}-{sm|md|lg|xl|xxl}-{size}
```

针对上述语法格式的介绍如下。

① {property}：表示具体的属性名称，可选值为 m、p，分别表示 margin 属性、padding 属性。

② {sides}：表示具体的边的名称，可选值如下。

● t：top，表示上边。

● b：bottom，表示下边。

● s：start，表示起始边，在从左到右的布局中表示左边；在从右到左的布局中表示右边。

● e：end，表示结束边，在从左到右的布局中表示右边；在从右到左的布局中表示左边。

● x：表示左、右两边。

● y：表示上、下两边。

需要说明的是，如果网页的布局方向是从左到右，可用 s 设置左边距，用 e 设置右边距。如果省略"{sides}"，表示同时设置 4 条边。

③ {sm|md|lg|xl|xxl}：表示断点的类中缀，用于为特定设备设置边距。使用超小断点时，则省略类中缀及其前面的"-"。

④ {size}：表示边距的大小，可选值为 0～5 或 auto，其中，1～5 分别表示 0.25 rem、0.5 rem、1 rem、1.5 rem 和 3 rem；auto 表示自动计算外边距（可实现居中对齐）。

根据边距工具类的命名格式，可以选取不同的值来定义设置元素的边距的类。例如，.mt-5 类表示在所有设备中元素的上外边距为 3 rem，.pb-sm-1 类表示在小型及以上设备中元素的下内边距为 0.25 rem。

（3）弹性盒布局工具类

为了方便使用弹性盒布局，Bootstrap 提供了弹性盒布局工具类，用于控制父元素（Flex 容器）和子元素（Flex 元素）的排列和对齐方式。

首先，通过为父元素添加 .d-{sm|md|lg|xl|xxl}-flex 类，将其设置为 Flex 容器，这种类可以根据不同的断点指定是否在特定屏幕尺寸下启用弹性盒布局。一旦将父元素设置为 Flex 容器，该容器中的所有子元素自动变为容器成员，称为 Flex 元素，这些 Flex 元素可以根据 Flex 容器的设置自动调整大小和布局。然后，通过为 Flex 容器和 Flex 元素添加相应的类来控制元素的排列和对齐方式。

在 Bootstrap 中，应用于 Flex 容器的常用类如下。

① .justify-content-{sm|md|lg|xl|xxl}-{value} 类：用于设置 Flex 元素在主轴上的对齐方式，

常用的 value 可选值如下。

- start：Flex 元素与主轴起点对齐。
- end：Flex 元素与主轴终点对齐。
- center：Flex 元素在主轴上居中对齐。
- between：Flex 元素两端对齐主轴的起点与终点，即第一个 Flex 元素位于主轴的起点，最后一个 Flex 元素位于主轴的终点，而其他 Flex 元素之间的间隔相等。

② .align-items-{sm|md|lg|xl|xxl}-{value}类：用于设置 Flex 元素在交叉轴上的对齐方式，常用的 value 可选值如下。

- stretch：Flex 元素占满整个 Flex 容器的高度。
- start：Flex 元素顶部与交叉轴起点对齐。
- end：Flex 元素底部与交叉轴终点对齐。

③ .align-self-{sm|md|lg|xl|xxl}-{value}类：用于设置 Flex 元素自身在主轴上的对齐方式，常用的 value 可选值与.align-items-{sm|md|lg|xl|xxl}-{value}类常用的 value 可选值相同。

④ .flex-{nowrap|wrap|wrap-reverse}类：用于设置 Flex 元素在 Flex 容器中的换行方式。其中，nowarp 表示不换行，wrap 表示换行，wrap-reverse 表示反向换行。

⑤ .flex-{row|row-reverse|column|column-reverse}类：用于设置 Flex 元素的排列方式。其中，row 表示水平排列，row-reverse 表示反向水平排列，column 表示垂直排列，column-reverse 表示反向垂直排列。

在 Bootstrap 中，应用于 Flex 元素的常用类如下。

① .order-{value|first|last}类：用于设置 Flex 元素的排列顺序。value 为 0～5 之间的整数，数值越小，排列顺序越靠前。first 代表排列顺序在 value 为 0 之前，last 代表排列顺序在 value 为 0 之后。

② .flex-grow-{0|1}类：用于设置 Flex 元素的放大比例。value 的取值为 0 和 1，0 表示不放大，1 表示放大以填充剩余的空间。

③ .flex-shrink-{0|1}类：用于设置 Flex 元素的缩小比例。value 的取值为 0 和 1，0 表示不缩小，1 表示如果空间不足则缩小。

需要说明的是，在所有的弹性盒布局工具类中，{sm|md|lg|xl|xxl}表示断点的类中缀，用于为特定设备设置弹性盒布局。使用超小断点时，则省略类中缀及其前面的 "-"。

### 项目实现

根据项目需求实现需求定制列表页面的开发，具体实现步骤如下。

① 创建 D:\code\chapter08 目录，将本章配套源码中的 bootstrap 文件夹、less 文件夹（保存了 base.less 公共样式文件）和 images 文件夹复制到该目录下，并使用 VS Code 编辑器打开该目录。

② 创建 less\demand.less 文件，该文件用于保存需求定制列表页面的样式代码。

③ 创建 demand.html 文件，编写需求定制列表页面的结构并引入 bootstrap.min.css 文件和 css 目录下的 demand.css 文件，具体代码如下。

```
1    <!DOCTYPE html>
2    <html>
3    <head>
```

```
4    <meta charset="UTF-8">
5    <meta name="viewport" content="width=device-width, initial-scale=1.0">
6    <title>需求定制列表</title>
7    <link rel="stylesheet" href="bootstrap/css/bootstrap.min.css">
8    <link rel="stylesheet" href="css/demand.css">
9  </head>
10 <body>
11   <section class="offers px-3 py-5">
12     <div class="container-lg">
13       <h2 class="pb-5">您的需求，<span class="text-success">我们的目标</span></h2>
14       <div class="row gy-4">
15         <div class="col-md-4 col-sm-6">
16           <div class="box">
17             <img src="images/serv-1.png">
18             <h3>完整指南</h3>
19             <p>让您的旅行计划更加畅通！</p>
20             <a href="#">开始了解</a>
21           </div>
22         </div>
23         ……（此处省略 5 个同时使用.col-md-4 类和.col-sm-6 类的<div>标签）
24       </div>
25     </div>
26   </section>
27 </body>
28 </html>
```

在上述代码中，引入了 bootstrap.min.css 文件和 demand.css 文件。第 15～22 行代码用
于设置一个列表项，并应用了.col-md-4 类和.col-sm-6 类定义列容器，表示在中型及以上
设备中每列占据行容器约 33.3%的宽度，即每行显示 3 个列表项，而在小型设备中每列占
据行容器 50%的宽度，即每行显示 2 个列表项。

④ 在 demand.less 文件中编写需求定制列表页面的样式代码，具体代码如下。

```
1  // out: ../css/
2  @import 'base.less';
3  :root {
4    font-size: 10px;
5  }
6  .offers {
7    text-align: center;
8    .box {
9      background: #fff;
10     border: 1px solid #10221b;
11     padding: 2rem;
12     border-radius: 0.5rem;
13     cursor: pointer;
14     transition: all 0.5s;
15     img {
16       width: 30%;
17     }
18     h3 {
19       padding: 1.5rem 0;
20       margin: 0;
21       color: #219150;
22       font-size: 2rem;
23       font-weight: 600;
24     }
```

```
25      p {
26        color: #10221b;
27        font-size: 1.5rem;
28        line-height: 2;
29      }
30      a {
31        font-size: 1.7rem;
32        border: 1px solid #10221b;
33        padding: 1rem 3rem;
34        background: none;
35        cursor: pointer;
36        color: #10221b;
37        display: inline-block;
38        margin-top: 1rem;
39      }
40      &:hover {
41        background: #10221b;
42      }
43      &:hover img {
44        filter: invert(1);
45      }
46      &:hover p, &:hover a {
47        color: #fff;
48      }
49      &:hover a {
50        border-color: #fff;
51      }
52    }
53 }
```

在上述代码中，第 3~5 行代码用于设置根元素的字号为 10px；第 40~51 行代码用于设置当鼠标指针悬停在列表项上时，将 img 元素的颜色进行反转，将 p 元素的文本颜色设置为白色，将 a 元素的文本颜色和边框颜色设置为白色。

保存上述代码，在浏览器中打开 demand.html 文件，打开开发者工具，进入移动设备调试模式，需求定制列表页面在中型及以上设备（视口宽度≥768px）中的效果如图 8-8 所示。

图8-8　需求定制列表页面在中型及以上设备中的效果

从图 8-8 可以看出，在中型及以上设备中一行显示 3 列。

在图 8-8 所示页面中，将鼠标指针悬停在第 1 个列表项上时，鼠标指针悬停效果如图 8-9 所示。

需求定制列表页面在小型设备（576px≤视口宽度<768px）中的效果如图 8-10 所示。

图8-9　鼠标指针悬停效果

图8-10　需求定制列表页面在小型设备中的效果

从图 8-10 可以看出，在小型设备中一行显示两列。

## 项目 8-2　用户注册页面

### 项目需求

用户注册页面是网页中常见的页面之一，用于使用户在网页上完成注册，从而使用网站提供的功能。某公司计划使用 Bootstrap 设计一个简洁、直观的用户注册页面，以便用户能够轻松完成注册。用户注册页面的具体要求如下。

① 设计一个包含用户名、密码、确认密码和电子邮箱字段的表单。在中型及以上设备（视口宽度≥768px）中，表单呈现为水平布局，在中型以下设备（视口宽度<768px）中表单中的标签和输入框呈现为垂直布局。

② 用户名、密码和确认密码为必填项，邮箱为选填项。

用户注册页面效果如图 8-11 所示。

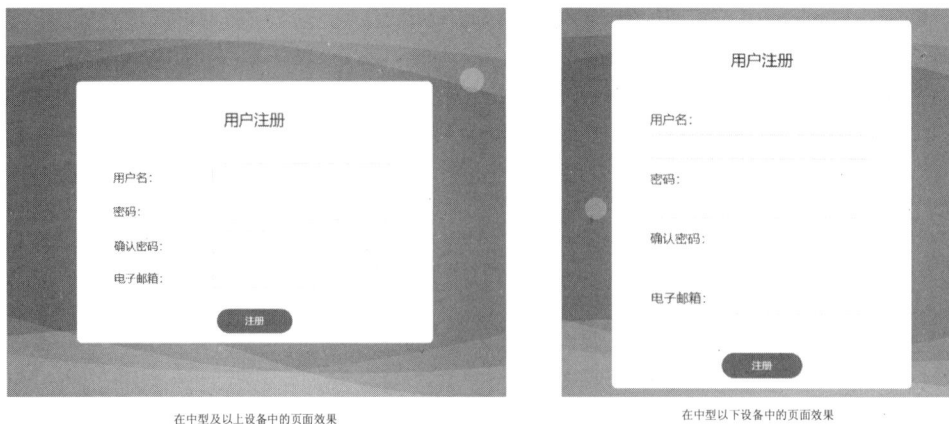

在中型及以上设备中的页面效果 　　　　　 在中型以下设备中的页面效果

图8-11　用户注册页面效果

## 知识储备

### 1. 表单控件样式类

表单控件样式类用于为表单控件设置样式。常见的表单控件包括输入框、下拉菜单、单选按钮、复选框和输入组等。使用表单控件可以方便地构建友好的表单界面。下面将详细讲解表单控件样式类的使用方法。

（1）输入框样式类

Bootstrap 提供了一些预定义的输入框样式类，可以直接应用于<textarea>标签和<input>标签，以设置输入框的样式。常用的输入框样式类的具体介绍如下。

① .form-control 类：用于设置输入框的基本样式，包括边框、背景颜色等；适用于 <input>、<textarea>和<select>标签，确保它们具有一致的外观。

② .form-control-lg 类：用于设置大尺寸的输入框样式，增加输入框的高度和字号。

③ .form-control-sm 类：用于设置小尺寸的输入框样式，减小输入框的高度和字号。

④ .form-control-plaintext 类：通常与 readonly 属性结合使用，用于将输入框设置为只读的纯文本样式，适用于展示静态文本内容或者在用户不可编辑的情况下显示文本内容。

⑤ .form-range 类：用于设置范围输入框（type="range"）样式。

⑥ .form-control-color 类：用于设置颜色输入框（type="color"）样式。

此外，Bootstrap 提供了标签文本样式类，可以直接应用于<label>标签，以设置表单控件的标签文本的样式。常用的标签文本样式类的具体介绍如下。

① .form-label 类：用于设置标签文本的基本样式，包括文本字号、颜色等。

② .col-form-label 类：常用于 Bootstrap 栅格系统中，主要用于设置水平表单中的标签文本样式。

③ .col-form-label-lg 类：用于设置大尺寸的水平表单标签文本样式。

④ .col-form-label-sm 类：用于设置小尺寸的水平表单标签文本样式。

此外，Bootstrap 还提供了.form-text 类，用于为表单元素提供辅助性的文本，例如一些额外的说明、提示或错误信息。

（2）下拉菜单样式类

Bootstrap 提供了一些预定义的下拉菜单样式类，可以直接应用于<select>标签。常用的下拉菜单样式类的具体介绍如下。

① .form-select 类：用于设置下拉菜单的基本样式，将其呈现为可单击的下拉框。

② .form-select-lg 类：用于设置大尺寸的下拉菜单样式，增加下拉框的高度和字号。

③ .form-select-sm 类：用于设置小尺寸的下拉菜单样式，减小下拉框的高度和字号。

（3）单选按钮和复选框样式类

单选按钮和复选框提供预定义的选项供用户选择，用户只能从给定的选项中进行选择，不能自由输入文本。单选按钮用于从一组选项中选择一个选项，例如选择性别、选择付款方式等；而复选框用于从一组选项中选择一个或多个选项或取消选择相关选项，例如选择兴趣爱好、多项技能、多种语言等。

Bootstrap 提供了单选按钮和复选框样式类，具体介绍如下。

① .form-check 类：用于设置一组单选按钮或复选框的样式，该组通常包含<lable>标签和<input>标签，这两个标签为兄弟关系。通常用于给包裹单选按钮或复选框的容器（例如<div>标签）设置样式，使其呈现为可单击的选项。

② .form-check-inline 类：用于设置一组单选按钮或复选框在同一行内水平排列。通常用于给包裹单选按钮或复选框的容器（例如<div>标签）设置样式。

③ .form-check-reverse 类：用于设置一组单选按钮或复选框在排列时反转顺序，通常用于给包裹单选按钮或复选框的容器（例如<div>标签）设置样式。

④ .form-switch 类：用于设置一组复选框开关按钮的样式，允许在两种状态之间进行切换，例如打开和关闭。通常用于给包裹复选框的容器（例如<div>标签）设置样式。

⑤ .form-check-input 类：用于设置单选按钮或复选框中的<input>标签的样式，例如设置宽高、边框等。

⑥ .form-check-label 类：用于设置单选按钮或复选框中的<label>标签的样式，确保标签文本与单选按钮或复选框保持一致的样式，并且可以通过单击标签文本来切换单选按钮或复选框的选择状态。

下面演示如何创建选择性别的单选按钮，示例代码如下。

```
1  <body>
2    <form>
3      <div>性别: </div>
4      <div class="form-check-inline">
5        <input class="form-check-input" type="radio" name="gender" value="0" id=
"male" checked>
6        <label class="form-check-label" for="male">男</label>
7      </div>
8      <div class="form-check-inline">
9        <input class="form-check-input" type="radio" name="gender" value="1" id=
"female">
10       <label class="form-check-label" for="female">女</label>
11     </div>
12   </form>
13 </body>
```

在上述示例代码中，第 5 行和第 9 行代码定义了两个用于接收性别的单选按钮，name 属性值都为 gender，表示只能选择其中的一个。

上述示例代码运行后，选择性别的单选按钮效果如图 8-12 所示。

图8-12　选择性别的单选按钮效果

（4）输入组样式类

输入组用于对输入框进行扩展，通常由一个输入框和一个或多个附加元素组成，附加元素可以是文本、图标、按钮、下拉菜单和复选框等，用于增强用户输入的交互性和功能性。

Bootstrap 提供了输入组样式类，具体介绍如下。

① .input-group 类：用于设置输入组的基本样式。它可以将多个表单控件在同一行内水平排列。

② .input-group-lg 类：用于设置大尺寸的输入组样式，增加输入组的高度和字号。

③ .input-group-sm 类：用于设置小尺寸的输入组样式，减小输入组的高度和字号。

④ .input-group-text 类：用于设置附加文本或附加元素的样式，例如单位、符号、搜索图标等。

下面演示如何创建带有货币符号的商品价格输入组，示例代码如下。

```
1  <body>
2    <form>
3      <div class="input-group">
4        <span class="input-group-text">￥</span>
5        <input type="text" class="form-control" placeholder="商品价格">
6      </div>
7    </form>
8  </body>
```

在上述示例代码中，在<div>标签中添加了.input-group 类，以创建一个输入组，该类可以使<input>标签和<span>标签在视觉上组合在一起。在<span>标签中添加了.input-group-text 类，以应用输入组的附加元素的样式。

上述示例代码运行后，商品价格输入组效果如图 8-13 所示。

| ￥ | 商品价格 |

图8-13　商品价格输入组效果

### 2. 表单布局方式

在 Bootstrap 中，表单的默认布局方式是垂直布局，即表单控件在垂直方向上逐行堆叠排列。除了垂直布局外，常见的表单布局方式还有行内表单布局、水平表单布局和响应式表单布局。下面将详细讲解行内表单布局、水平表单布局和响应式表单布局的使用方法。

（1）行内表单布局

行内表单布局是一种将表单控件在同一行内水平排列的布局方式，适用于表单内容较少、较紧凑的情况。在 Bootstrap 中，可以使用栅格系统的.row 类和.col-auto 类实现行内表单布局。

首先，使用<div>标签创建一个行容器，并添加.row 类；然后，在行容器内添加一个<div>标签用于包裹表单控件，并添加.col-auto 类。这样可以使表单控件在同一行内水平排列，并根据内容自动调整宽度，示例代码如下。

```
<div class="row">
  <div class="col-auto">
    <!-- 表单控件 1 -->
  </div>
  <div class="col-auto">
    <!-- 表单控件 2 -->
  </div>
</div>
```

在上述示例代码中，在<div>标签中添加了.row 类，用于定义一个行容器。在行容器内部有两个<div>标签，并且均添加了.col-auto 类，用于定义两个列容器，使它们自动调整宽度以适应内容大小。

（2）水平表单布局

水平表单布局是一种将表单控件的<label>标签和输入控件标签（如<input>标签、<select>标签、<textarea>标签等）放置在同一行内的布局方式，以确保每行只显示一个表单项，可避免一行显示过多的内容。

通过栅格系统的.row 类和.col-{sm|md|lg|xl|xxl}-{value}类可以创建水平表单布局。为了使表单标签与其关联的表单控件在同一行内水平排列，并且垂直居中对齐，可以为<label>标签添加.col-form-label 类。如果需要调整标签的尺寸，可以使用.col-form-label-sm 类设置小尺寸样式，使用.col-form-label-lg 类设置大尺寸样式。

下面演示如何创建一个在小型及以上设备（视口宽度≥576px）中呈现水平布局的表单，示例代码如下。

```
1   <body>
2     <div class="row">
3       <label class="col-form-label col-sm-3">Label 1</label>
4       <div class="col-sm-9">
5         <input type="text" class="form-control">
6       </div>
7     </div>
8     <div class="row">
9       <label class="col-form-label col-sm-3">Label 2</label>
10      <div class="col-sm-9">
11        <input type="text" class="form-control">
12      </div>
13    </div>
14  </body>
```

在上述示例代码中，每个<label>标签都添加了.col-form-label 类和.col-sm-3 类，其中，.col-form-label 类表示<label>标签与其关联的表单控件在一行内，并且垂直居中对齐；.col-sm-3 类表示在小型及以上设备中<label>标签的宽度占据行容器宽度的 25%。

每个表单控件都包裹在一个<div>标签中，并添加了.col-sm-9 类，表示在小型及以上设备中表单控件的宽度将占据行容器宽度的 75%。

（3）响应式表单布局

在 Bootstrap 中可以将栅格系统和其他相关类结合使用，以实现响应式表单布局。对响应式表单布局相关类的具体介绍如下。

① .row-cols-{sm|md|lg|xl|xxl}-auto 类：用于根据不同视口宽度自动调整列的宽度。例如.row-cols-sm-auto 类可以使表单控件在小型及以上设备（视口宽度≥576px）中自动调整列的宽度，而在超小型设备（视口宽度<576px）中垂直堆叠。

② .g-{sm|md|lg|xl|xxl}-{value}类：用于设置水平方向和垂直方向的间距。其中，value 表示间距的数值，取值为 0~5，分别表示间距为 0rem、0.25rem、0.5rem、1rem、1.5rem 和 3rem。此外，若只想设置水平方向的间距可以使用.gx-{sm|md|lg|xl|xxl}-{value}类，若只想设置垂直方向的间距可以使用.gy-{sm|md|lg|xl|xxl}-{value}类。

③ .align-items-center 类：用于将表单控件在垂直方向上居中对齐，该类应用于包裹表单控件的容器元素。

### 3. 文本格式类

在日常生活中，无论是查看新闻、浏览社交媒体还是使用各种应用程序，文本格式在传递信息和提升可读性方面扮演着重要角色。特别是在阅读网页上的大段文字内容时，读者通常希望能够快速获取重点内容。为实现这一目的，可以通过调整文本的对齐方式、改变字号以及设置加粗和斜体等效果来突出显示关键词和重要信息，提高阅读效率和准确性。

Bootstrap 提供了一系列文本格式类，可以实现文本对齐、文本变换和文本换行等格式，具体如表 8-5 所示。

表 8-5　文本格式类

| 格式 | 类 | 描述 |
|---|---|---|
| 文本对齐 | .text-start | 用于设置文本左对齐，默认由浏览器决定 |
| | .text-center | 用于设置文本居中对齐 |
| | .text-end | 用于设置文本右对齐 |
| | .text-{sm\|md\|lg\|xl\|xxl}-{start\|center\|end} | 用于设置文本在 sm（小型及以上设备）、md（中型及以上设备）、lg（大型及以上设备）、xl（特大型及以上设备）、xxl（超大型及以上设备）中的对齐方式（左对齐、居中对齐、右对齐） |
| 文本变换 | .text-uppercase | 用于将文本的所有字母转换为大写字母 |
| | .text-lowercase | 用于将文本的所有字母转换为小写字母 |
| | .text-capitalize | 用于将文本的首字母转换为大写字母 |
| 文本换行 | .text-nowrap | 用于禁止文本换行，文本将会在一行内显示，超出部分将被裁剪 |
| | .text-wrap | 用于允许文本换行，当文本内容超出容器宽度时自动换行 |
| | .text-break | 用于允许在单词内换行，适用于长单词或链接文本 |
| | .text-truncate | 当文本内容超出容器宽度时，裁剪文本并显示省略号 |
| 文本字体 | .fw-bold | 用于将文本加粗显示，默认粗体，粗细程度为 700 |
| | .fw-bolder | 用于将文本加粗显示，比默认粗体略粗 |
| | .fw-semibold | 用于将文本加粗显示，粗细程度为 600 |
| | .fw-medium | 用于将文本加粗显示，粗细程度为 500 |
| | .fw-normal | 用于将文本恢复为默认的字体粗细程度，粗细程度为 400 |
| | .fw-light | 用于将文本显示为轻字体（较细），粗细程度为 300 |
| | .fw-lighter | 用于将文本显示为更轻的字体（更细） |
| | .fst-italic | 用于将文本显示为斜体 |
| | .fst-normal | 用于将文本的字体样式恢复为普通样式，默认没有使用斜体 |
| 文本装饰 | .text-decoration-none | 用于去除文本的装饰效果，例如去除文本的下划线和删除线等 |
| | .text-decoration-underline | 用于在文本下方添加下划线 |
| | .text-decoration-line-through | 用于为文本添加删除线 |
| 文本字号 | .fs-{1\|2\|3\|4\|5\|6} | 用于设置文本的字号 |
| 文本行高 | .lh-{1\|sm\|base\|lg} | 用于设置文本的行高为 1（紧凑的行高）、1.25（稍微紧凑的行高）、1.5（默认行高）或 2（较大的行高） |

在默认情况下，对于特大型及以上设备（视口宽度≥1200px），.fs-{1\|2\|3\|4\|5\|6}类设置的文本字号分别为 2.5rem、2rem、1.75rem、1.5rem、1.25rem 和 1rem。而对于特大型以下设备（视口宽度<1200px），Bootstrap 会根据其响应式规则自动调整文本字号。

### 4. 文本颜色类

在 Bootstrap 中可以使用预定义的文本颜色类来设置文本的颜色，以实现不同的视觉效果。文本颜色类可以应用于多种标签，例如<p>标签、<span>标签或<h1>标签等。

常用的文本颜色类如表 8-6 所示。

表 8-6　常用的文本颜色类

| 类 | 描述 |
|---|---|
| .text-primary | 用于设置文本颜色为蓝色 |
| .text-secondary | 用于设置文本颜色为灰色 |
| .text-success | 用于设置文本颜色为绿色 |
| .text-danger | 用于设置文本颜色为红色 |
| .text-info | 用于设置文本颜色为青蓝色 |
| .text-warning | 用于设置文本颜色为黄色 |
| .text-dark | 用于设置文本颜色为深色 |
| .text-light | 用于设置文本颜色为浅色 |
| .text-body | 用于设置正文文本的颜色，默认会根据所在上下文的背景颜色自动调整文本的颜色 |
| .text-white | 用于设置文本颜色为白色 |
| .text-black | 用于设置文本颜色为黑色 |

默认情况下，表 8-6 中列举的文本颜色类的透明度为 1，可以与.text-opacity-{value}类结合使用，以调整文本的透明度。其中，value 取值为 25、50 和 75，分别表示将文本的透明度设置为 0.25、0.5 和 0.75。

此外，Bootstrap 还提供了强调文本颜色类，以使文本颜色比较突出。常用的强调文本颜色类如表 8-7 所示。

表 8-7　常用的强调文本颜色类

| 类 | 描述 |
|---|---|
| .text-primary-emphasis | 用于设置深蓝色文本 |
| .text-secondary-emphasis | 用于设置极暗度的深灰色文本 |
| .text-success-emphasis | 用于设置深墨绿色文本 |
| .text-danger-emphasis | 用于设置深红色文本 |
| .text-info-emphasis | 用于设置深青蓝文本 |
| .text-warning-emphasis | 用于设置深棕色文本 |
| .text-dark-emphasis | 用于设置中等暗度的深灰色文本，与.text-light-emphasis 类的颜色相同 |
| .text-light-emphasis | 用于设置中等暗度的深灰色文本，与.text-dark-emphasis 类的颜色相同 |
| .text-body-emphasis | 用于设置黑色文本 |
| .text-body-secondary | 用于设置黑色文本，透明度为 0.75 |
| .text-body-tertiary | 用于设置黑色文本，透明度为 0.5 |

### 5. 背景颜色类

在 Bootstrap 中，使用背景颜色类可以为元素设置背景颜色。背景颜色类适用于各种 HTML 标签，例如<div>标签、<p>标签、<span>标签等。通常将背景颜色类与文本颜色类结合使用，以确保文本内容在具有背景颜色的元素中清晰可见。

常用的背景颜色类如表 8-8 所示。

默认情况下，表 8-8 中列举的背景颜色类的透明度为 1，可以与.bg-opacity-{value}类结合使用，以调整背景的透明度。其中，value 取值为 10、25、50 和 75，分别表示将背景的透明度设置为 0.1、0.25、0.5 和 0.75。

表 8-8　常用的背景颜色类

| 类 | 描述 |
| --- | --- |
| .bg-primary | 用于设置背景颜色为蓝色 |
| .bg-secondary | 用于设置背景颜色为灰色 |
| .bg-success | 用于设置背景颜色为绿色 |
| .bg-danger | 用于设置背景颜色为红色 |
| .bg-info | 用于设置背景颜色为青蓝色 |
| .bg-warning | 用于设置背景颜色为黄色 |
| .bg-dark | 用于设置背景颜色为深色 |
| .bg-light | 用于设置背景颜色为浅色 |
| .bg-black | 用于设置背景颜色为黑色 |
| .bg-body | 用于将背景颜色设置为与 body 元素相同的背景颜色 |
| .bg-white | 用于设置背景颜色为白色 |
| .bg-transparent | 用于设置背景颜色为透明色 |

此外，Bootstrap 还提供了更加柔和的背景颜色类，以使背景颜色不会过于显眼或者突出。常用的柔和背景颜色类如表 8-9 所示。

表 8-9　常用的柔和背景颜色类

| 类 | 描述 |
| --- | --- |
| .bg-primary-subtle | 用于设置浅蓝色背景 |
| .bg-secondary-subtle | 用于设置浅灰色背景 |
| .bg-success-subtle | 用于设置浅绿色背景 |
| .bg-danger-subtle | 用于设置浅红色背景 |
| .bg-info-subtle | 用于设置浅青蓝色背景 |
| .bg-warning-subtle | 用于设置浅黄色背景 |
| .bg-dark-subtle | 用于设置浅蓝灰色背景 |
| .bg-light-subtle | 用于设置极浅的灰色背景，近乎白色 |
| .bg-body-tertiary | 用于设置较浅的灰色背景 |
| .bg-body-secondary | 用于设置银白色背景，略带灰色调的白色 |

### 6. 边框样式类

在 Bootstrap 中，使用边框样式类可以设置元素的边框样式，从而轻松地添加、移除或自定义元素的边框。边框样式类适用于各种 HTML 标签，例如<div>标签、<img>标签和<table>标签等。

常用的边框样式类如表 8-10 所示。

表 8-10　常用的边框样式类

| 样式 | 类 | 描述 |
| --- | --- | --- |
| 添加边框 | .border | 添加上、右、下、左边框样式 |
| | .border-top | 添加上边框样式 |
| | .border-end | 添加右边框样式 |
| | .border-bottom | 添加下边框样式 |
| | .border-start | 添加左边框样式 |

续表

| 样式 | 类 | 描述 |
|---|---|---|
| 移除边框 | .border-0 | 移除边框样式 |
| | .border-top-0 | 移除上边框样式 |
| | .border-end-0 | 移除右边框样式 |
| | .border-bottom-0 | 移除下边框样式 |
| | .border-start-0 | 移除左边框样式 |
| 边框宽度 | .border-{1\|2\|3\|4\|5} | 用于设置边框的宽度级别，数字越大，边框越粗。1~5 分别表示 1、2、3、4、5，单位为 px |
| 圆角边框 | .rounded | 添加上、右、下、左边框的圆角样式 |
| | .rounded-top | 添加上边框的圆角样式 |
| | .rounded-end | 添加右边框的圆角样式 |
| | .rounded-bottom | 添加下边框的圆角样式 |
| | .rounded-start | 添加左边框的圆角样式 |
| | .rounded-circle | 添加圆形边框样式 |
| | .rounded-pill | 添加椭圆边框样式 |
| 圆角边框尺寸 | .rounded-{0\|1\|2\|3\|4\|5} | 用于设置圆角半径，数字越大，圆角半径越大。0 表示没有圆角，1~5 分别表示 0.25、0.375、0.5、1、2，单位为 rem |

若要同时设置圆角边框和圆角边框尺寸，可以使用.rounded-{top\|end\|bottom\|start}-{0\|1\|2\|3\|4\|5\|circle\|pill}类。例如，.rounded-top-2 类表示将上边框的圆角半径设置为 0.375rem。

默认情况下，使用.border 类设置的边框颜色为淡灰色。若需修改边框颜色，可以使用.border-*类来添加特定颜色的边框，*的取值为 primary、secondary、success、danger、info、warning、dark、light、black、white，这些颜色与表 8-8 所列的背景颜色类的颜色相对应。.border-*类的默认透明度为 1，可以与.border-opacity-{value}类结合使用，以调整边框的透明度。其中，value 可以取值为 10、25、50 和 75，分别表示将边框的透明度设置为 0.1、0.25、0.5 和 0.75。

### 项目实现

根据项目需求实现用户注册页面的开发，具体实现步骤如下。

① 创建 register.html 文件，编写用户注册页面结构并引入 bootstrap.min.css 文件，具体代码如下。

```
1   <!DOCTYPE html>
2   <html>
3   <head>
4     <meta charset="UTF-8">
5     <meta name="viewport" content="width=device-width, initial-scale=1.0">
6     <title>用户注册</title>
7     <link rel="stylesheet" href="bootstrap/css/bootstrap.min.css">
8   </head>
9   <body>
10    <div class="container rounded-3">
11      <h3 class="text-center py-5">用户注册</h3>
12      <form class="px-5">
13        <div class="row my-2">
14          <label class="col-form-label col-form-label-lg col-md-4" for="username">
用户名：</label>
```

```
15          <div class="col-md-8">
16            <input type="text" class="form-control" id="username" required>
17          </div>
18        </div>
19        <div class="row mb-2">
20          <label class="col-form-label col-form-label-lg col-md-4" for="password">
密码: </label>
21            <div class="col-md-8">
22              <input type="password" class="form-control" id="password" required>
23            </div>
24        </div>
25        <div class="row mb-2">
26          <label class="col-form-label col-form-label-lg col-md-4" for="confirm_
password">确认密码: </label>
27            <div class="col-md-8">
28              <input type="password" class="form-control" id="confirm_password" required>
29            </div>
30        </div>
31        <div class="row mb-2">
32          <label class="col-form-label-lg col-md-4" for="email">电子邮箱: </label>
33          <div class="col-md-8">
34            <input type="email" class="form-control" id="email">
35          </div>
36        </div>
37        <div class="row">
38          <div class="col-md-12 text-center py-3">
39            <button type="submit" class="bg-primary text-white border-0 rounded-
pill px-5 py-2">注册</button>
40          </div>
41        </div>
42      </form>
43    </div>
44  </body>
45  </html>
```

在上述代码中，第 16 行代码定义了用户名输入框；第 22 行代码定义了密码输入框；第 28 行代码定义了确认密码输入框；第 34 行代码定义了电子邮箱输入框；第 39 行代码定义了"注册"按钮。

② 在步骤①中的第 7 行代码的下方编写用户注册页面样式，具体代码如下。

```
1  <style>
2    body, html {
3      height: 100%;
4      background: url("images/loginBg.jpg") center / cover no-repeat;
5    }
6    .container {
7      background-color: #fff;
8      position: absolute;
9      top: 50%;
10     left: 50%;
11     width: 70%;
12     max-width: 650px;
13     transform: translate(-50%, -50%);
14   }
15  </style>
```

在上述代码中，第 2～5 行代码对 html 元素和 body 元素进行了样式设置，将页面的高度设置为 100%，这意味着页面的高度将完全填充浏览器窗口。此外，使用了 background 属性，将名称为 loginBg.jpg 的图像居中显示，并将其设置为整个背景而不重复显示。

保存上述代码，在浏览器中打开 register.html 文件，打开开发者工具，进入移动设备调试模式，用户注册页面在中型及以上设备（视口宽度≥768px）中的效果如图 8-14 所示。

图8-14　用户注册页面在中型及以上设备中的效果

从图 8-14 可以看出，表单中的标签和输入框显示在同一行。

用户注册页面在中型以下设备（视口宽度<768px）中的效果如图 8-15 所示。

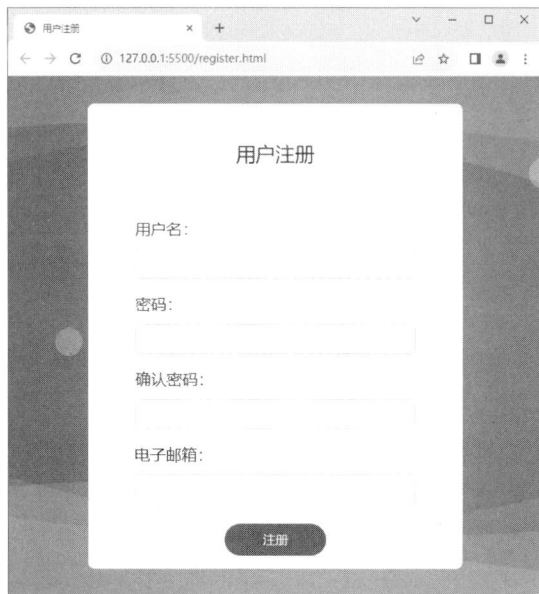

图8-15　用户注册页面在中型以下设备中的效果

从图 8-15 可以看出，表单中的标签和输入框呈垂直排列。

## 本章小结

本章主要讲解了 Bootstrap 的基础知识。首先，讲解了 Bootstrap 的概述、特点、组成以及下载和引入；其次，讲解了 Bootstrap 的布局容器、栅格系统和工具类；再次，讲解了表单控件样式类和表单布局方式；最后，讲解了文本格式类、文本颜色类、背景颜色类和边框样式类。通过对本章的学习，读者应掌握 Bootstrap 的基础知识，为后续的学习打下坚实的基础。

## 课后习题

### 一、填空题

1. 在 Bootstrap 中，可以使用_____类为文本添加删除线。
2. 在 Bootstrap 中，可以使用_____类创建流式布局容器。
3. 在 Bootstrap 栅格系统是一个基于_____列布局的系统。
4. 在 Bootstrap 中，可以使用_____类设置文本右对齐。
5. 在 Bootstrap 中，可以使用_____类将 hello 转换为 HELLO。

### 二、判断题

1. .d-md-none 类表示在小型及以上设备（视口宽度≥576px）中隐藏元素。（　　）
2. 在 Bootstrap 中，可以使用.col-form-label-sm 类设置<label>标签的小尺寸样式。（　　）
3. 在 Bootstrap 中，可以使用.text-start 类设置文本左对齐。（　　）
4. Bootstrap 提供了.text-capitalize 类，用于将文本的所有字母转换为小写字母。（　　）
5. Bootstrap 提供了.bg-primary 类，用于设置蓝色背景。（　　）

### 三、选择题

1. 下列选项中，不属于 Bootstrap 特点的是（　　）。
   A. 浏览器支持广泛　　　　　　　B. 响应式设计
   C. 学习成本高　　　　　　　　　D. 易于定制
2. 下列选项中，用于设置一组单选按钮或复选框在同一行内水平排列的类是（　　）。
   A. .form-input　　　　　　　　B. .form-control
   C. .form-check-inline　　　　D. .form-check
3. 下列关于 Bootstrap 中文本格式类的说法，错误的是（　　）。
   A. 使用.text-wrap 类可以在文本内容超出容器宽度时自动换行
   B. 使用.text-truncate 类可以在文本内容超出容器宽度时裁剪文本并显示破折号
   C. 使用.text-nowrap 类禁止文本换行
   D. 使用.text-break 类允许在单词内换行，适用于长单词或链接文本
4. 下列关于 Bootstrap 中边框样式类的说法，错误的是（　　）。
   A. 使用.border-top-0 类可以移除全部边框样式
   B. 使用.border-end-0 类可以移除右边框样式
   C. 使用.border-bottom-0 类可以移除下边框样式

D. 使用.border-start-0 类可以移除左边框样式

5. 下列关于 Bootstrap 中圆角边框样式类的说法，错误的是（　　　）。

A. 使用.rounded 类可以添加上、右、下、左边框的圆角样式

B. 使用.rounded-top 类可以添加上边框的圆角样式

C. 使用.rounded-bottom 类可以添加下边框的圆角样式

D. 使用.rounded-start 类可以添加右边框的圆角样式

## 四、简答题

1. 请简述 Bootstrap 提供的 3 个容器类及其作用。

2. 请列举 Bootstrap 常用的文本颜色类及其作用。

## 五、操作题

编写代码实现开源项目模块在不同设备中不同的布局效果。开源项目模块在中型及以上设备（视口宽度≥768px）中的页面效果如图 8-16 所示。

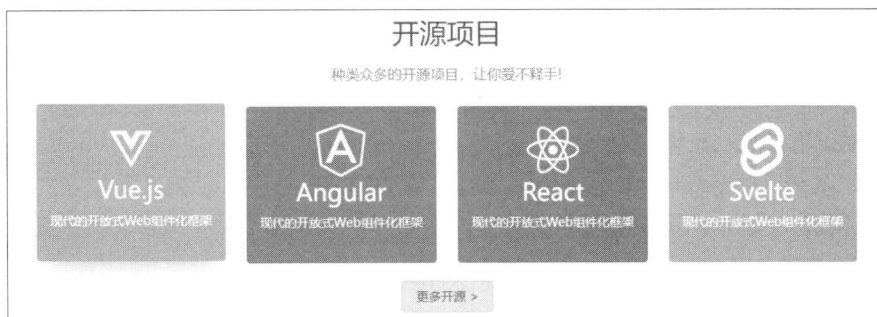

图8-16　开源项目模块在中型及以上设备中的页面效果

在中型以下设备（视口宽度<768px）中的页面效果如图 8-17 所示。

图8-17　开源项目模块在中型以下设备中的页面效果

# 第 **9** 章

# Bootstrap组件应用

学习目标

| | |
|---|---|
| 知识目标 | • 了解组件的概念，能够说出 Bootstrap 组件的优势<br>• 掌握 Bootstrap 组件的基本使用方法，能够通过查阅官方文档的方式学习 Bootstrap 组件<br>• 掌握轮播组件的使用方法，能够创建轮播图<br>• 掌握定位样式类的使用方法，能够灵活设置元素的位置<br>• 掌握浮动样式类的使用方法，能够灵活设置元素的浮动状态<br>• 掌握图像样式类的使用方法，能够设置图像的展示方式<br>• 掌握阴影样式类的使用方法，能够添加或去除阴影效果<br>• 掌握 Bootstrap Icons 图标库的使用方法，能够添加图标到页面<br>• 掌握列表样式类的使用方法，能够去除列表的默认样式，以及创建水平排列的列表<br>• 掌握卡片组件的使用方法，能够创建基础卡片、图文卡片和背景图卡片<br>• 掌握按钮组件的使用方法，能够创建基础样式按钮、轮廓样式按钮、尺寸样式按钮和状态样式按钮等<br>• 掌握导航栏组件的使用方法，能够创建基础导航栏和折叠式导航栏<br>• 掌握下拉菜单组件的使用方法，能够创建下拉菜单按钮和下拉菜单导航栏 |
| 技能目标 | • 掌握轮播图页面的制作方法，能够完成轮播图页面的开发<br>• 掌握课程介绍页面的制作方法，能够完成课程介绍页面的开发<br>• 掌握下拉菜单导航栏页面的制作方法，能够完成下拉菜单导航栏页面的开发 |

在前端开发中，开发者经常会遇到编写相似或重复代码的情况，同时需要确保网页整体外观和样式的一致性。随着移动设备的使用越来越广泛，响应式设计变得越来越重要。然而，构建适应不同屏幕尺寸和设备的页面可能会很复杂且耗时。为了解决这些问题，我们可以使用Bootstrap 组件。开发者可以借助 Bootstrap 组件快速构建具有统一样式和响应式设计的项目，从而减少开发时间和工作量，为用户提供更好的体验。本章将对 Bootstrap 组件的使用方法进行讲解。

## 项目 9-1 轮播图页面

### 项目需求

小夏是一家科技公司的前端开发人员。为了增加网站的吸引力，他计划在网站首页中添加轮播图，以吸引用户的注意力，从而激发用户的兴趣。小夏打算使用轮播组件制作网站轮播图，实现图像切换效果，具体要求如下。

① 参与切换的图像有 3 张，且第 3 张图像中包含自定义的文本内容，该内容在中型及以上设备（视口宽度≥768px）中显示，而在中型以下设备（视口宽度<768px）中隐藏。

② 当鼠标指针移入图像时，图像停止自动切换。

③ 当单击图像上的左切换按钮 < 时，可以切换到上一张图像。

④ 当单击图像上的右切换按钮 > 时，可以切换到下一张图像。

⑤ 当单击图像上的指示器 ▬ ▬ ▬ 时，可以切换到对应的图像。

⑥ 当鼠标指针移出图像时，图像开始自动切换。

轮播图效果如图 9-1 所示。

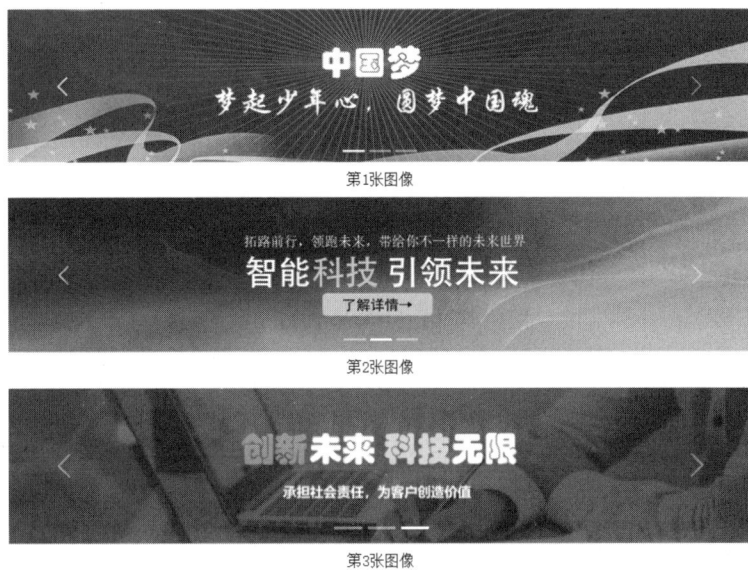

第1张图像

第2张图像

第3张图像

图9-1　轮播图效果

## 知识储备

### 1. 什么是组件

项目开发过程中经常会用到组件。组件是独立的代码块，具有特定的功能和样式，并且可以在页面中独立使用和重复使用。组件类似我们生活中的汽车发动机，不同型号的汽车可以使用同一款发动机，这样就不需要为每一辆汽车设计一款发动机。

Bootstrap 为开发人员提供了许多可重用的组件，包括按钮组件、导航栏组件、下拉菜单组件、卡片组件和轮播组件等。我们可以通过简单地添加相应的 HTML 标签和 Bootstrap 的 CSS 类来使用它们，而无须自己编写复杂的样式和脚本。使用组件可以大大加快开发速度，并且通过组合和定制组件，可以快速构建网站和应用程序。

Bootstrap 组件的优势如下。

① 易于使用。开发人员只需要在 HTML 代码中添加相应的标签和 CSS 类，即可快速插入并使用组件。同时，Bootstrap 还提供了详细的文档和示例，以帮助开发人员理解和使用组件。

② 响应式设计。Bootstrap 的组件都支持响应式设计，可以自动适应各种屏幕尺寸和设

备，这使用户在 PC 和移动设备中访问网页时，能够获得良好的用户体验。

③ 可定制化。Bootstrap 的组件提供了多种样式和组合方式，开发者可以根据需求进行调整和自定义。

**2. Bootstrap 组件的基本使用方法**

Bootstrap 官方网站提供了示例代码，用于展示组件的实际应用，这些示例代码可以帮助开发人员了解如何使用 Bootstrap 的 CSS 类和样式。此外，Bootstrap 官方网站还提供了详细的开发文档，可以帮助开发人员更好地理解和应用组件。

对于初学者而言，在刚学习 Bootstrap 组件时，建议先查阅官方文档，通过官方文档获取组件的相关信息。

通过查阅官方文档的方式学习 Bootstrap 组件的基本流程如下。

① 在 Bootstrap 官方网站中找到所需组件的示例代码。

② 将示例代码复制到项目的 HTML 文件中的适当位置。

③ 根据实际需求和设计要求，调整和修改代码。

④ 在浏览器中打开 HTML 文件，查看使用组件的效果，如果效果与实际需求和设计要求有差异，可以根据需要进一步调整和修改代码，以实现期望的效果。

下面演示如何通过查阅官方文档的方式实现按钮效果，具体步骤如下。

① 创建 D:\code\chapter09 目录，将本章配套源码中的 bootstrap 文件夹复制到该目录下，并使用 VS Code 编辑器打开该目录。

② 创建 example.html 文件，并引入 bootstrap.min.css 文件。

③ 在 Bootstrap 官方网站中找到按钮组件的示例代码。通过浏览器访问 Bootstrap 官方网站。Bootstrap 官方网站首页如图 9-2 所示。

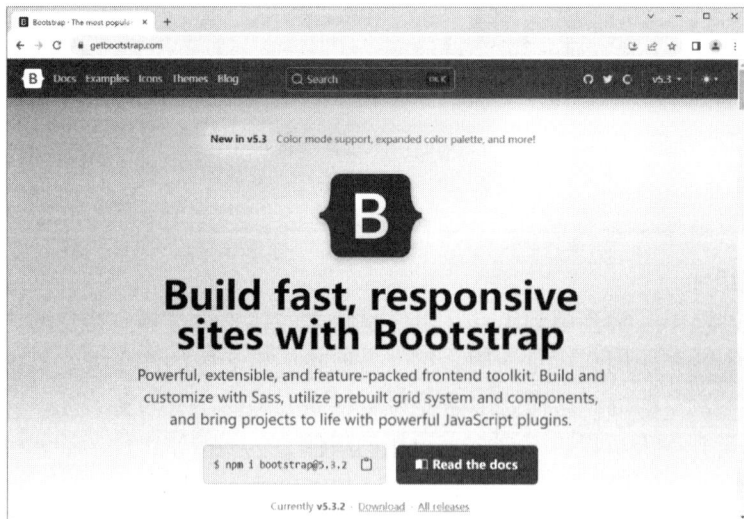

图9-2　Bootstrap官方网站首页

④ 单击图 9-2 所示的位于页面左上角的 "Docs" 链接，跳转到 Bootstrap 官方文档页面，在该页面中会看到一个名为 "Components" 的侧边栏，其中列出了所有可用的组件，每个组件都有详细的文档、示例代码和演示。单击该侧边栏中的 "Buttons" 链接，即可进入 Buttons 组件页面，如图 9-3 所示。

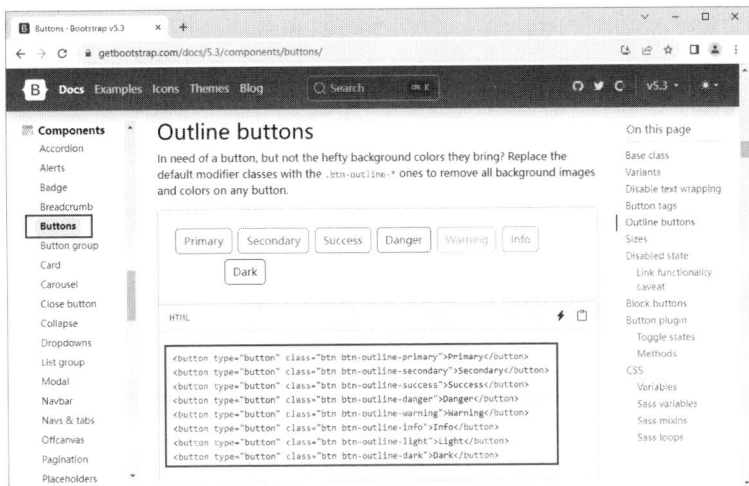

图9-3　Buttons组件页面

图 9-3 展示了 Buttons 组件的结构代码，复制线框内的代码。

⑤ 将步骤④中复制的代码粘贴到 example.html 文件中。该文件中的具体代码如下。

```
1  <!DOCTYPE html>
2  <html>
3  <head>
4    <meta charset="UTF-8">
5    <meta name="viewport" content="width=device-width, initial-scale=1.0">
6    <title>按钮组件</title>
7    <link rel="stylesheet" href="bootstrap/css/bootstrap.min.css">
8  </head>
9  <body class="bg-secondary bg-opacity-50">
10   <button type="button" class="btn btn-outline-primary">Primary</button>
11   <button type="button" class="btn btn-outline-secondary">Secondary</button>
12   <button type="button" class="btn btn-outline-success">Success</button>
13   <button type="button" class="btn btn-outline-danger">Danger</button>
14   <button type="button" class="btn btn-outline-warning">Warning</button>
15   <button type="button" class="btn btn-outline-info">Info</button>
16   <button type="button" class="btn btn-outline-light">Light</button>
17   <button type="button" class="btn btn-outline-dark">Dark</button>
18  </body>
19  </html>
```

在上述代码中，第 9 行代码为<body>标签添加透明度为 50 的灰色背景，以突出显示亮色按钮的样式；第 10～17 行代码分别为 8 个<button>标签添加了.btn 类和.btn-outline-*类，以设置按钮的样式。这里的*的取值会在后续内容中进行讲解。

保存上述代码，在浏览器中打开 example.html 文件，按钮效果如图 9-4 所示。

至此，已经通过查阅官方文档，成功实现了按钮效果。此时，读者无须深入分析代码，只需要掌握学习 Bootstrap 组件的基本流程即可。

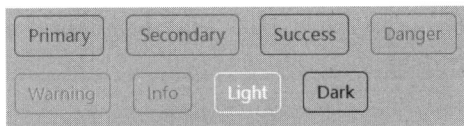

图9-4　按钮效果

### 3. 轮播组件

轮播图是一种常见的网页元素，其效果类似于幻灯片放映效果，它能够循环播放图像或其他内容。轮播图主要应用于新闻网站、电子商务平台、博客等的各种页面中。其作用在于吸引用户的注意力、提供更丰富的信息展示方式。

　　轮播图通常包括轮播项、指示器、左切换按钮和右切换按钮 4 部分。其中，轮播项用于展示活动信息，指示器用于控制当前图像的播放顺序，左切换按钮用于切换到上一张图像，右切换按钮用于切换到下一张图像。

　　基于轮播组件创建轮播图的基本方法如下。

　　（1）创建轮播容器

　　在实现轮播图时，我们可以创建轮播容器以实现过渡和动画效果、自动轮播，以及控制轮播的时间间隔，具体实现步骤如下。

　　① 通常使用<div>标签定义轮播容器，并添加.carousel 类，以便应用轮播容器的样式。

　　② 设置唯一的 id 属性值，以便后续代码引用。

　　③ 添加.slide 类，以实现切换图像时的过渡和动画效果。

　　④ 添加.carousel-fade 类，以实现淡入淡出的过渡效果。

　　⑤ 设置 data-bs-theme 属性，其值可以是 light（明亮模式）或 dark（暗黑模式），用于设置轮播图的左右切换按钮、指示器和标题的明亮或暗黑效果。

　　⑥ 设置 data-bs-ride 属性，并将其值设置为 carousel，用于在加载页面时启动轮播。

　　⑦ 设置 data-bs-interval 属性，其值为一个毫秒数，用于设置轮播的时间间隔。

　　⑧ 设置 data-bs-wrap 属性，其值为 false 时表示轮播图不自动循环，其值为 true 时表示轮播图自动循环，默认值为 true。

　　（2）添加轮播项

　　在轮播容器中添加轮播项，其中可以包含轮播图像和字幕内容等，具体实现步骤如下。

　　① 通常使用<div>标签定义轮播项容器，并添加.carousel-inner 类，以便应用轮播项容器的样式。

　　② 在轮播项容器中，通常使用<div>标签定义每个轮播项，并添加.carousel-item 类，以便应用轮播项的样式。

　　③ 为轮播项添加.active 类，以标记当前轮播项为激活状态。

　　④ 在轮播项中，使用<img>标签定义轮播图像，并添加.d-block 类和.w-100 类，将图像显示为块元素，设置图像宽度为 100%。

　　⑤ 在轮播项中，通常使用<div>标签定义字幕内容，并添加.carousel-caption 类，以便应用字幕内容的样式。

　　（3）添加指示器

　　在轮播容器中添加指示器，具体实现步骤如下。

　　① 通常使用<div>标签定义指示器容器，并添加.carousel-indicators 类，以便应用指示器容器的样式。

　　② 在指示器容器中，通常使用<button>标签定义每个指示器项，并添加 data-bs-target 属性，其值为#id，其中，id 为轮播容器的 id 属性值；添加 data-bs-slide-to 属性，其值为对应轮播项的索引，索引从 0 开始，0 表示第 1 个轮播项，1 表示第 2 个轮播项，以此类推。

　　③ 为指示器项添加.active 类，以标记当前指示器项为激活状态。

　　（4）添加左切换按钮

　　在轮播容器中添加左切换按钮，具体实现步骤如下。

　　① 通常使用<button>标签定义左切换按钮，并添加.carousel-control-prev 类，以便应用

左切换按钮的样式。

② 设置 data-bs-target 属性，并将其值设置为#id，id 表示轮播容器的 id 属性值，用于指定要触发轮播的轮播图。

③ 设置 data-bs-slide 属性，并将其值设置为 prev，表示单击左切换按钮时滑动到上一个轮播项。

④ 在<button>标签内通常使用<span>标签定义左切换按钮图标，并添加.carousel-control-prev-icon 类，以便应用左切换按钮的图标的样式。

（5）添加右切换按钮

在轮播容器中添加右切换按钮，具体实现步骤如下。

① 通常使用<button>标签定义右切换按钮，并添加.carousel-control-next 类，以便应用右切换按钮的样式。

② 设置 data-bs-target 属性，并将其值设置为#id，id 为轮播容器的 id 属性值，用于指定要触发轮播的轮播图。

③ 设置 data-bs-slide 属性，并将其值设置为 next，表示单击右切换按钮时滑动到下一个轮播项。

④ 在<button>标签内通常也使用<span>标签定义右切换按钮图标，并添加.carousel-control-next-icon 类，以便应用右切换按钮的图标的样式。

### 4. 定位样式类

在网页设计中，布局的合理性和元素的位置至关重要。例如，在设计在线新闻门户网站时，新闻列表页面通常用于展示多条新闻。此时，可以使用定位样式类来实现热搜标识的显示，使其在页面中处于合适的位置，从而吸引用户的注意力。

在 Bootstrap 中，使用定位样式类可以设置元素的位置。常用的定位样式类如表 9-1 所示。

表 9-1　常用的定位样式类

| 类 | 描述 |
| --- | --- |
| .position-static | 静态定位，默认定位值，即元素根据正常文档流进行定位 |
| .position-relative | 相对定位，相对元素自身在正常文档流中的位置进行定位 |
| .position-absolute | 绝对定位，相对最近的非静态定位祖先元素进行定位 |
| .position-fixed | 固定定位，相对浏览器窗口进行定位 |
| .position-sticky | 黏性定位，根据用户滚动的位置来确定定位方式 |
| .{top\|bottom\|start\|end}-{value} | 设置元素相对顶部、底部、左侧、右侧的偏移量，value 的取值可以为 0、50、100，表示百分比 |
| .z-index-{value} | 设置定位元素的堆叠层级，value 取值可以为正整数、负整数或 0，默认值为 0。value 值越大，表示该元素在堆叠中的层级就越高 |
| .translate-middle | 将元素在水平和垂直方向上分别向左和向上移动自身宽度和高度的一半，用于实现元素的水平垂直居中对齐 |
| .translate-middle-x | 将元素在水平方向上向左移动自身宽度的一半，通常用于实现元素在水平方向上的居中对齐 |
| .translate-middle-y | 将元素在垂直方向上向上移动自身高度的一半，通常用于实现元素在垂直方向上的居中对齐 |

下面通过代码演示定位样式类的使用方法，示例代码如下。

```
1   <body>
2     <div class="container">
```

```
3        <div class="row">
4          <div class="col">
5            <div class="news-item border p-2 rounded-2 position-relative">
6              <h5 class="fw-semibold">《傲慢与偏见》出版 210 周年</h5>
7              <p class="text-truncate text-body-secondary">1813 年 1 月 28 日，《傲慢与
偏见》出版，当年 10 月便发行了第二版。至今年，简·奥斯丁的这部经典作品出版整整 210 周年了。</p>
8              <span class="position-absolute top-0 end-0 bg-danger text-white px-2
py-1 mt-1 me-1 rounded-3">热搜</span>
9            </div>
10           <div class="news-item border my-2 p-2 rounded-2">
11             <h5 class="fw-semibold">新技术推动在线学习成主流</h5>
12             <p class="text-truncate text-body-secondary">随着新技术的不断发展，越来越
多的学生和教育机构转向在线学习。这一趋势改变了传统的教育方式，在线学习提供了更加灵活和便捷的学习
途径，受到了人们的广泛欢迎。</p>
13           </div>
14         </div>
15       </div>
16     </div>
17 </body>
```

在上述示例代码中，第 5~9 行代码定义了第一个新闻条目，包含新闻标题和内容，并带有一个热搜标识。其中，第 5 行代码使用.position-relative 类设置了元素相对定位，第 8 行代码设置了热搜标识相对具有.position-relative 类的元素进行定位；第 10~13 行代码定义了第二个新闻条目，没有热搜标识，只包含新闻标题和内容，没有使用相对定位或其他定位样式类。

上述示例代码运行后，定位样式效果如图 9-5 所示。

### 项目实现

根据项目需求实现轮播图页面的开发，具体实现步骤如下。

① 将本章配套源码中的 images 文件夹复制到 chapter09 目录下。

图9-5　定位样式效果

② 创建 carousel.html 文件，编写轮播图的页面结构并引入 bootstrap.min.css 文件和 bootstrap.min.js 文件，具体代码如下。

```
1  <!DOCTYPE html>
2  <html>
3  <head>
4    <meta charset="UTF-8">
5    <meta name="viewport" content="width=device-width, initial-scale=1.0">
6    <title>轮播图</title>
7    <link rel="stylesheet" href="bootstrap/css/bootstrap.min.css">
8  </head>
9  <body>
10   <div class="carousel slide carousel-fade" id="carousel_slide" data-bs-ride=
"carousel" data-bs-interval="2000">
11     <div class="carousel-inner">
12       <!-- 这里插入轮播项的内容 -->
13     </div>
14     <div class="carousel-indicators">
15       <!-- 这里插入指示器的内容 -->
16     </div>
```

```
17      <button type="button"></button>
18      <button type="button"></button>
19    </div>
20    <script src="bootstrap/js/bootstrap.min.js"></script>
21  </body>
22  </html>
```

在上述代码中，第 11~13 行代码用于定义轮播项的结构；第 14~16 行代码用于定义指示器的结构；第 17 行代码用于定义左切换按钮的结构；第 18 行代码用于定义右切换按钮的结构。

③ 在步骤②中的第 12 行代码的下方编写轮播项的内容，具体代码如下。

```
1  <div class="carousel-item active">
2    <img src="images/slide_01.png" class="d-block w-100">
3  </div>
4  <div class="carousel-item">
5    <img src="images/slide_02.png" class="d-block w-100">
6  </div>
7  <div class="carousel-item">
8    <img src="images/slide_03.png" class="d-block w-100">
9    <div class="carousel-caption top-50 start-50 end-0 bottom-0 translate-middle d-none d-md-block">
10     <h1 class="fs-1 fw-bolder"><span class="text-info">创新</span>未来 <span class="text-warning">科技</span>无限</h1>
11     <p class="fs-4 fw-bold">为社会承担责任，为客户创造价值</p>
12   </div>
13 </div>
```

在上述代码中，第 1 行代码为轮播项添加了 .active 类，用于标记该轮播项为激活状态；第 9~12 行代码定义了字幕内容，包括标题和段落文本，字幕内容在中型及以上设备中会显示，而在中型以下设备中会隐藏。

④ 在步骤②中的第 15 行代码的下方编写指示器的内容，具体代码如下。

```
1  <button type="button" data-bs-target="#carousel_slide" data-bs-slide-to="0" class="active"></button>
2  <button type="button" data-bs-target="#carousel_slide" data-bs-slide-to="1"></button>
3  <button type="button" data-bs-target="#carousel_slide" data-bs-slide-to="2"></button>
```

上述代码定义了 3 个按钮，其中，data-bs-target 属性的值为 #carousel_slide，用于指定要触发 id 属性值为 carousel_slide 的元素；data-bs-slide-to 属性的值为对应轮播项的索引。

⑤ 修改步骤②中的第 17 行代码，编写左切换按钮的内容，具体代码如下。

```
1  <button class="carousel-control-prev" type="button" data-bs-target="#carousel_slide" data-bs-slide="prev">
2    <span class="carousel-control-prev-icon"></span>
3  </button>
```

上述代码定义了一个左切换按钮，其中，data-bs-target 属性的值为 #carousel_slide，指定了要触发 id 属性值为 carousel_slide 的元素。

⑥ 修改步骤②中的第 18 行代码，编写右切换按钮的内容，具体代码如下。

```
1  <button class="carousel-control-next" type="button" data-bs-target="#carousel_slide" data-bs-slide="next">
2    <span class="carousel-control-next-icon"></span>
3  </button>
```

上述代码定义了一个右切换按钮，其中，data-bs-target 属性的值为 #carousel_slide，指定了要触发 id 属性值为 carousel_slide 的元素。

⑦ 在步骤②中的第 7 行代码的下方编写指示器的样式代码，具体代码如下。

```
1  <style>
2    .carousel-indicators {
3      bottom: -17px;
4    }
5    @media (min-width: 768px) {
6      .carousel-indicators {
7        bottom: -11px;
8      }
9    }
10 </style>
```

在上述代码中，第 2~4 行代码用于将具有.carousel-indicators 类的元素的底部位置设置为 -17px，表示将指示器的位置往下移动了 17px；第 5~9 行代码用于在中型及以上设备中将具有.carousel-indicators 类的元素的底部位置设置为-11px，表示将指示器的位置往下移动了 11px。

保存上述代码，在浏览器中打开 carousel.html 文件，打开开发者工具，进入移动设备调试模式，轮播图页面在中型及以上设备（视口宽度≥768px）中的效果如图 9-6 所示。

图9-6    轮播图页面在中型及以上设备中的效果

从图 9-6 可以看出，当前显示的是第 3 张轮播图，并且显示了字幕内容。

轮播图页面在中型以下设备（视口宽度<768px）中的效果如图 9-7 所示。

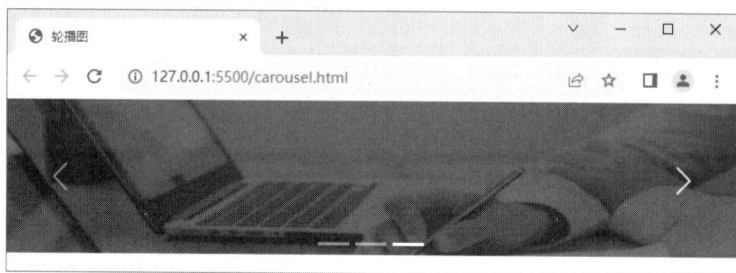

图9-7    轮播图页面在中型以下设备中的效果

从图 9-7 可以看出，当前显示的是第 3 张轮播图，但是隐藏了字幕内容。读者可以单击指示器或左右切换按钮，查看图像切换效果。

# 项目 9-2    课程介绍页面

## 项目需求

小丽是负责开发在线学习平台的前端开发人员。为了让用户更好地了解课程，她决定在平台上添加课程介绍模块。这个模块将介绍课程中讲解的一些技术，以及前端开发、后端开发和移动开发方向所涉及的技术。小丽计划使用卡片组件来制作课程介绍页面。课程介绍页面效果如图 9-8 所示。

图9-8　课程介绍页面效果

## 知识储备

### 1. 浮动样式类

在网页设计中，元素的排列方式是关乎用户体验和页面美观度的重要因素。例如，在设计网站的导航栏时，通常希望导航链接水平排列，并且它们之间保持一定的间距，确保页面整体布局美观且易于浏览。在这种情况下，可以通过使用 Bootstrap 提供的浮动样式类来实现所需的布局效果。

在 Bootstrap 中，使用浮动样式类可以设置元素向左浮动、向右浮动或者取消浮动。常用的浮动样式类如表 9-2 所示。

表 9-2　常用的浮动样式类

| 类 | 描述 |
| --- | --- |
| .float-start | 用于设置元素向左浮动 |
| .float-end | 用于设置元素向右浮动 |
| .float-none | 用于取消元素的浮动 |
| .float-{sm\|md\|lg\|xl\|xxl}-{start\|end\|none} | 设置元素在 sm（小型及以上设备）、md（中型及以上设备）、lg（大型及以上设备）、xl（特大型及以上设备）、xxl（超大型及以上设备）中的浮动方式（向左浮动、向右浮动、取消浮动） |
| .clearfix | 清除浮动效果，通常用于处理浮动元素造成的父元素塌陷的问题 |

如果在页面中使用了浮动元素，并且希望避免出现浮动元素引起的布局问题，可以在浮动元素的父元素上添加.clearfix 类来清除浮动效果。

### 2. 图像样式类

Bootstrap 提供了一些预定义的图像样式类，可以直接应用于<img>标签来实现不同的图像展示方式。

常用的图像样式类如表 9-3 所示。

表 9-3　常用的图像样式类

| 类 | 描述 |
|---|---|
| .img-fluid | 使图像在容器内以响应式的方式自适应其父容器的大小，并保持宽高比不变 |
| .img-thumbnail | 使图像在容器内以响应式的方式自适应其父容器的大小，保持宽高比不变，并为图像添加 1px 的圆角边框效果，使其具有缩略图的样式 |

另外，在开发中还经常需要设置图像的对齐方式，此时可以使用浮动样式类或文本对齐样式类。例如使用浮动样式类.float-start 类可以使图像向左浮动，与周围的内容对齐并将其他内容环绕在其右侧；使用.float-end 类可以使图像向右浮动，与周围的内容对齐并将其他内容环绕在其左侧。此外，也可以通过文本对齐样式类来控制图像的对齐方式，例如使用.text-start 类可以实现图像左对齐，使用.text-center 类可以实现图像居中对齐，而使用.text-end 类则可以实现图像右对齐。对于块元素，还可以利用.mx-auto 类使图像在容器中水平居中对齐。

下面演示图像样式类的使用方法，示例代码如下。

```
1  <body>
2    <img src="images/flower.jpg" class="img-fluid">
3    <img src="images/flower.jpg" class="img-thumbnail">
4  </body>
```

上述示例代码分别使用.img-fluid 类和.img-thumbnail 类设置图像的样式，用于实现图片的响应式和缩略图效果。

上述示例代码运行后，图像样式效果如图 9-9 所示。

从图 9-9 可以看出，右图添加了圆角边框。

图9-9　图像样式效果

### 3. 阴影样式类

在 Bootstrap 中，使用阴影样式类可以设置元素的阴影效果。阴影样式类适用于多种 HTML 标签，例如<div>标签、<table>标签、<p>标签等。

常用的阴影样式类如表 9-4 所示。

表 9-4　常用的阴影样式类

| 类 | 描述 |
|---|---|
| .shadow | 设置默认阴影 |
| .shadow-sm | 设置小阴影 |
| .shadow-lg | 设置大阴影 |
| .shadow-none | 去除阴影 |

下面演示如何实现阴影效果，示例代码如下。

```
1  <body>
2    <div class="shadow-sm p-3 mb-5 rounded">小阴影</div>
3    <div class="shadow p-3 mb-5 rounded">默认阴影</div>
4    <div class="shadow-lg p-3 mb-5 rounded">大阴影</div>
5  </body>
```

在上述示例代码中，第 2~4 行代码定义了 3 个<div>标签，并分别添加了.shadow-sm 类、.shadow 类和.shadow-lg 类，用于为图像添加小阴影、默认阴影和大阴影效果。

上述示例代码运行后，阴影样式效果如图 9-10 所示。

#### 4. Bootstrap Icons 图标库

Bootstrap Icons 是基于矢量图形的图标库，由 Bootstrap 提供。这些图标具有可缩放性，因此无论是放大还是缩小图标，图标的清晰度和细节都不会受损。此外，使用 Bootstrap Icons 能够为网页或应用程序添加简洁和易于识别的图标，且可以通过修改 CSS 样式来改变图标的颜色、大小和其他属性，实现自定义效果。

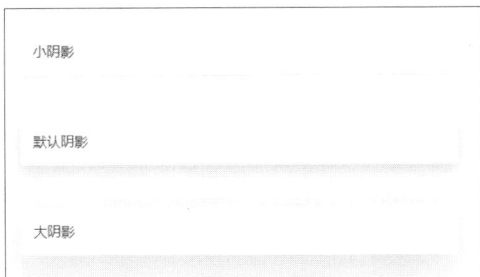

图9-10　阴影样式效果

Bootstrap Icons 使用一套统一的类名和代码规则，通过为元素添加相应的类名，即可在页面上显示出对应的图标。这些图标可以用于各种元素，包括导航菜单、表单控件等，为用户提供更好的交互体验。相较于传统的图像文件，图标可以减少对图像文件的依赖，从而提高了页面加载速度和性能。

截至本书成稿时，Bootstrap Icons 的最新版本为 1.11.2。因此，本书基于 1.11.2 版本进行讲解。下面讲解如何下载和使用 Bootstrap Icons。

（1）下载 Bootstrap Icons

下载 Bootstrap Icons 的具体步骤如下。

① 通过浏览器访问 Bootstrap 官方网站，Bootstrap 官方网站首页如图 9-11 所示。

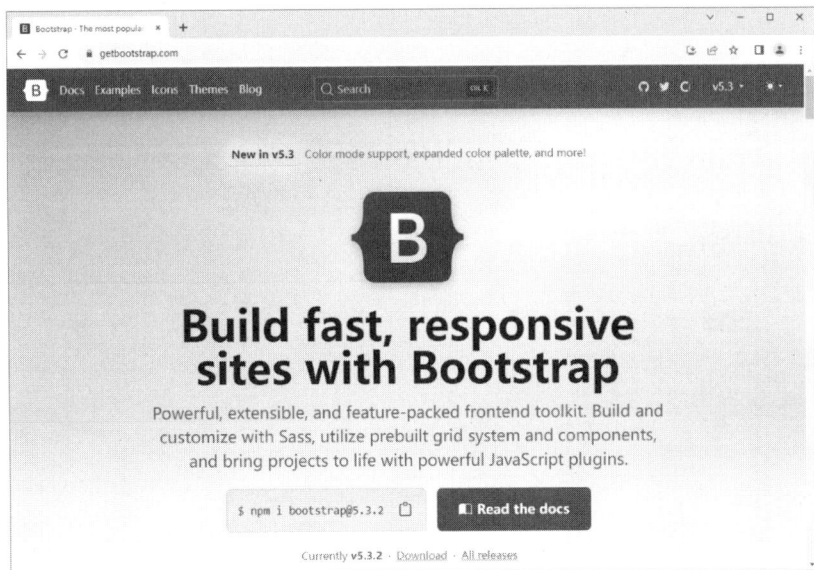

图9-11　Bootstrap官方网站首页

② 单击图 9-11 所示的 "Icons" 链接，跳转到 Bootstrap Icons 页面，如图 9-12 所示。

③ 单击图 9-12 所示的 "Download latest ZIP" 链接，会跳转到 Bootstrap Icons 下载页面，如图 9-13 所示。

④ 单击图 9-13 所示的 "bootstrap-icons-1.11.2.zip" 链接，将 Bootstrap Icons 下载至本地。下载完成后，在下载目录中找到一个名为 "bootstrap-icons-1.11.2.zip" 的压缩包，如图 9-14 所示。

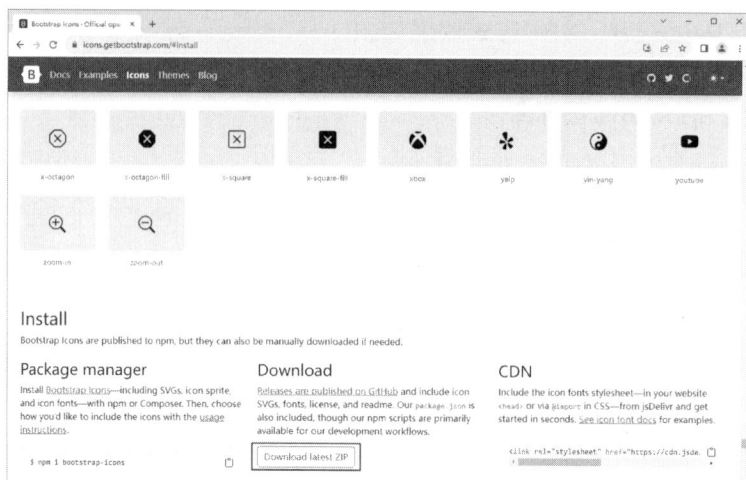

图9-12　Bootstrap Icons页面

图9-13　Bootstrap Icons下载页面

bootstrap-icon
s-1.11.2.zip

图9-14　Bootstrap Icons的压缩包

将 bootstrap-icons-1.11.2.zip 压缩包进行解压缩，并保存到 bootstrap-icons 目录中，该目录中包含 font 文件夹和多个.svg 图像，其中每个.svg 图像文件表示一个单独的图标。font文件夹如图 9-15 所示。

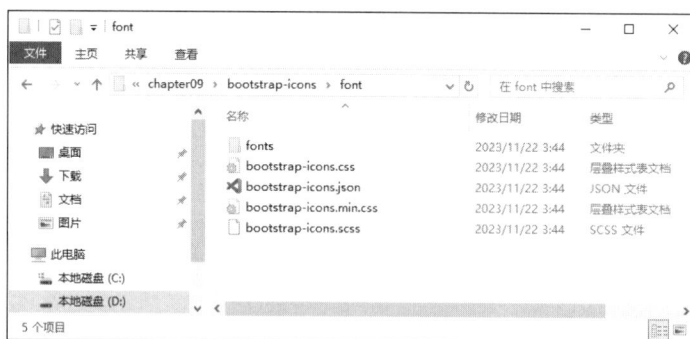

图9-15　font文件夹

下面对 font 文件夹中的子文件夹和文件进行简单介绍。

● fonts：用于存储字体文件的源码，该子文件夹中包含 bootstrap-icons.woff 文件和bootstrap-icons.woff2 文件。

● bootstrap-icons.css：未压缩的样式表文件，包含用于展示图标的样式代码。

● bootstrap-icons.json：JSON 文件，包含图标的相关配置信息。

- bootstrap-icons.min.css：压缩后的样式表文件。
- bootstrap-icons.scss：使用 Sass 预处理器编写的 Bootstrap Icons 的样式表文件。

（2）使用 Bootstrap Icons

下载完 Bootstrap Icons 后，若要在网页中使用 Bootstrap Icons，需要在 HTML 文件中引入样式文件，推荐使用压缩后的样式表文件 bootstrap-icons.min.css。引入该文件后，在 HTML 文件中定义一个容器来显示图标，通常可以使用\<span\>、\<i\>、\<div\>等标签作为图标的容器。

使用图标时，需要为图标容器设置两个类，第一个类是.bi，它是 Bootstrap 内置的基础样式类；第二个类是.bi-*，其中*表示特定的图标名称。图标名称可以在 Bootstrap Icons 页面中获取，或者从下载的 bootstrap-icons 文件夹中获取。

例如，从 bootstrap-icons 文件夹中获取图标名称，如图 9-16 所示。

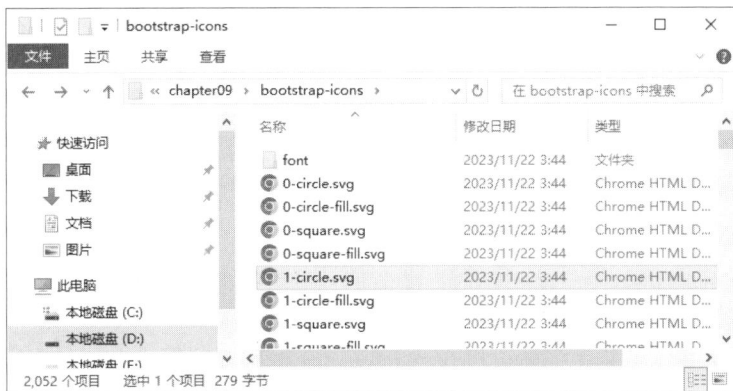

图9-16　从bootstrap-icons文件夹中获取图标名称

将名称为 circle 的图标应用于\<span\>标签中，示例代码如下。

```
<span class="bi bi-circle"></span>
```

### 5. 列表样式类

Bootstrap 支持 HTML 提供的无序列表（\<ul\>）、有序列表（\<ol\>）和定义列表（\<dl\>）。无序列表和有序列表默认带有项目符号或数字等列表样式，但在某些情况下需要去除这些默认的列表样式。使用 Bootstrap 提供的列表样式类可以对列表进行样式设置和美化。

常用的列表样式类如下。

- .list-unstyled 类：用于去除无序列表和有序列表的默认样式，应用于\<ul\>标签或\<ol\>标签。
- .list-inline 类和.list-inline-item 类：用于创建水平排列的列表。其中，.list-inline 类应用于\<ul\>标签或\<ol\>标签，使列表项水平排列；而.list-inline-item 类应用于每个\<li\>标签，确保每个列表项都能正确地显示在一行中。

下面演示如何实现包含新增、删除、修改和查询的图标列表。该示例使用了 Bootstrap Icons，图标资源可以在配套源码的 bootstrap-icons 文件夹中找到，示例代码如下。

```
1  <body>
2    <div class="container">
3      <ul class="list-unstyled list-inline">
4        <li class="list-inline-item me-3"><i class="bi bi-plus"></i>新增</li>
5        <li class="list-inline-item me-3"><i class="bi bi-trash"></i>删除</li>
6        <li class="list-inline-item me-3"><i class="bi bi-pencil"></i>修改</li>
7        <li class="list-inline-item me-3"><i class="bi bi-search"></i>查询</li>
8      </ul>
```

```
9      </div>
10 </body>
```

在上述示例代码中，第 3 行代码在<ul>标签中添加.list-unstyled 类和.list-inline 类，分别用于去除默认的列表样式和设置列表项在一行中显示；第 4~7 行代码定义了 4 个<li>标签，并分别添加.list-inline-item 类，用于设置列表项为内联元素，文本内容分别为新增、删除、修改和查询，同时在<li>标签内嵌套了一个<i>标签，并应用相应的类来设置图标样式。

上述示例代码运行后，图标列表效果如图 9-17 所示。

＋新增　　🗑删除　　🖊修改　　🔍查询

图9-17　图标列表效果

### 6. 卡片组件

卡片组件是灵活且可扩展的内容容器，支持多种内容类型，包括文本、图像、按钮、链接和列表等。在 Bootstrap 中，可以使用卡片组件实现基础卡片、图文卡片和背景图卡片等不同类型的卡片，下面将分别进行讲解。

（1）基础卡片

基础卡片是一种简单的卡片类型，它通常包含头部、主体和底部 3 个区域。基于卡片组件创建基础卡片的基本方法如下。

① 创建卡片容器：通常使用<div>标签定义卡片容器，并添加.card 类，以应用卡片容器的样式。

② 添加卡片头部：在卡片容器中通常使用<div>标签定义卡片头部的容器，并添加.card-header 类，以便应用卡片头部的样式。

③ 添加卡片主体：卡片主体可以包含标题、段落和链接等内容。实现卡片主体的步骤如下。

● 通常使用<div>标签定义卡片主体容器，并添加.card-body 类，以应用卡片主体的样式。

● 设置主标题和副标题，为<h1>~<h6>标签添加.card-title 类或.card-subtitle 类，以分别应用卡片主标题和副标题的样式。

● 通常使用<p>标签设置段落，并添加.card-text 类，以应用卡片中段落的样式。

● 通常使用<a>标签设置链接，并添加.card-link 类，以应用卡片中超链接的样式。

④ 添加卡片底部：在卡片容器中通常使用<div>标签定义卡片底部的容器，并添加.card-footer 类，以应用卡片底部的样式。

下面演示如何实现学习卡片，示例代码如下。

```
1  <body>
2    <div class="container mt-2">
3      <div class="card" style="width: 20rem;">
4        <div class="card-header">Bootstrap 介绍</div>
5        <div class="card-body">
6          <p class="card-text">Bootstrap 是一款很受欢迎的前端组件库，用于开发响应式布局、移动设备优先的 Web 项目。</p>
7          <a href="#" class="card-link">点此进入学习！</a>
8        </div>
9        <div class="card-footer text-center">Bootstrap 学习网站</div>
10     </div>
11   </div>
12 </body>
```

在上述示例代码中，第 4 行代码定义了卡片的头部；第 5~8 行代码定义了卡片的主体，包含段落和链接；第 9 行代码定义了卡片的底部。

上述示例代码运行后，学习卡片效果如图 9-18 所示。

（2）图文卡片

图文卡片在基础卡片的基础上增加了一个图像，用于展示带有图像的内容。实现图文卡片时，可以根据需要将图像放置在卡片主体的上方或下方，并添加相应的类来实现圆角效果，具体介绍如下。

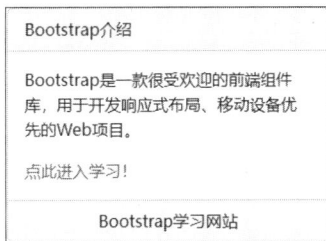

图9-18　学习卡片效果

① 当图像位于卡片主体的上方时，可以为<img>标签添加.card-img-top 类，使图像的左上角和右上角呈现圆角效果。

② 当图像位于卡片主体的下方时，可以为<img>标签添加.card-img-bottom 类，使图像的左下角和右下角呈现圆角效果。

此外，还可以为<img>标签添加.card-img 类，使图像的 4 个角都呈现圆角效果。

下面演示如何实现一个商品列表，示例代码如下。

```
1  <body>
2    <div class="container mt-2">
3      <div class="row row-cols-1 row-cols-sm-2 row-cols-md-3 gy-4">
4        <div class="col">
5          <div class="card">
6            <img class="card-img-top" src="images/cake.png">
7            <div class="card-body text-center">
8              <h5 class="text-start text-danger">￥28.8</h5>
9              <h6 class="text-start">玫瑰鲜花饼</h6>
10             <div>
11               <span class="float-start text-muted fs-6">已售 76 件</span>
12               <a href="#" class="float-end text-body text-decoration-none">已
有<span class="text-danger">40</span>人评价</a>
13             </div>
14           </div>
15         </div>
16       </div>
17       ……(此处省略 2 个具有.col 类的<div>标签)
18     </div>
19   </div>
20 </body>
```

在上述示例代码中，第 5~15 行代码定义了一个卡片，包含图像和卡片主体。其中，第 6 行代码定义了一个图像，并添加了.card-img-top 类，用于设置图像的左上角和右上角为圆角，该图像位于卡片主体的上方；第 7~14 行代码定义了卡片主体的内容，包含商品的价格、名称、已售数量和已评价人数。

上述示例代码运行后，商品列表效果如图 9-19 所示。

图9-19　商品列表效果

（3）背景图卡片

在图文组合的情况下，如果需要将图像设置为卡片的背景，可以将卡片主体容器的 <div>标签的.card-body 类替换为.card-img-overlay 类。.card-img-overlay 类用于设置覆盖在图像上方的内容的样式，并将图像作为背景展示。需要注意的是，覆盖在图像上方的内容的高度应小于或等于图像的高度，否则内容将会显示在图像的外部，影响卡片的美观。

下面演示如何实现个人简历卡片，示例代码如下。

```
1   <body>
2     <div class="container mt-4">
3       <div class="card" style="width: 20rem;">
4         <img src="images/person.png" class="card-img">
5         <div class="card-img-overlay d-flex flex-column justify-content-center" style="padding-left: 30%;">
6           <p class="card-text">姓名：张三</p>
7           <p class="card-text">职业：软件工程师</p>
8           <p class="card-text">电话：157xxxxxxxx</p>
9         </div>
10      </div>
11    </div>
12  </body>
```

在上述示例代码中，第 4 行代码为<img>标签添加.card-img 类，用于设置图像的 4 个角为圆角；第 5～9 行代码用于设置覆盖在图像上方的内容。

上述示例代码运行后，个人简历卡片效果如图 9-20 所示。

### 7. 按钮组件

按钮组件是 UI 设计中的重要组成部分，通过按钮，用户可以方便地与应用程序进行交互，并执行各种操作，例如提交表单、切换状态、展开或折叠内容等。按钮组件可以实现基础样式按钮、轮廓样式按钮和其他样式按钮等不同类型的按钮。下面分别进行讲解。

（1）基础样式按钮

在 Bootstrap 中可以使用按钮组件提供的一系列基础样式类来设置基本样式按钮。常用的基础样式类如表 9-5 所示。

图9-20    个人简历卡片效果

表 9-5    常用的基础样式类

| 类 | 描述 |
| --- | --- |
| .btn-primary | 用于设置蓝色按钮，表示主要的操作 |
| .btn-secondary | 用于设置灰色按钮，表示次要的操作 |
| .btn-success | 用于设置绿色按钮，表示成功或积极的操作 |
| .btn-danger | 用于设置红色按钮，表示危险或错误的操作 |
| .btn-info | 用于设置浅蓝色按钮，表示具有重要提示或关键信息的操作 |
| .btn-warning | 用于设置黄色按钮，表示警示或需要注意的操作 |
| .btn-dark | 用于设置暗色（深灰色）按钮 |
| .btn-light | 用于设置亮色（浅灰色）按钮 |
| .btn-link | 用于设置超链接按钮，虽然该按钮形似超链接，但是保留按钮的行为 |

　　一般情况下，如果在浅色背景下使用亮色按钮，或在深色背景下使用暗色按钮，可能会导致按钮在视觉上不够明显。为了解决这个问题，建议根据背景的亮度选择相应的按钮颜色。如果背景颜色比较浅，建议选择较暗的按钮颜色，比如深灰色或黑色，以增加按钮的对比度；而如果背景颜色比较深，建议使用较亮的按钮颜色，如浅灰色或白色，以便按钮在背景中更加明显。

　　下面演示如何实现基础样式按钮，示例代码如下。

```
1  <body>
2   <button type="button" class="btn btn-primary">主要按钮</button>
3   <button type="button" class="btn btn-secondary">次要按钮</button>
4   <button type="button" class="btn btn-success">成功按钮</button>
5   <button type="button" class="btn btn-danger">危险按钮</button>
6   <button type="button" class="btn btn-info">信息按钮</button>
7   <button type="button" class="btn btn-warning">警示按钮</button>
8   <button type="button" class="btn btn-dark">暗色按钮</button>
9   <button type="button" class="btn btn-light">亮色按钮</button>
10  <button type="button" class="btn btn-link">链接按钮</button>
11 </body>
```

　　在上述示例代码中，第 2～10 行代码定义了 9 个按钮，并为每个按钮添加了不同的基础样式类，设置不同的按钮样式。由于上述代码仅用于展示按钮效果，所以 type 属性值为 button，表示这些按钮是普通按钮。

　　保存上述示例代码，基础样式按钮效果如图 9-21 所示。

　　（2）轮廓样式按钮

　　在 Bootstrap 中可以使用按钮组件提供的一系列轮廓样式类来创建具有透明背景颜色和带有颜色边框的轮廓样式按钮。这

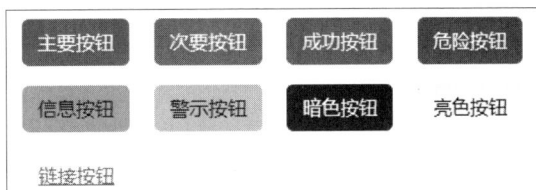

图9-21　基础样式按钮效果

些轮廓样式按钮可以通过添加.btn-outline-*类来实现，其中*代表颜色，可选值有 primary、secondary、success、danger、info、warning、dark 和 light。这些颜色与表 9-5 中的相应颜色具有相同的颜色值。

　　例如，要创建带有蓝色边框的轮廓样式按钮，可以使用.btn-outline-primary 类；要创建带有绿色边框的轮廓样式按钮，可以使用.btn-outline-success 类。

　　下面演示如何实现轮廓样式按钮，示例代码如下。

```
1  <body class="bg-secondary bg-opacity-50">
2   <button type="button" class="btn btn-outline-primary">主要按钮</button>
3   <button type="button" class="btn btn-outline-secondary">次要按钮</button>
4   <button type="button" class="btn btn-outline-success">成功按钮</button>
5   <button type="button" class="btn btn-outline-danger">危险按钮</button>
6   <button type="button" class="btn btn-outline-info">信息按钮</button>
7   <button type="button" class="btn btn-outline-warning">警示按钮</button>
8   <button type="button" class="btn btn-outline-dark">暗色按钮</button>
9   <button type="button" class="btn btn-outline-light">亮色按钮</button>
10 </body>
```

　　在上述示例代码中，第 1 行代码为<body>标签添加了一个灰色的背景颜色，以突出显示亮色按钮；第 2～9 行代码定义了 8 个按钮，并针对每个按钮使用了不同的轮廓样式类，将按钮设置为带有边框、圆角和透明背景颜色的样式。

　　保存上述示例代码，轮廓样式按钮效果如图 9-22 所示。

（3）其他样式按钮

除了基础样式类和轮廓样式类外，按钮组件还提供了其他样式类，使用这些类可以创建尺寸样式按钮、状态样式按钮和块级样式按钮等，其他样式类如表 9-6 所示。

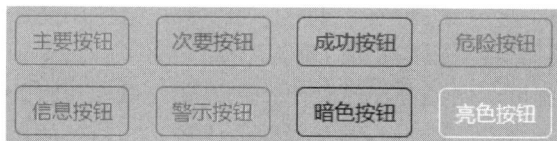

图9-22　轮廓样式按钮效果

表 9-6　其他样式类

| 样式 | 类 | 描述 |
|---|---|---|
| 尺寸样式 | .btn-lg | 用于设置大尺寸按钮 |
| | .btn-sm | 用于设置小尺寸按钮 |
| 状态样式 | .active | 用于标记按钮为激活状态 |
| | .disabled | 用于标记按钮为禁用状态 |
| 块级样式 | .btn-block | 用于设置块级按钮，使其填充父容器的宽度 |
| 组合样式 | .btn-group | 用于将一组按钮包裹在一个容器中，创建一个按钮组，默认为水平排列 |
| | .btn-group-vertical | 用于创建垂直排列的按钮组 |
| | .btn-toolbar | 用于将多个按钮组组合在一起，创建一个按钮工具栏。按钮工具栏可以包含多个按钮组，默认为水平排列 |
| | .btn-group-lg | 用于设置大尺寸按钮组 |
| | .btn-group-sm | 用于设置小尺寸按钮组 |

当为按钮添加.active 类时，按钮将处于激活状态。此时按钮的样式将与鼠标指针移入按钮时的样式相同；当为按钮添加.disabled 类时，按钮将处于禁用状态，禁用按钮通常用于表示不可用或不可操作。此外，.btn-group-lg 类和.btn-group-sm 类通常与.btn-group 类一起使用，用于设置按钮组的大小。

下面演示如何实现垂直排列的按钮组，示例代码如下。

```
1  <body>
2    <h5>垂直排列的按钮组</h5>
3    <div class="btn-group-vertical">
4      <button type="button" class="btn btn-light">首页</button>
5      <button type="button" class="btn btn-light">产品</button>
6      <button type="button" class="btn btn-light">关于我们</button>
7      <button type="button" class="btn btn-light">联系方式</button>
8    </div>
9  </body>
```

在上述示例代码中，第 3~8 行代码使用.btn-group-vertical 类定义了一个垂直排列的按钮组，其内容为"首页""产品""关于我们"和"联系方式"。

上述示例代码运行后，当鼠标指针移入"关于我们"时，垂直排列的按钮组效果如图 9-23 所示。

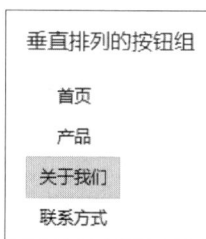

图9-23　当鼠标指针移入"关于我们"时，垂直排列的按钮组效果

## 项目实现

根据项目需求制作课程介绍页面，具体实现步骤如下。

① 创建 course.html 文件，编写课程介绍页面结构并引入 bootstrap.min.css 文件和 bootstrap-icons.min.css 文件，具体代码如下。

```
1  <!DOCTYPE html>
2  <html>
```

```
3   <head>
4     <meta charset="UTF-8">
5     <meta name="viewport" content="width=device-width, initial-scale=1.0">
6     <title>课程介绍</title>
7     <link rel="stylesheet" href="bootstrap/css/bootstrap.min.css">
8     <link rel="stylesheet" href="bootstrap-icons/font/bootstrap-icons.min.css">
9   </head>
10  <body>
11    <section id="courses" class="p-4">
12      <h3 class="text-center text-success fw-bolder">课程介绍</h3>
13      <p class="text-center my-3">发掘知识的无限可能，尽在精心设计的课程模块！</p>
14      <div class="container">
15        <!-- 这里插入技术介绍的内容 -->
16      </div>
17      <div class="container mt-3">
18        <!-- 这里插入开发方向介绍的内容 -->
19      </div>
20    </section>
21  </body>
22  </html>
```

在上述代码中，第 14～16 行代码用于定义技术介绍区域的结构；第 17～19 行代码用于定义开发方向介绍区域的结构。

② 在步骤①中的第 15 行代码的下方编写技术介绍的内容，具体代码如下。

```
1   <div class="row align-items-center justify-content-between p-3">
2     <div class="col-md">
3       <img src="images/tech.jpg" class="img-fluid">
4     </div>
5     <div class="col-md">
6       <h3>关于课程</h3>
7       <ul class="list-unstyled">
8         <li class="mb-2">使用 CSS 高级特效丰富网页元素的呈现方式和效果。</li>
9         <li class="mb-2">使用 Flex 布局模型，实现移动端网页的基本布局；了解两种移动端网页适
配不同屏幕分辨率的解决方案，并使用不同的解决方案制作网页元素的宽度和高度随着视口的变化而等比缩放的
效果。</li>
10        <li class="mb-2">学习响应式的原理，并使用Bootstrap完成响应式网页的布局。</li>
11      </ul>
12      <a href="#" class="btn btn-dark mt-2">查看更多<i class="bi bi-chevron-double-
right"></i></a>
13    </div>
14  </div>
```

在上述代码中，第 3 行代码使用<img>标签定义了一个图像，并添加了.img-fluid 类将该图像设置为响应式图像，并保持其原始宽高比不变；第 7 行代码为<ul>标签添加.list-unstyled类，用于去除默认的列表样式；第 12 行代码为<a>标签添加.btn 类和.btn-dark 类，用于设置暗色的按钮，在标签内部使用<i>标签设置一个双箭头向右的图标。

③ 在步骤①中的第 18 行代码的下方编写开发方向介绍的内容，具体代码如下。

```
1   <div class="row g-2">
2     <div class="col-md">
3       <div class="card shadow bg-secondary text-light">
4         <div class="card-body text-center">
5           <h5 class="card-title my-3">前端开发</h5>
6           <p class="card-text">
7               前端开发涵盖许多不同的技术和工具，例如前端框架（如 React、Angular、Vue.js 等）、
CSS 预处理器（如 Sass、Less）、版本控制系统（如 Git）等，还要与后端开发人员进行协作。前端开发领
```

域也在不断演进和发展，引入了新的技术和工具，以提供更好的用户体验和性能。

```
8          </p>
9          <a href="#" class="btn btn-primary my-3">基础与框架</a>
10       </div>
11     </div>
12   </div>
13   ……（此处省略 2 个具有.col-md 类的<div>标签）
14 </div>
```

在上述代码中，第 4～10 行代码定义了卡片的主体。其中，第 5 行代码使用.card-title 类设置主标题；第 6～8 行代码使用.card-text 类设置段落；第 9 行代码为<a>标签添加.btn 类和.btn-primary 类，用于设置蓝色按钮。

保存上述代码，在浏览器中打开 course.html 文件，打开开发者工具，进入移动设备调试模式，课程介绍页面在中型及以上设备（视口宽度≥768px）中的效果如图 9-24 所示。

图9-24　课程介绍页面在中型及以上设备中的效果

课程介绍页面在中型以下设备（视口宽度<768px）中的效果如图 9-25 和图 9-26 所示。

图9-25　课程介绍页面在中型以下设备中的效果（上半部分）

图9-26　课程介绍页面在中型以下设备中的效果（下半部分）

从图 9-25 和图 9-26 可以看出，课程介绍页面的内容呈垂直排列。

# 项目 9-3　下拉菜单导航栏页面

## 项目需求

随着互联网技术的高速发展和智能设备的普及，在线教育成为一种受欢迎的学习方式。在线教育可以不受时间和地点的限制，人们可以在自己的空闲时间和合适的地点进行在线学习。在这样的背景下，某教育机构正在开发一个在线学习平台，致力于为用户提供高质量的学习资源和教程。为了提高用户的使用体验，网站的产品经理建议使用下拉菜单的形式来优化导航栏，具体要求如下。

① 导航栏的左侧显示网站的 Logo。

② 导航菜单包含一级菜单项（首页、课程、学习方向、联系我们、技术与服务），以及一个搜索框和"搜索"按钮。其中，课程和学习方向包含二级菜单项。导航菜单在大型及以上设备（视口宽度≥992px）中水平排列，而在大型以下设备（视口宽度<992px）中会出现一个折叠按钮，单击折叠按钮可以控制导航菜单的展开或折叠。

③ 当用户单击一级菜单项时，如果该一级菜单项存在二级菜单项且为显示状态，单击后将二级菜单项隐藏；如果二级菜单项是隐藏状态，单击后将展示二级菜单项。

单击一级菜单项的效果如图 9-27 所示。

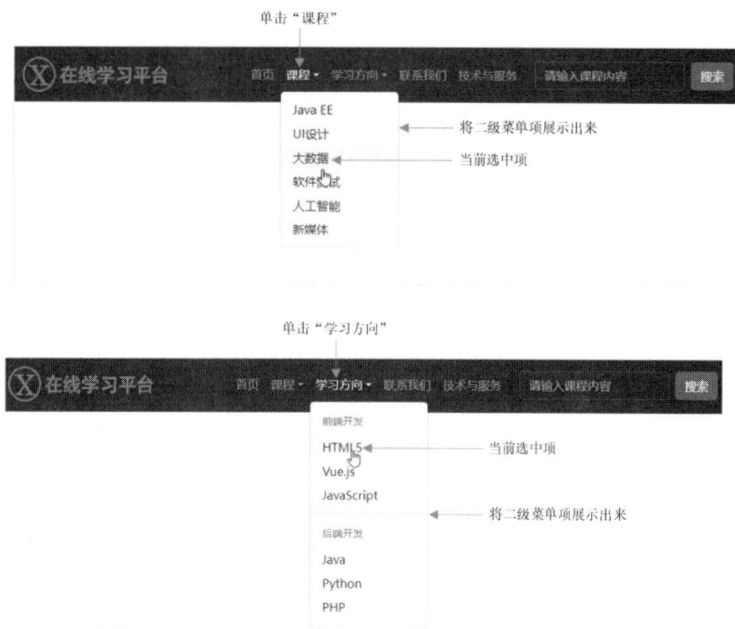

图9-27　单击一级菜单项的效果

本项目需要基于上述要求实现下拉菜单导航栏页面的开发。

## 知识储备

### 1. 导航栏组件

导航栏是网页中常见的元素，用于展示网页的导航结构和提供网页导航功能。导航栏通常被放置在页面的顶部或侧边栏，以便用户轻松找到和使用导航功能，从而提高网站的可用性和可访问性。

导航栏中可以放置表单控件和组件，以增强导航栏的交互性和功能性，例如放置搜索框、表单、下拉菜单和按钮等元素。在 Bootstrap 中，可以使用导航栏组件实现基础导航栏和折叠式导航栏，下面将分别进行讲解。

（1）基础导航栏

基础导航栏适用于简单的导航需求，通常包含品牌标识和导航菜单两部分内容。其中，品牌标识用于展示网站或应用程序的品牌名称或标志，可以以文本或者图像的方式呈现；导航菜单用于展示不同的导航链接。

使用导航栏组件实现基础导航栏的基本方法如下。

① 创建导航栏容器：创建导航栏容器的步骤如下。

- 使用<div>标签或<nav>标签定义导航栏容器，并添加.navbar 类，以便应用基础导航栏容器的样式。

- 添加.navbar-expand-{sm|md|lg|xl|xxl}类指定的导航栏的导航菜单在不同设备中的展开方式。例如，.navbar-expand-md 类用于指定导航菜单在中型以下设备（视口宽度<768px）中以垂直排列的方式展示，而在其他设备中水平排列。

- 设置 data-bs-theme 属性，其值可以为 light（明亮模式）或 dark（暗黑模式），用于设置导航栏的明亮或暗黑效果。

● 设置导航栏的位置，通过添加 .fixed-top 类设置导航栏固定在顶部；通过添加 .fixed-bottom 类设置导航栏固定在底部。

② 添加品牌标识：在导航栏容器中，通常使用<a>标签定义导航栏的品牌标识，并添加 .navbar-brand 类，以便应用品牌标识的样式。如果品牌标识为纯文本，则会使文字稍微放大（1.25rem）显示。

③ 创建导航菜单容器：在导航栏容器中，通常使用<div>标签创建导航菜单容器，并添加 .navbar-collapse 类，以控制导航菜单项在不同设备中的展示方式。当视口宽度不满足展开条件时，导航菜单项会以垂直堆叠的方式展示。

④ 创建导航菜单列表：在导航菜单容器中，创建导航菜单列表的步骤如下。

● 通常使用<ul>标签或<ol>标签创建导航菜单列表，并添加 .navbar-nav 类，以便应用导航菜单列表的样式。

● 在导航菜单列表中，使用<li>标签来创建导航菜单项，并添加 .nav-item 类，以便应用导航菜单项的样式。

● 在导航菜单项中，使用<a>标签来定义导航链接，并添加 .nav-link 类，以便应用导航链接的样式。通过添加 .active 类设置导航链接为激活状态；通过添加 .disabled 类设置导航链接为禁用状态。

下面演示如何实现"保护环境"的导航栏，示例代码如下。

```
1  <body>
2    <nav class="navbar navbar-expand-md bg-dark" data-bs-theme="dark">
3      <div class="container-fluid">
4        <a class="navbar-brand" href="#">保护环境</a>
5        <div class="navbar-collapse">
6          <ul class="navbar-nav">
7            <li class="nav-item">
8              <a class="nav-link active" href="#">首页</a>
9            </li>
10           <li class="nav-item">
11             <a class="nav-link" href="#">关于我们</a>
12           </li>
13           <li class="nav-item">
14             <a class="nav-link" href="#">环保案例</a>
15           </li>
16           <li class="nav-item">
17             <a class="nav-link" href="#">动态要闻</a>
18           </li>
19           <li class="nav-item">
20             <a class="nav-link" href="#">核心技术</a>
21           </li>
22         </ul>
23       </div>
24     </div>
25   </nav>
26 </body>
```

在上述示例代码中，第 2 行代码使用 .navbar-expand-md 类，设置导航菜单在中型以下设备（视口宽度<768px）中垂直排列，而在其他设备中水平排列；第 4 行代码定义了品牌标识；第 7～21 行代码定义了 5 个导航菜单项。

上述示例代码运行后，导航栏在中型及以上设备（视口宽度≥768px）中的效果如图 9-28 所示。

图9-28　导航栏在中型及以上设备中的效果

导航栏在中型以下设备中会垂直排列，效果如图 9-29 所示。

（2）折叠式导航栏

折叠式导航栏是一种常见的导航栏，适用于在移动设备上展示更多导航菜单项的场景。它在视口较小时会自动折叠，并出现一个按钮，通过单击按钮可展开或折叠导航栏。

图9-29　导航栏在中型以下设备中的效果

在基础导航栏的基础上，实现折叠式导航栏时，需要注意以下两点。

① 添加折叠按钮：在导航栏容器中添加一个折叠按钮，步骤如下。

● 使用<a>标签或<button>标签定义折叠按钮，并添加.navbar-toggler 类，以便应用折叠按钮的样式。

● 设置 data-bs-toggle 属性，并将其值设置为 collapse，指定该元素将触发折叠内容的展开或折叠行为。

● 设置 data-bs-target 属性，其值为#id（id 为导航菜单容器的 id 属性值），用于指定单击折叠按钮后要展开或折叠的目标元素。

● 在<a>标签或<button>标签内部使用<span>标签定义按钮的图标，并添加.navbar-toggler-icon 类，以便应用默认样式的导航栏折叠按钮图标。

② 设置导航菜单容器与折叠按钮相关联：当单击折叠按钮时，相关的导航菜单容器会展开或折叠，实现步骤如下。

● 在导航菜单容器的.navbar-collapse 类后添加一个.collapse 类，以便应用导航菜单容器折叠或展开时的样式。

● 为导航菜单容器设置唯一的 id 属性，并将其值设置为与折叠按钮的 data-bs-target 属性值相对应，以将导航菜单容器与折叠按钮相关联。

下面演示如何在"保护环境"的导航栏基础上实现一个折叠式导航栏，在中型以下设备（视口宽度<768px）中显示折叠按钮，单击折叠按钮可以展开或折叠导航菜单，示例代码如下。

```
1  <body>
2    <nav class="navbar navbar-expand-md bg-dark" data-bs-theme="dark">
3      <div class="container-fluid">
4        <a class="navbar-brand" href="#">保护环境</a>
5        <button class="navbar-toggler" type="button" data-bs-toggle="collapse" data-bs-target="#nav">
6          <span class="navbar-toggler-icon"></span>
7        </button>
8        <div class="navbar-collapse collapse" id="nav">
9          <ul class="navbar-nav">
10           <li class="nav-item">
11             <a class="nav-link active" href="#">首页</a>
12           </li>
13           <li class="nav-item">
14             <a class="nav-link" href="#">关于我们</a>
```

```
15              </li>
16              <li class="nav-item">
17                <a class="nav-link" href="#">环保案例</a>
18              </li>
19              <li class="nav-item">
20                <a class="nav-link" href="#">动态要闻</a>
21              </li>
22              <li class="nav-item">
23                <a class="nav-link" href="#">核心技术</a>
24              </li>
25          </ul>
26        </div>
27      </div>
28    </nav>
29  </body>
```

在上述示例代码中，第 5~7 行代码定义了一个折叠按钮，其中 data-bs-target 属性指定了折叠按钮要控制的元素是 id 属性值为 nav 的元素；第 8 行代码为<div>标签添加了.collapse 类和 id 属性，并将 id 属性的值设置为 nav，将导航菜单与折叠按钮相关联。这样，在单击折叠按钮时，将会控制 id 属性值为 nav 的导航菜单的展开或折叠行为。

上述示例代码运行后，折叠式导航栏在中型以下设备（视口宽度<768px）中的效果如图 9-30 所示。

在图 9-30 中，导航菜单被折叠了，并且网页右上角出现了折叠按钮 "▤"。单击折叠按钮即可展开导航菜单，如图 9-31 所示。

图9-30　折叠式导航栏在中型以下设备中的效果

### 2. 下拉菜单组件

在网页中使用下拉菜单可以让用户方便地在多个选项中进行选择，下拉菜单通常用于悬浮菜单、下拉框、筛选等需要显示或隐藏内容的场景。下拉菜单组件是 Bootstrap 中的一个独立组件，可以灵活地应用在需要下拉菜单的场景中，并且可以与其他组件（如按钮、导航栏等）一起使用。在 Bootstrap 中，可以使用下拉菜单组件实现下拉菜单按钮和下拉菜单导航栏，下面将分别进行讲解。

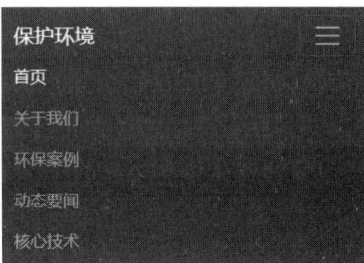

图9-31　展开导航菜单项

（1）下拉菜单按钮

下拉菜单按钮通常由按钮和下拉菜单两部分组成。使用下拉菜单组件实现下拉菜单按钮的基本方法如下。

① 创建下拉菜单按钮容器：创建一个下拉菜单按钮容器，并设置下拉菜单的弹出方式，步骤如下。

● 通常使用<div>标签定义下拉菜单按钮容器，并添加.dropdown 类，以便应用下拉菜单按钮容器的样式。

● 默认情况下，下拉菜单向下弹出，但可以通过添加.dropup 类使其向上弹出，通过.dropstart 类使其向左弹出，通过.dropend 类使其向右弹出。

② 添加下拉菜单按钮：在下拉菜单按钮容器中添加一个按钮，控制下拉菜单的触发，步骤如下。

● 通常使用<button>标签或<a>标签定义下拉菜单的触发按钮，并添加.dropdown-toggle 类，以便应用按钮的样式。

● 设置 data-bs-toggle 属性，并将其值设置为 dropdown，用于控制下拉菜单的触发。

③ 添加下拉菜单：在下拉菜单按钮容器中添加一个下拉菜单，并设置它的对齐方式，步骤如下。

● 通常使用<ul>标签或<ol>标签定义下拉菜单容器，并添加.dropdown-menu 类，以便应用下拉菜单容器的样式。在添加.dropdown-menu 类之后，可以进一步添加.dropdown-menu-end 类，以设置展开的下拉菜单沿着按钮的右侧对齐的效果，默认为沿着按钮的左侧对齐。

● 在下拉菜单容器中，使用<li>标签创建每个菜单项。

● 在菜单项中，使用<a>标签定义链接，并添加.dropdown-item 类，以便应用链接的样式，添加.disabled 类可设置菜单项为禁用状态，使其不可单击。

除此之外，还可以使用一些类来细化下列菜单的样式，具体介绍如下。

● 使用.dropdown-header 类设置分组标题，用于标记不同的内容，该类通常应用于标题标签、<li>标签等。

● 使用.dropdown-divider 类设置分隔线，用于分隔相关菜单项，该类通常应用于<hr>标签、<li>标签、<div>标签等。

需要注意的是，在使用 Bootstrap 的下拉菜单组件时，需要在 HTML 文件中引入 bootstrap.bundle.min.js 文件。

下面演示如何实现单击按钮显示或隐藏下拉菜单，示例代码如下。

```
1  <body>
2    <div class="dropdown">
3      <button class="btn btn-primary dropdown-toggle" type="button" data-bs-
toggle="dropdown">
4        文档
5      </button>
6      <ul class="dropdown-menu">
7        <li><a class="dropdown-item" href="#">概述</a></li>
8        <li><a class="dropdown-item" href="#">文档说明</a></li>
9        <li><a class="dropdown-item" href="#">版本说明</a></li>
10       <li><a class="dropdown-item" href="#">指南</a></li>
11       <li><a class="dropdown-item" href="#">API 参考</a></li>
12       <li><a class="dropdown-item disabled" href="#">示例代码</a></li>
13     </ul>
14   </div>
15 </body>
```

在上述示例代码中，第 3～5 行代码定义了一个用于控制下拉菜单触发的按钮；第 7～12 行代码定义了 6 个菜单项，并为最后一个菜单项添加了.disabled 类，将其禁用。

上述示例代码运行后，单击"文档"按钮，下拉菜单展开。单击下拉菜单按钮效果如图 9-32 所示。

由图 9-32 可知，"示例代码"菜单项被禁用了。

鼠标指针移入"API 参考"　　鼠标指针移入"示例代码"

图9-32　单击下拉菜单按钮效果

（2）下拉菜单导航栏

下拉菜单导航栏通常由导航栏和下拉菜单两部分组成，使用下拉菜单组件实现下拉菜单导航栏的基本方法如下。

① 为导航菜单项添加下拉菜单：确定要为哪个导航菜单项添加下拉菜单，然后在该导航菜单项的.nav-item 类后添加.dropdown 类，以便应用下拉菜单的样式。

② 在导航菜单项中添加下拉菜单切换类和属性：在导航菜单项内的导航链接的.nav-link 类后添加.dropdown-toggle 类，同时添加 data-bs-toggle 属性，并将其值设置为 dropdown。

③ 创建下拉菜单：在导航菜单项内创建一个下拉菜单，可以参考创建下拉菜单按钮时的实现方法。

下面演示如何实现单击导航栏中的某个导航链接时，切换下拉菜单的显示或隐藏，示例代码如下。

```
1  <body>
2    <nav class="navbar navbar-expand-md bg-dark" data-bs-theme="dark">
3      <div class="container-fluid">
4        <a class="navbar-brand" href="#">每日鲜果</a>
5        <div class="navbar-collapse">
6          <ul class="navbar-nav">
7            <li class="nav-item"><a class="nav-link" href="#">首页</a></li>
8            <li class="nav-item dropdown">
9              <a class="nav-link dropdown-toggle" data-bs-toggle="dropdown"
href="#">水果种类</a>
10             <ol class="dropdown-menu" data-bs-theme="light">
11               <li class="dropdown-header">浆果类</li>
12               <li><a class="dropdown-item" href="#">猕猴桃</a></li>
13               <li><a class="dropdown-item" href="#">石榴</a></li>
14               <li><a class="dropdown-item" href="#">葡萄</a></li>
15               <li><a class="dropdown-item" href="#">树莓</a></li>
16               <li class="dropdown-divider"></li>
17               <li class="dropdown-header">核果类</li>
18               <li><a class="dropdown-item" href="#">桃子</a></li>
19               <li><a class="dropdown-item" href="#">李子</a></li>
20               <li><a class="dropdown-item" href="#">杏子</a></li>
21               <li><a class="dropdown-item" href="#">樱桃</a></li>
22             </ol>
23           </li>
24           <li class="nav-item">
25             <a class="nav-link" href="#">联系我们</a>
26           </li>
27           <li class="nav-item">
28             <a class="nav-link" href="#">订购热线</a>
29           </li>
30         </ul>
31       </div>
32     </div>
33   </nav>
34 </body>
```

在上述示例代码中，第 8 行代码用于在导航菜单项的.nav-item 类后添加.dropdown 类，表示为"水果种类"菜单项添加下拉菜单；第 9 行代码用于在导航链接的.nav-link 类后添加.dropdown-toggle 类和 data-bs-toggle 属性，data-bs-toggle 属性值设置为 dropdown，表示该导航链接将触发下拉菜单的显示或隐藏。

第 10～22 行代码定义了下拉菜单的内容部分。其中，第 11 行和第 17 行代码分别设置分组标题为"浆果类"和"核果类"，第 16 行代码用于设置"浆果类"和"核果类"之间的分隔线。

保存上述代码，下拉菜单导航栏效果如图 9-33 所示。

图9-33　下拉菜单导航栏效果

## 项目实现

根据项目需求实现下拉菜单导航栏页面的开发，该页面包含导航栏和下拉菜单两部分内容，具体实现步骤如下。

① 创建 dropDownMenu.html 文件，编写导航栏结构并引入 bootstrap.min.css 文件和 bootstrap.bundle.min.js 文件，具体代码如下。

```html
1  <!DOCTYPE html>
2  <html>
3  <head>
4    <meta charset="UTF-8">
5    <meta name="viewport" content="width=device-width, initial-scale=1.0">
6    <title>下拉菜单导航栏</title>
7    <link rel="stylesheet" href="bootstrap/css/bootstrap.min.css">
8  </head>
9  <body>
10     <nav class="navbar navbar-expand-lg bg-dark fixed-top" data-bs-theme="dark">
11     <div class="container-fluid">
12      <a class="navbar-brand" href="#">
13       <img src="images/logo.png" class="img-fluid" width="210" height="55">
14      </a>
15      <button class="navbar-toggler" type="button" data-bs-toggle="collapse" data-bs-target="#navbar">
16        <span class="navbar-toggler-icon"></span>
17      </button>
18      <div class="navbar-collapse collapse" id="navbar">
19       <ul class="navbar-nav ms-auto mb-2 mb-lg-0 me-3">
20         <li class="nav-item">
21          <a class="nav-link" href="#">首页</a>
22         </li>
23         <li class="nav-item">
24          <a class="nav-link" href="#">课程</a>
25         </li>
```

```
26          <li class="nav-item">
27            <a class="nav-link" href="#">学习方向</a>
28          </li>
29          <li class="nav-item">
30            <a class="nav-link" href="#">联系我们</a>
31          </li>
32          <li class="nav-item">
33            <a class="nav-link" href="#">技术与服务</a>
34          </li>
35        </ul>
36        <form class="d-flex">
37          <input class="form-control me-2" style="width: auto;" type="search"
placeholder="请输入课程内容">
38          <button class="btn btn-success" type="submit">搜索</button>
39        </form>
40      </div>
41    </div>
42  </nav>
43  <script src="bootstrap/js/bootstrap.bundle.min.js"></script>
44  </body>
45  </html>
```

在上述代码中，第 10 行代码使用了.navbar-expand-lg 类，用于设置导航菜单在大型以下设备中垂直排列，而在其他设备中水平排列；第 12～14 行代码定义了品牌标识部分；第 15～17 行代码定义了一个折叠按钮，其中 data-bs-target 属性指定了折叠按钮要控制的元素是 id 属性值为 navbar 的元素。

第 18 行代码为<div>标签添加了 id 属性，并将 id 属性的值设置为 navbar，将导航菜单与折叠按钮关联起来。导航菜单中包含 5 个菜单项和一个包含文本输入框（搜索框）和"搜索"按钮的表单。

② 修改步骤①中的第 23～25 行代码，编写"课程"菜单项的下拉菜单结构，具体代码如下。

```
1  <li class="nav-item dropdown">
2    <a class="nav-link dropdown-toggle" data-bs-toggle="dropdown" href="#">课程</a>
3    <ol class="dropdown-menu" data-bs-theme="light">
4      <li><a href="#" class="dropdown-item">Java EE</a></li>
5      <li><a href="#" class="dropdown-item">UI 设计</a></li>
6      <li><a href="#" class="dropdown-item">大数据</a></li>
7      <li><a href="#" class="dropdown-item">软件测试</a></li>
8      <li><a href="#" class="dropdown-item">人工智能</a></li>
9      <li><a href="#" class="dropdown-item">新媒体</a></li>
10   </ol>
11 </li>
```

在上述代码中，第 2 行代码定义了一个用于控制下拉菜单触发的链接；第 4～9 行代码定义了 6 个菜单项，分别为 Java EE、UI 设计、大数据、软件测试、人工智能和新媒体。

③ 修改步骤①中的第 26～28 行代码，编写"学习方向"菜单项的下拉菜单结构，具体代码如下。

```
1  <li class="nav-item dropdown">
2    <a class="nav-link dropdown-toggle" data-bs-toggle="dropdown" href="#">学习方向</a>
3    <ol class="dropdown-menu" data-bs-theme="light">
4      <li class="dropdown-header">前端开发</li>
5      <li><a href="#" class="dropdown-item">HTML5</a></li>
```

```
6          <li><a href="#" class="dropdown-item">Vue.js</a></li>
7          <li><a href="#" class="dropdown-item">JavaScript</a></li>
8          <li class="dropdown-divider"></li>
9          <li class="dropdown-header">后端开发</li>
10         <li><a href="#" class="dropdown-item">Java</a></li>
11         <li><a href="#" class="dropdown-item">Python</a></li>
12         <li><a href="#" class="dropdown-item">PHP</a></li>
13     </ol>
14  </li>
```

在上述代码中，第 4 行和第 9 行代码分别用于设置分组标题为"前端开发"和"后端开发"，第 8 行代码用于设置"前端开发"和"后端开发"之间的分隔线。

保存上述代码，在浏览器中打开 dropDownMenu.html 文件，打开开发者工具，进入移动设备调试模式，下拉菜单导航栏页面在大型及以上设备（视口宽度≥992px）中的效果如图 9-34 所示。

图9-34　下拉菜单导航栏页面在大型及以上设备中的效果

下拉菜单导航栏页面在大型以下设备（视口宽度<992px）中的效果如图 9-35 所示。

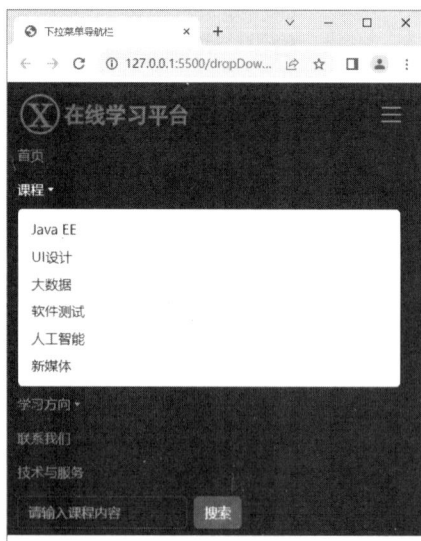

图9-35　下拉菜单导航栏页面在大型以下设备中的效果

## 本章小结

本章主要讲解了 Bootstrap 组件的使用方法。首先讲解了组件的概念、Bootstrap 组件的基本使用方法、轮播组件和定位样式类；然后讲解了浮动样式类、图像样式类、阴影样式类、Bootstrap Icons 图标库、列表样式类、卡片组件和按钮组件；最后讲解了导航栏组件和下拉菜单组件。通过本章的学习，读者应能够掌握"轮播图页面""课程介绍页面""下拉菜单导航栏页面"的制作方法，并能够根据实际需要灵活运用 Bootstrap 组件实现相应的效果。

## 课后习题

### 一、填空题

1. Bootstrap 中使用＿＿＿＿类可以定义卡片头部。
2. Bootstrap 中使用＿＿＿＿类可以定义轮播项。
3. Bootstrap 中使用＿＿＿＿类可以定义字幕内容。
4. Bootstrap 中使用＿＿＿＿类可以定义蓝色按钮。
5. Bootstrap 中使用＿＿＿＿类可以去除无序列表和有序列表的默认样式。

### 二、判断题

1. Bootstrap 中的组件支持响应式设计。（　　　）
2. 在 Bootstrap 中，使用.disabled 类可以将按钮设置为禁用状态。（　　　）
3. <img>标签可以使用.img-fluid 类实现图像的响应式自适应，并保持其原始宽高比不变。（　　　）
4. 在 Bootstrap 中，使用.btn-toolbar 类可以创建一个按钮工具栏。（　　　）
5. 在下拉菜单组件中，可以使用.dropdown-header 类设置分组标题。（　　　）

### 三、选择题

1. 下列关于 Bootstrap 组件优势的说法，错误的是（　　　）。
A. 组件易于使用　　　　　　B. 组件支持响应式设计
C. 组件的学习成本高　　　　D. 组件支持定制
2. 下列选项中，用于定义成功按钮的类为（　　　）。
A. .btn-success　　　　　　B. .btn-danger
C. .btn-primary　　　　　　D. .btn-warning
3. 下列选项中，可以调整按钮尺寸的类有（　　　）。（多选）
A. .btn-lg　　　　　　　　 B. .btn-block
C. .btn-sm　　　　　　　　 D. .btn-xs
4. 下列关于卡片组件的说法，正确的是（　　　）。（多选）
A. 使用.card-body 类可以设置卡片主体的样式
B. 使用.card-title 类可以设置卡片副标题的样式
C. 使用.card-text 类可以设置卡片段落的样式
D. 使用.card-link 类可以设置卡片链接的样式
5. 下列关于下拉菜单的弹出方式的说法，错误的是（　　　）。
A. 为下拉菜单按钮容器添加.dropdown 类，可以设置下拉菜单向下弹出
B. 为下拉菜单按钮容器添加.dropup 类，可以设置下拉菜单向上弹出，默认为向上弹出
C. 为下拉菜单按钮容器添加.dropstart 类，可以设置下拉菜单向左弹出

D. 为下拉菜单按钮容器添加.dropend 类，可以设置下拉菜单向右弹出

**四、简答题**

请简述 Bootstrap 中按钮组件提供的基础样式类有哪些。

**五、操作题**

利用卡片组件编写代码，实现经营特色页面，效果如图 9-36 所示。

图9-36　经营特色页面效果

当鼠标指针移入卡片时的经营特色页面效果如图 9-37 所示。

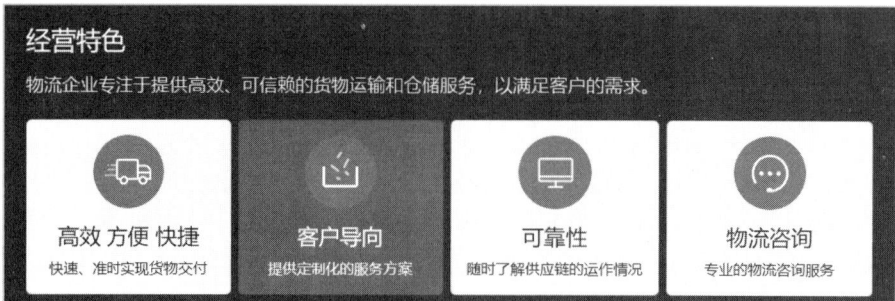

图9-37　当鼠标指针移入卡片时的经营特色页面效果

# 第 **10** 章

# 综合项目——在线鲜花商城

**学习目标**

| 知识目标 | • 熟悉项目分析，能够归纳页面内容<br>• 熟悉项目初始化，能够归纳项目初始化的具体实现步骤 |
|---|---|
| 技能目标 | • 掌握快捷导航模块的制作方法，能够完成快捷导航模块的开发<br>• 掌握导航栏模块的制作方法，能够完成导航栏模块的开发<br>• 掌握轮播图模块的制作方法，能够完成轮播图模块的开发<br>• 掌握服务模块的制作方法，能够完成服务模块的开发<br>• 掌握鲜花推荐模块的制作方法，能够完成鲜花推荐模块的开发<br>• 掌握送长辈鲜花模块的制作方法，能够完成送长辈鲜花模块的开发<br>• 掌握晒单评价模块的制作方法，能够完成晒单评价模块的开发<br>• 掌握服务条款模块的制作方法，能够完成服务条款模块的开发<br>• 掌握版权声明模块的制作方法，能够完成版权声明模块的开发 |

通过前面章节的学习，相信读者已经掌握了移动 Web 开发和 Bootstrap 的核心知识。本章将以项目实战的方式带领读者进一步应用所学内容，完成在线鲜花商城的响应式页面制作。

## 任务 10-1 项目开发准备

### 项目分析

随着社会和科技的不断进步，人们的生活方式也在不断变化。如今，网络购物已经成为主流的消费方式。网络购物对于消费者来说有许多优势，例如能够节约购物时间、降低购物成本，能够买到丰富多样的商品。对于商家而言，通过网络销售商品可以不受场地限制、降低经营成本。

在线鲜花商城项目旨在为商家提供一个在线平台来展示和销售商品，同时为消费者提供详细的商品信息，从而创造便捷的购物体验。

本项目的开发环境具体如下。

① 操作系统：Windows 10 或更高版本。

② 浏览器：Chrome 浏览器。

③ 编辑器：VS Code 编辑器。

本项目首页主要包括快捷导航模块、导航栏模块、轮播图模块、服务模块、鲜花推荐模块、送长辈鲜花模块、晒单评价模块、服务条款模块和版权声明模块。首页支持不同类型设备的自适应，读者可以选择任意一种类型的设备查看项目的页面效果。在开发过程中，可以使用 Chrome 浏览器中的开发者工具来测试页面在不同设备上的显示效果。

首页在特大型及以上设备（视口宽度≥1200px）中的页面效果如图 10-1 和图 10-2 所示。

图10-1　首页在特大型及以上设备中的页面效果（上半部分）

首页包含 9 个模块，下面分别对各个模块进行简要介绍。

① 快捷导航模块：主要用于展示登录、注册、积分兑换、帮助中心和购物车等导航链接，方便用户快速使用常用功能。

② 导航栏模块：用于展示 Logo、首页、全部鲜花、礼品等导航链接。

③ 轮播图模块：用于展示一系列图像或视频等内容。

④ 服务模块：用于展示企业的可信度和信誉等。

⑤ 鲜花推荐模块：用于展示不同场合下的鲜花推荐。

⑥ 送长辈鲜花模块：用于展示适合送给长辈的各种鲜花。

⑦ 晒单评价模块：用于展示客户的实际购买情况和感受，通过晒单照片和文字评价，让其他用户了解商品的真实情况和质量。

⑧ 服务条款模块：用于展示售后服务内容和流程等，提供在线客服和咨询支持等。

⑨ 版权声明模块：用于展示版权信息，以及项目的所有权归属，还提供了友情链接、联系方式等导航链接。

图10-2　首页在特大型及以上设备中的页面效果（下半部分）

## 项目初始化

为了方便读者进行项目开发，本章配套源码中提供了在线鲜花商城项目的初始代码，读者可以将代码导入创建的项目，在此基础上开发项目功能。

下面演示如何进行项目初始化，具体实现步骤如下。

① 创建 D:\code\chapter10 目录，从本章配套源码中，将项目模板 project-template 文件夹复制到该目录下，并将其重命名为 project。

② 使用 VS Code 编辑器打开 D:\code\chapter10\project 目录，项目目录结构如图 10-3 所示。

在图 10-3 中，各个目录和文件的具体说明如下。

图10-3　项目目录结构

① bootstrap-icons：图标文件目录，用于存放图标文件。

② css：CSS 目录，该目录下有 3 个文件，分别为 bootstrap.min.css、index.css 和 media.css，这 3 个文件的说明如下。

- bootstrap.min.css 是 Bootstrap 的核心 CSS 文件。
- index.css 是自定义的样式文件。
- media.css 是自定义的媒体查询文件。

③ images：图像文件目录，用于存放图像文件。

④ js：JavaScript 文件目录，该目录下存放了 bootstrap.min.js 文件，该文件是 Bootstrap 的核心 JavaScript 文件。

⑤ index.html：项目的首页文件。

至此，项目初始化已完成。

# 任务 10-2　快捷导航模块

## 任务需求

在线鲜花商城的快捷导航模块用于提供用户友好的导航体验，减少用户的操作步骤，帮助用户快速访问所需的内容或使用所需的功能，提高用户的使用效率和满意度。

快捷导航模块分为左右两部分，具体要求如下。

① 左侧部分包括登录、注册、积分兑换、帮助中心和购物车等导航链接。

② 右侧部分展示商城的联系方式，包括客服电话、在线联系方式等，以便用户快速获得帮助或解决问题。

③ 在中型及以上设备（视口宽度≥768px）中，同时展示左右两部分。

④ 在中型以下设备（视口宽度<768px）中，出于页面空间的考虑，仅展示左侧部分。

快捷导航模块在中型及以上设备中的页面效果如图 10-4 所示。

图10-4　快捷导航模块在中型及以上设备中的页面效果

快捷导航模块在中型以下设备中的页面效果如图 10-5 所示。

图10-5　快捷导航模块在中型以下设备中的页面效果

本任务需要基于上述要求实现快捷导航模块的开发。

## 任务实现

读者可以扫描二维码查看实现快捷导航模块的详细讲解。

## 任务 10-3 导航栏模块

### 任务需求

在线鲜花商城的导航栏模块用于提供网站的导航功能，帮助用户快速访问所需页面或使用所需功能，提高用户的使用效率和满意度。

导航栏模块分为左右两部分，具体要求如下。

① 左侧部分展示网站的 Logo。

② 右侧部分展示导航菜单，包括首页、全部鲜花、生日鲜花、礼品、精致花篮和鲜花资讯等导航链接。

③ 在中型及以上设备（视口宽度≥768px）中，右侧部分呈水平排列。

④ 在中型以下设备（视口宽度<768px）中会出现一个折叠按钮，单击折叠按钮可以控制导航菜单的展开或折叠行为。

导航栏模块在中型及以上设备中的页面效果如图 10-6 所示。

图10-6 导航栏模块在中型及以上设备中的页面效果

导航栏模块在中型以下设备中的页面效果如图 10-7 所示。

图10-7 导航栏模块在中型以下设备中的页面效果

本任务需要基于上述要求实现导航栏模块的开发。

### 任务实现

读者可以扫描二维码查看实现导航栏模块的详细讲解。

## 任务 10-4 轮播图模块

### 任务需求

在线鲜花商城的轮播图模块用于在有限的空间内展示多张图像，以便高效地为用户传递商品或活动等信息。这种设计方式不仅可以有效吸引用户的注意力，还能激发他们的探索欲望，引导他们进行更深入的互动，从而提升网站的整体效果和用户参与度。

轮播图模块的具体要求如下。

① 当鼠标指针移入图像时，图像停止自动切换。

② 当单击图像上的左侧按钮时，可以切换到上一张图像。

③ 当单击图像上的右侧按钮时，可以切换到下一张图像。

④ 当单击图像上的指示器时，可以切换到对应的图像。

⑤ 当鼠标指针移出图像时，图像开始自动切换。

轮播图模块的页面效果如图 10-8 所示。

初始页面

鼠标指针移入图像时

图10-8　轮播图模块的页面效果

本任务需要基于上述要求实现轮播图模块的开发。

### 任务实现

读者可以扫描二维码查看实现轮播图模块的详细讲解。

## 任务 10-5　服务模块

### 任务需求

在线鲜花商城的服务模块用于展示企业的可信度和信誉等，并传递在线鲜花商城专业服务的承诺。该模块还通过退赔承诺和用户评价增强在线鲜花商城吸引力。

服务模块的具体要求如下。

① 服务模块包括优秀企业、20 年品牌、全国送花、退赔承诺和最近 99+ 条评价，每项内容前都有一个合适的图标。

② 在小型及以上设备（视口宽度≥576px）中，服务模块将展示所有内容。

③ 在超小型设备（视口宽度<576px）中，最近 99+ 条评价将被隐藏，以便提供更好的 UI 和浏览体验。

服务模块在小型及以上设备中的页面效果如图 10-9 所示。

图10-9　服务模块在小型及以上设备中的页面效果

服务模块在超小型设备中的页面效果如图 10-10 所示。

图10-10　服务模块在超小型设备中的页面效果

### 任务实现

读者可以扫描二维码查看实现服务模块的详细讲解。

# 任务 10-6　鲜花推荐模块

### 任务需求

在线鲜花商城的鲜花推荐模块用于根据用户在各种场合的需求，如生日、店铺开业、朋友聚会等，提供相应的推荐鲜花。此外，鲜花推荐模块还提供了更多的购物选项和信息，用户可以根据自己的需求选择并购买合适的鲜花，以更好地满足特定场合的需求。

鲜花推荐模块分为上下两部分，具体要求如下。

① 上半部分展示送恋人、送长辈、送朋友、生日祝福、创意 DIY、浪漫求婚和开业大吉等场合的鲜花推荐。

② 下半部分展示畅销排行榜、特惠专区、新品上市和精致之选等各类热门鲜花推荐。

③ 在中型及以上设备（视口宽度≥768px）中，上半部分和下半部分应一行显示 4 列内容。

④ 在中型以下设备（视口宽度<768px）中，上半部分和下半部分应一行显示 2 列内容。

鲜花推荐模块在中型及以上设备中的页面效果如图 10-11 所示。

图10-11　鲜花推荐模块在中型及以上设备中的页面效果

鲜花推荐模块在中型以下设备中的页面效果如图 10-12 所示。

图10-12　鲜花推荐模块在中型以下设备中的页面效果

本任务需要基于上述要求实现鲜花推荐模块的开发。

### 任务实现

读者可以扫描二维码查看实现鲜花推荐模块的详细讲解。

## 任务 10-7　送长辈鲜花模块

### 任务需求

送长辈鲜花模块用于展示适合送给长辈的各种鲜花，提供多个不同类型和价格的花束供用户选择。此外，送长辈鲜花模块还提供了每种花束的图像、标题、价格和已售件数等。

送长辈鲜花模块的具体要求如下。

① 在中型以下设备（视口宽度<768px）中，应一行显示 2 列内容。

② 在中型设备（768px≤视口宽度<992px）中，应一行显示 4 列内容

③ 在大型及以上设备（视口宽度≥992px）中，应一行显示 5 列内容。

④ 当鼠标指针悬停在列表项上时，图像会平滑放大到初始大小的 1.1 倍，且标题、价格和已售件数的文本颜色变为橙红色。

⑤ 鼠标指针悬停效果的触发和恢复都应该有平滑的动画过渡，以确保视觉效果的连贯性和流畅性。

送长辈鲜花模块在大型及以上设备中的页面效果如图 10-13 所示。

图10-13　送长辈鲜花模块在大型及以上设备中的页面效果

送长辈鲜花模块在中型设备中的页面效果如图 10-14 所示。

送长辈鲜花模块在中型以下设备中的页面效果如图 10-15 所示。

图10-14　送长辈鲜花模块在中型设备中的页面效果

图10-15　送长辈鲜花模块在中型以下设备中的页面效果

本任务需要基于上述要求实现送长辈鲜花模块的开发。

## 任务实现

读者可以扫描二维码查看实现送长辈鲜花模块的详细讲解。

## 任务 10-8　晒单评价模块

### 任务需求

晒单评价模块用于展示用户分享的购买商品后的实际情况和评价，为其他用户提供参考和决策帮助，同时也可以宣传在线鲜花商城。

晒单评价模块的具体要求如下。

① 在超小型设备（视口宽度<576px）中，应一行显示 1 列内容。

② 在小型设备和中型设备（576px≤视口宽度<992px）中，应一行显示 2 列内容。

③ 在大型及以上设备（视口宽度≥992px）中，应一行显示 4 列内容。

④ 当鼠标指针悬停在列表项上时，评价内容的文本颜色变为橙红色。

晒单评价模块在大型及以上设备中的页面效果如图 10-16 所示。

图10-16　晒单评价模块在大型及以上设备中的页面效果

晒单评价模块在小型设备和中型设备中的页面效果如图 10-17 所示。

晒单评价模块在超小型设备中的页面效果如图 10-18 所示。

图10-17　晒单评价模块在小型设备和中型设备中的页面效果　　图10-18　晒单评价模块在超小型设备中的页面效果

本任务需要基于上述要求实现晒单评价模块的开发。

**任务实现**

读者可以扫描二维码查看实现评价晒单模块的详细讲解。

# 任务 10-9　服务条款模块

## 任务需求

服务条款模块用于展示售后服务内容和流程等，明确用户和平台的权利和义务，阐述双方在使用平台服务时需要遵守的规定和条款。一方面，用户可以了解平台的售后服务和保障，清楚地知道自己在购买商品或使用服务后可以获得什么样的售后支持，从而更加深入了解平台；另一方面，用户可以清楚地知道在售后服务中双方的权利和义务，避免因为信息不对称而产生纠纷。

服务条款模块的具体要求如下。

① 服务条款模块包括客户服务、热门资讯、同城鲜花专区和联系我们，并在每项内容下展示不同的列表项，以提供相关的详细信息。

② 在中型及以上设备（视口宽度≥768px）中，应一行显示 4 列内容。

③ 在中型以下设备（视口宽度<768px）中，应一行显示 2 列内容。

④ 当鼠标指针悬停在客户服务、热门资讯和同城鲜花专区提供的列表项上时，当前列表项的文本颜色变为橙红色。

服务条款模块在中型及以上设备中的页面效果如图 10-19 所示。

初始页面　　　　　　　　　　　　　　　　　鼠标指针悬停在列表项上时

图10-19　服务条款模块在中型及以上设备中的页面效果

服务条款模块在中型以下设备中的页面效果如图 10-20 所示。

图10-20　服务条款模块在中型以下设备中的页面效果

本任务需要基于上述要求实现服务条款模块的开发。

### 任务实现

读者可以扫描二维码查看实现服务条款模块的详细讲解。

# 任务 10-10　版权声明模块

### 任务需求

版权声明模块用于展示版权信息，为用户提供版权相关内容和使用规则等信息。此外，该模块还提供了友情链接、联系方式等导航链接，帮助用户更好地了解和使用在线鲜花商城。

版权声明模块分为左右两部分，具体要求如下。

① 左侧展示网站的 Logo 和版权信息。

② 右侧展示导航链接，包括友情链接、联系方式、关于我们和服务说明。

③ 在中型及以上设备（视口宽度≥768px）中，左右两部分应一行显示。

④ 在中型以下设备（视口宽度<768px）中，左右两部分应两行显示。

版权声明模块在中型及以上设备中的页面效果如图 10-21 所示。

图10-21　版权声明模块在中型及以上设备中的页面效果

版权声明模块在中型以下设备中的页面效果如图 10-22 所示。

图10-22　版权声明模块在中型以下设备中的页面效果

本任务需要基于上述要求实现版权声明模块的开发。

### 任务实现

读者可以扫描二维码查看实现版权声明模块的详细讲解。

# 本章小结

本章综合运用了前面章节中的知识，完成了在线鲜花商城项目首页的响应式页面制作。通过对本章的学习，读者应能够将所学的知识应用到实际项目开发中，并能够灵活运用这些知识设计和开发具有响应式特性的网页。